T0236645

Ratgeber für Arbeitnehmererfinder

Thomas Heinz Meitinger

Ratgeber für Arbeitnehmererfinder

Rechte und Pflichten des erfinderischen Arbeitnehmers

Dr. Thomas Heinz Meitinger
Meitinger & Partner Patentanwalts PartGmbB
München, Deutschland

ISBN 978-3-662-64816-2   ISBN 978-3-662-64817-9   (eBook)
https://doi.org/10.1007/978-3-662-64817-9

Die Deutsche Nationalbibliothek verzeichnet diese Publikation in der Deutschen Nationalbibliografie; detaillierte bibliografische Daten sind im Internet über http://dnb.d-nb.de abrufbar.

Planung/Lektorat: Markus Braun
Springer Vieweg ist ein Imprint der eingetragenen Gesellschaft Springer-Verlag GmbH, DE und ist ein Teil von Springer Nature.
Die Anschrift der Gesellschaft ist: Heidelberger Platz 3, 14197 Berlin, Germany

Vorwort

Die überwiegende Mehrheit der Erfindungen in Deutschland stammt von Arbeitnehmern. Für diese Gruppe von Erfindern ist das Gesetz über Arbeitnehmererfindungen einschlägig. Das Arbeitnehmererfindungsgesetz löst die Kollision des Patentgesetzes mit dem Arbeitsrecht auf. Das Patentgesetz bestimmt, dass der Erfinder der alleinige Eigentümer seiner Erfindung ist. Im Gegensatz dazu ordnet das Arbeitsrecht ein Arbeitsergebnis, also auch eine Erfindung eines Arbeitnehmers, dem Eigentum des Arbeitgebers zu.

Der erfinderische Arbeitnehmer, der zumeist eine technische Tätigkeit ausübt, sieht sich nach der Schöpfung seiner Erfindung unvermittelt mit rechtlichen Fragestellungen konfrontiert. Sein Gegenüber ist ein Patentanwalt, der ein Angestellter seines Unternehmens ist oder der von seinem Arbeitgeber beauftragt wurde. Der „Gegenspieler" des erfinderischen Arbeitnehmers ist daher juristisch versiert. Waffengleichheit im Austausch des erfinderischen Arbeitnehmers mit dem Vertreter des Arbeitgebers besteht nicht.

Dieses Fachbuch gibt dem Arbeitnehmer das rechtliche Werkzeug, um seine Interessen erfolgreich zu vertreten. Der Arbeitgeber wird es in aller Regel begrüßen, dass sein Arbeitnehmer Sachkompetenz erwirbt. Hierdurch wird eine schnelle Einigung der Arbeitsvertragsparteien ermöglicht und der Arbeitsfrieden gewahrt.

München   Patentanwalt Dr. Thomas Heinz Meitinger
im August 2021

Gesetze

Amtliche Vergütungsrichtlinien: Richtlinien für die Vergütung von Arbeitnehmer-erfindungen im privaten Dienst vom 20. Juli 1959 (Beilage zum BAnz. Nr. 156), geändert durch die Richtlinie vom 1. September 1983 (BAnz. Nr. 169 = BArbBl. 11/1983 S. 27).

Arbeitnehmererfindungsgesetz (ArbEG): Gesetz über Arbeitnehmererfindungen in der im Bundesgesetzblatt Teil III, Gliederungsnummer 422-1, veröffentlichten bereinigten Fassung, das zuletzt durch Artikel 25 des Gesetzes vom 7. Juli 2021 (BGBl. I S. 2363) geändert worden ist.

BGB: Bürgerliches Gesetzbuch in der Fassung der Bekanntmachung vom 2. Januar 2002 (BGBl. I S. 42, 2909; 2003 I S. 738), das zuletzt durch Artikel 10 des Gesetzes vom 30. März 2021 (BGBl. I S. 607) geändert worden ist.

Gebrauchsmustergesetz in der Fassung der Bekanntmachung vom 28. August 1986 (BGBl. I S. 1455), das zuletzt durch Artikel 23 des Gesetzes vom 23. Juni 2021 (BGBl. I S. 1858) geändert worden ist.

GVG: Gerichtsverfassungsgesetz in der Fassung der Bekanntmachung vom 9. Mai 1975 (BGBl. I S. 1077), das zuletzt durch Artikel 4 des Gesetzes vom 9. März 2021 (BGBl. I S. 327) geändert worden ist.

Patentgesetz in der Fassung der Bekanntmachung vom 16. Dezember 1980 (BGBl. 1981 I S. 1), das zuletzt durch Artikel 22 des Gesetzes vom 23. Juni 2021 (BGBl. I S. 1858) geändert worden ist.

Patentkostengesetz vom 13. Dezember 2001 (BGBl. I S. 3656), das zuletzt durch Artikel 3 des Gesetzes vom 11. Dezember 2018 (BGBl. I S. 2357) geändert worden ist.

PVÜ: Pariser Verbandsübereinkunft zum Schutz des gewerblichen Eigentums vom 20. März 1883, revidiert in BRÜSSEL am 14. Dezember 1900, in WASHINGTON am 2. Juni l911, im HAAG am 6. November 1925, in LONDON am 2. Juni 193, in LISSABON am 31. Oktober 1958 und in STOCKHOLM am 14. Juli 1967 und geändert am 2. Oktober 1979.

RVG: Rechtsanwaltsvergütungsgesetz vom 5. Mai 2004 (BGBl. I S. 718, 788), das zuletzt durch Artikel 3 des Gesetzes vom 2. Juni 2021 (BGBl. I S. 1278) geändert worden ist.

ZPO: Zivilprozessordnung in der Fassung der Bekanntmachung vom 5. Dezember 2005 (BGBl. I S. 3202; 2006 I S. 431; 2007 I S. 1781), die zuletzt durch Artikel 8 des Gesetzes vom 22. Dezember 2020 (BGBl. I S. 3320) geändert worden ist.

Inhaltsverzeichnis

Über den Autor

Patentanwalt Dr. Thomas Heinz Meitinger ist deutscher und europäischer Patentanwalt. Er ist der Managing Partner der Meitinger & Partner Patentanwalts PartGmbB. Die Meitinger & Partner Patentanwalts PartGmbB ist eine mittelständische Patentanwaltskanzlei in München. Nach einem Studium der Elektrotechnik in Karlsruhe arbeitete er zunächst als Entwicklungsingenieur. Spätere Stationen waren Tätigkeiten als Produktionsleiter und technischer Leiter in mittelständischen Unternehmen. Dr. Meitinger veröffentlicht regelmäßig wissenschaftliche Artikel, schreibt Fachbücher zum gewerblichen Rechtsschutz und hält Vorträge zu Themen des Patent-, Marken- und Designrechts. Dr. Meitinger ist Dipl.-Ing. (Univ.) und Dipl.-Wirtsch.-Ing. (FH). Außerdem führt er folgende Mastertitel: LL.M., LL.M., MBA, MBA, M.A. und M.Sc.

Abkürzungsverzeichnis

BGH   Bundesgerichtshof
BPatG   Bundespatentgericht
DPMA   Deutsches Patent- und Markenamt
EuG   Gericht der Europäischen Union
EuGH   Europäischer Gerichtshof

Tabellenverzeichnis

Gesetz über Arbeitnehmererfindungen

Nach dem Patentgesetz ist der Erfinder der alleinige Eigentümer seiner Erfindung.[1] Im Gegensatz dazu ordnet das Arbeitsrecht ein Arbeitsergebnis, beispielsweise eine Erfindung eines Arbeitnehmers, seinem Arbeitgeber zu. Diese Gesetzeskollision löst das Gesetz über Arbeitnehmererfindungen auf. Das Arbeitnehmererfindungsgesetz erlaubt es dem Arbeitgeber, auch gegen den Willen des Arbeitnehmers, die Erfindung des Arbeitnehmers in Anspruch zu nehmen. Im Gegenzug erwirbt der Arbeitnehmer einen Anspruch auf Vergütung gegenüber seinem Arbeitgeber.

1.1 Geltungsbereich des Arbeitnehmererfindungsgesetzes

Das Arbeitnehmererfindungsgesetz betrifft alle Erfindungen von Arbeitnehmern im privaten und öffentlichen Dienst. Das Gesetz über Arbeitnehmererfindungen gilt auch für Beamte und Soldaten.[2] Die Rechte und Pflichten aus dem Arbeitnehmererfindungsgesetz gelten für den erfinderischen Arbeitnehmer und seinen Arbeitgeber. Die Rechte des Arbeitnehmers können vererbt werden. Überträgt der Arbeitgeber die vom Erfinder erworbene Erfindung, wird der Erwerber der Erfindung kein Rechtsnachfolger im Sinne des Arbeitnehmererfindungsgesetzes. Auch bei einem Übergang der Erfindung bleiben die Rechte und Pflichten beim Arbeitgeber des erfinderischen Arbeitnehmers.

Das Arbeitnehmererfindungsgesetz wird insbesondere auf patent- oder gebrauchsmusterfähige Erfindungen angewandt.[3] Voraussetzung für die Anwendbarkeit des

---

[1] § 6 Satz 1 Patentgesetz.

[2] §§ 1, 40 bis 42 Arbeitnehmererfindungsgesetz.

[3] § 2 Arbeitnehmererfindungsgesetz.

© Der/die Autor(en), exklusiv lizenziert durch Springer-Verlag GmbH, DE, ein Teil von Springer Nature 2022
T. Meitinger, *Ratgeber für Arbeitnehmererfinder,*
https://doi.org/10.1007/978-3-662-64817-9_1

Tab. 1.1 Sachlicher Bereich des Arbeitnehmererfindungsgesetzes

Technische Verbesserungen	
patentfähige Erfindung (§ 2 ArbEG):	**technischer Verbesserungsvorschlag (§ 3 ArbEG)**
– Diensterfindung (§ 4 Absatz 2 ArbEG)	
– frei gewordene Erfindung aus Diensterfindung (§ 8 ArbEG)	
– freie Erfindung (§ 4 Absatz 3 ArbEG)	

Arbeitnehmererfindungsgesetz ist, dass gemäß dem Patent- oder Gebrauchsmusterrecht von einer grundsätzlichen Schutzfähigkeit der betreffenden Erfindung auszugehen ist. Außerdem werden sogenannte technische Verbesserungsvorschläge geregelt. Technische Verbesserungsvorschläge sind nicht schutzfähig, allerdings gewähren sie dem Arbeitgeber eine ähnliche Vorzugsstellung wie ein Patent oder ein Gebrauchsmuster. Durch einen technischen Verbesserungsvorschlag ergeben sich ebenfalls Vergütungsansprüche, sobald der Arbeitgeber den technischen Verbesserungsvorschlag verwertet.[4]

Das Arbeitnehmererfindungsgesetz kann nicht auf nicht-technische Neuerungen angewandt werden. Daraus kann nicht gefolgert werden, dass das Arbeitnehmererfindungsgesetz nicht einschlägig wäre für Erfindungen, deren Patentfähigkeit ungewiss ist. Eine grundsätzlich mögliche Patentfähigkeit reicht zur Bestimmung als Diensterfindung oder als freie Erfindung. Eine ausreichende Technizität genügt, um einen Verbesserungsvorschlag als nicht schutzfähigen, technischen Verbesserungsvorschlag im Sinne des § 3 Arbeitnehmererfindungsgesetz zu qualifizieren (siehe Tab. 1.1).

Eine technische Verbesserung gilt nur dann als Diensterfindung, frei gewordene Erfindung oder freie Erfindung, falls es sich um eine schutzfähige Erfindung gemäß des Patent- oder Gebrauchsmusterrechts handelt. Eine nicht schutzfähige technische Verbesserung ist ein technischer Verbesserungsvorschlag. Wird eine Erfindung explizit vom Patent- oder Gebrauchsmusterrecht ausgeschlossen, liegt keine Diensterfindung, frei gewordene Erfindung, freie Erfindung oder technischer Verbesserungsvorschlag vor.

Das Arbeitnehmererfindungsgesetz ist auf Arbeitnehmer im privaten oder öffentlichen Dienst anwendbar. Ein Arbeitnehmer wird entsprechend dem deutschen Arbeitsrecht definiert. Demnach ist ein Arbeitnehmer aufgrund eines privatrechtlichen Vertrages zur weisungsgebundenen Leistung fremdbestimmter Arbeit verpflichtet.[5] Das Arbeitnehmererfindungsgesetz ist auch einschlägig für Auszubildende, Praktikanten, Beschäftigte in Ferienjobs und leitende Angestellte. Das Arbeitnehmererfindungsgesetz gilt jedoch nicht für die Organe einer juristischen Person, beispielsweise einer GmbH oder einer AG. Geschäftsführer oder Vorstände fallen nicht unter die Regelungen des Arbeitnehmererfindungsgesetzes. Die Regelungen des Arbeitnehmererfindungsgesetz sind außerdem nicht

---

[4] § 20 Absatz 1 Satz 1 Arbeitnehmererfindungsgesetz.

[5] § 611a Absatz 1 Satz 1 BGB.

einschlägig für freie Mitarbeiter, Ruheständler oder Handelsvertreter. Wird eine Erfindung von einem Ruheständler geschaffen, stellt die Erfindung keine Diensterfindung dar.

1.2 Arten von Erfindungen eines Arbeitnehmers

Es gibt grundsätzlich zwei originäre Arten von Erfindungen eines Arbeitnehmers, nämlich die Diensterfindung und die freie Erfindung. Eine frei gewordene Erfindung stammt von einer Diensterfindung ab, die zunächst in Anspruch genommen und später freigegeben wurde oder die nie in Anspruch genommen wurde. Ein technischer Verbesserungsvorschlag ist eine Neuerung für den betreffenden Betrieb, der nicht patentfähig ist.

1.2.1 Diensterfindung

Eine Diensterfindung ist eine Erfindung, die während der Dauer eines Arbeitsverhältnisses erfolgt, und die direkt mit der beruflichen Tätigkeit zu tun hat oder auf dem Know-How des Betriebs beruht.[6] Eine Diensterfindung wird alternativ als gebundene Erfindung bezeichnet.

Der Arbeitnehmer muss eine Diensterfindung seinem Arbeitgeber melden. Hierbei ist deutlich kenntlich zu machen, dass es sich um eine Meldung einer Diensterfindung handelt.[7]

Eine Diensterfindung kann von dem Arbeitgeber des erfinderischen Arbeitnehmers in Anspruch genommen werden. Eine Inanspruchnahme kann durch schriftliche Erklärung gegenüber dem erfinderischen Arbeitnehmer erfolgen.[8] Außerdem gilt eine Inanspruchnahme als erfolgt, falls der Arbeitgeber nicht innerhalb von vier Monaten nach Eingang der ordnungsgemäßen Erfindungsmeldung die Diensterfindung freigibt (siehe Tab. 1.2).[9]

Eine Diensterfindung kann der Arbeitgeber zum Patent anmelden oder als betriebsgeheime Erfindung nutzen. In Ausnahmefällen kann das Eintragen eines Gebrauchsmusters vorzuziehen sein.

1.2.2 Frei gewordene Diensterfindung

Eine frei gewordene Erfindung ist eine Diensterfindung, die in Anspruch genommen wurde und später freigegeben wurde oder nie in Anspruch genommen wurde. Über eine frei gewordene Erfindung kann der erfinderische Arbeitnehmer unbeschränkt verfügen.[10]

---

[6] § 4 Absatz 2 Arbeitnehmererfindungsgesetz.

[7] § 5 Absatz 1 Satz 1 Arbeitnehmererfindungsgesetz.

[8] § 6 Absatz 1 Arbeitnehmererfindungsgesetz.

[9] § 6 Absatz 2 Arbeitnehmererfindungsgesetz.

[10] § 8 Arbeitnehmererfindungsgesetz.

Tab. 1.2 Phasen einer Diensterfindung

Phasen einer Diensterfindung	
Phase 1	Meldung durch den Arbeitnehmer (§ 5 Absätze 1 und 2 ArbEG)
Phase 2	Eingangsbestätigung durch den Arbeitgeber (§ 5 Absatz 1 Satz 3 ArbEG)
Phase 3	Entscheidung über Inanspruchnahme oder Freigabe durch den Arbeitgeber, Frist: 4 Monate ab Zugang der Erfindungsmeldung (§ 6 ArbEG)
Phase 4	Inanspruchnahme (§§ 6 und 7 ArbEG) und inländische Schutz-rechtsanmeldung durch den Arbeitgeber (§ 13 Absatz 1 ArbEG, Ausnahmen: § 13 Absatz 2 ArbEG)
Phase 5	Freigabe (§ 6 Absatz 2 und § 8 ArbEG)

1.2.3   Freie Erfindung

Eine freie Erfindung ist das Gegenteil einer Diensterfindung. Eine freie Erfindung entsteht nicht aus der betrieblichen Tätigkeit des Arbeitnehmers und basiert nicht auf
betrieblichen Erfahrungen und Kenntnissen.

1.2.4   Technischer Verbesserungsvorschlag

Ein technischer Verbesserungsvorschlag ist eine technische Neuerung für den
betreffenden Betrieb, der nicht schutzfähig ist. Im strengen Sinne ist ein technischer
Verbesserungsvorschlag daher keine Erfindung. Die fehlende Schutzfähigkeit kann
durch mangelnde Neuheit begründet sein. Wurde ein technischer Verbesserungsvorschlag irrtümlich veröffentlicht und ist die Neuheitsschonfrist von sechs Monaten des
Gebrauchsmustergesetzes bereits verstrichen, besteht keine Schutzfähigkeit mehr.
Dennoch kann der technische Verbesserungsvorschlag dem Betrieb des Arbeitgebers
nutzen, um beispielsweise eine effiziente Produktion zu erzielen.

1.3   Erfindergemeinschaft

Eine Erfindung kann von einem einzelnen Erfinder geschaffen werden. Alternativ kann
eine Erfindung von einem Erfinderteam erzeugt werden. Die Erfindungen in Betrieben
werden oft in Qualitätszirkeln oder während einer Projektarbeit geschaffen. Erfindungen
in Betrieben stellen zumeist das Ergebnis einer Gruppenarbeit dar. Es ist daher die Regel,
dass betriebliche Erfindungen von Erfindergemeinschaften geschaffen werden.

Trotz der hohen Relevanz von Erfindergemeinschaften, gerade für Erfindungen von
Arbeitnehmern, enthält das Arbeitnehmererfindungsgesetz keine speziellen Regelungen
zu Erfindergemeinschaften.

Zur Frage, wer überhaupt ein Miterfinder ist, muss auf die Rechtsprechung zurückgegriffen werden. Eine Miterfinderschaft wird durch einen schöpferischen Beitrag begründet, der wesentlich zur Erfindung beiträgt.[11] Es ist jedoch nicht erforderlich, dass der einzelne schöpferische Beitrag eines Miterfinders eine eigenständige, patentfähige erfinderische Tätigkeit darstellt.[12] Beiträge, die die Erfindung nicht beeinflussen oder die auf Anweisung eines anderen Erfinders erfolgten, stellen keinen schöpferischen Beitrag dar, der zu einer Miterfinderschaft führt.

Miterfinderschaft erfordert nicht, dass die Erfinder zeitgleich ihre schöpferischen Beiträge zusammenführen. Von einer Erfindergemeinschaft ist auch auszugehen, falls ein älterer schöpferischer Beitrag neu aufgegriffen wird und zur Erfindung fertiggestellt wird. Beispielsweise können frühere Entwicklungsergebnisse fortgeführt werden und damit zu einer patentfähigen Erfindung führen. Hierdurch werden die Autoren der früheren Entwicklungsergebnisse und die Mitarbeiter, die ausgehend von den Entwicklungsergebnissen die Erfindung fertiggestellt haben, zu Miterfindern.

Eine Erfindergemeinschaft bildet eine Bruchteilsgemeinschaft nach den §§ 741 ff. BGB. Durch die Inanspruchnahme aller Miterfinderanteile durch deren Arbeitgeber verschwindet die Bruchteilsgemeinschaft. Werden nur einzelne Miterfinderanteile in Anspruch genommen, wird die Bruchteilsgemeinschaft, in anderer Zusammensetzung, fortgeführt. Hierdurch wird die Bruchteilsgemeinschaft mit dem Arbeitgeber und einzelnen Arbeitnehmern fortgesetzt.

Bei einer Bruchteilsgemeinschaft gilt, dass die Erfindung gemeinschaftlich verwaltet wird.[13] Insbesondere können Lizenzen an Dritte nur gemeinsam vergeben werden.[14] Andererseits genießt jedes Mitglied der Bruchteilsgemeinschaft ein eigenes Verwertungsrecht.[15] Das eigene Verwertungsrecht hängt nicht von dem Anteil des betreffenden Erfinders an der Erfindung ab. Finanzielle Ausgleichszahlungen von dem die Erfindung ausbeutenden Erfinder an den die Erfindung nicht ausbeutenden Mit-

---

[11] BGH, 26.09.2006 – X ZR 181/03 – Gewerblicher Rechtsschutz und Urheberrecht, 2007, 52 – Rollenantriebseinheit II; BGH, 16.09.2003 – X ZR 142/01 – Gewerblicher Rechtsschutz und Urheberrecht, 2004, 50, 51 – Verkranzungsverfahren; BGH, 17.10.2000 – X ZR 223/98 – Gewerblicher Rechtsschutz und Urheberrecht, 2001, 226, 227 – Rollenantriebseinheit I.

[12] BGH, 20.06.1978 – X ZR 49/75 – Gewerblicher Rechtsschutz und Urheberrecht, 1978, 583, 585 – Motorkettensäge; BGH, 17.05.2011 – X ZR 53/08, Gewerblicher Rechtsschutz und Urheberrecht, 2011, 903 – Atemgasdrucksteuerung; BGH, 18.06.2013 – X ZR 103/11 – Mitteilungen der Patentanwälte, 2013, 551 – Flexibles Verpackungsbehältnis.

[13] § 744 BGB.

[14] §§ 744, 745 BGB.

[15] BGH, 14.02.2017 – X ZR 64/15 – Gewerblicher Rechtsschutz und Urheberrecht, 2017, 504 – Lichtschutzfolie; BGH, 12.03.2009 – Xa ZR 86/06 – Gewerblicher Rechtsschutz und Urheberrecht, 2009, 657, 659 – Blendschutzbehang; BGH, 21.12.2005 – X ZR 165/04 – Gewerblicher Rechtsschutz und Urheberrecht, 2006, 401 – Zylinderrohr.

erfinder, sind vertraglich zu vereinbaren. Fehlt eine entsprechende Regelung, kommen Ausgleichszahlungen nicht in Betracht.[16]

Jeder Miterfinder oder dessen Rechtsnachfolger ist allein klageberechtigt. Ansprüche aus einer Verletzung des Schutzrechts können daher von jedem Teilhaber der Bruchteilsgemeinschaft alleine geltend gemacht werden. Außerdem kann jeder Teilhaber seinen Anteil an der Erfindung alleine veräußern. Eine Zustimmung der restlichen Teilhaber ist nicht erforderlich.

Jeder Erfinder einer Erfindergemeinschaft ist selbst für die ordnungsgemäße Meldung seines Anteils der Erfindung verantwortlich. Allerdings können die Erfinder einer Erfindergemeinschaft die Erfindung dem Arbeitgeber gemeinsam melden. Hierbei ist zu verdeutlichen, welche Anteile jeder einzelne Erfinder als seinen schöpferischen Beitrag beansprucht.[17] Die Erfindungsmeldung ist vorzugsweise von allen Erfindern zu unterschreiben. Es ist empfehlenswert, dass eine Erfindergemeinschaft eine gemeinsame Erfindungsmeldung abgibt, und nicht mehrere separate Erfindungsmeldungen zur gleichen Erfindung an den Arbeitgeber übermittelt werden. Hierdurch werden Zuordnungsprobleme vermieden.

1.4   Diensterfindung

Eine Erfindung ist eine Diensterfindung, falls sie von einem Arbeitnehmer während der Dauer des Arbeitsverhältnisses erstellt wurde. Es ist unbeachtlich, ob die Erfindung innerhalb der Arbeitszeiten oder außerhalb der Arbeitszeiten, also im Urlaub, nach Feierabend oder am Wochenende geschaffen wurde.[18]

Außerdem muss die Erfindung fertig sein. Eine fertige Erfindung umfasst eine technische Lehre, die von einem Durchschnittsfachmann ausgeführt werden kann. Eine fertige Erfindung muss keine marktreife Erfindung sein. Marktreife oder Prototypenstatus ist nicht notwendig, damit eine Erfindung patentrechtlich als fertig angesehen wird.[19]

Eine Voraussetzung einer Diensterfindung ist, dass sie aus einem betrieblichen Auftrag hervorgegangen ist bzw. dass die Diensterfindung dem betrieblichen Aufgabengebiet zuzuordnen ist.[20] Alternativ nimmt das betriebliche Know-How eine große Bedeutung bei der Schaffung der Erfindung ein. Dies ist der Fall, falls in die Erfindung Erfahrungen

---

[16] § BGH, 22.03.2005 – X ZR 152/03 – Gewerblicher Rechtsschutz und Urheberrecht, 2005, 663, 664 – Gummielastische Masse II.

[17] BGH, 05.10.2005 – X ZR 26/03 – Gewerblicher Rechtsschutz und Urheberrecht, 2006, 141 – Ladungsträgergenerator.

[18] BGH, 18.05.1971 – X ZR 68/67 – Gewerblicher Rechtsschutz und Urheberrecht, 1971, 407 – Schlussurlaub.

[19] BGH, 16.12.2003 – X ZR 206/98 – Gewerblicher Rechtsschutz und Urheberrecht, 2004, 407 – Fahrzeugleitsystem.

[20] § 4 Absatz 1 Nr. 1 Arbeitnehmererfindungsgesetz.

des Betriebs eingeflossen sind oder falls die Erfindung auf Vorarbeiten des Betriebs aufbaut.[21]

Erfahrungen des Betriebs sind beispielsweise Kenntnisse zu Herstellprozessen. Außerdem können relevante betriebliche Kenntnisse durch Gespräche mit Arbeitskollegen, Lieferanten oder Gesprächspartner gewonnen werden. Diensterfindungen ergeben sich auch dann, falls Ideen aus dem privaten Bereich mit den betrieblichen Erfahrungen fortentwickelt werden.[22] Wurde eine Erfindung während einer Nebentätigkeit geschaffen, die auf den Erfahrungen des Betriebs aufbaut, so stellt die Erfindung eine Diensterfindung des Betriebs dar.[23]

1.4.1 Erfindungsmeldung

Einer Inanspruchnahme einer Erfindung geht die Erfindungsmeldung voraus. Der erfinderische Arbeitnehmer ist verpflichtet, seine Erfindung unverzüglich nach Fertigstellung seinem Arbeitgeber zu melden.[24] Bei der Erstellung und Übermittlung der Erfindungsmeldung handelt es sich um eine zentrale Pflicht des erfinderischen Arbeitnehmers. Die Erfindungsmeldung kann in Textform erfolgen, also per Email, per Fax oder per Schreiben.

Die Erfindungsmeldung stellt keine Willenserklärung des Arbeitnehmers dar, sondern eine Wissensvermittlung. Durch die Erfindungsmeldung soll der Arbeitgeber die Möglichkeit erhalten, zu entscheiden, ob er die Erfindung in Anspruch nehmen möchte. Die Erfindungsmeldung muss ihm daher die Prüfung ermöglichen, ob die Erfindung aktuell oder zukünftig für sein Unternehmen relevant ist.[25] Durch die Erfindungsmeldung werden die relevanten Fristen in Gang gesetzt, sodass es sich bei der Erfindungsmeldung auch um eine Rechtshandlung handelt.[26]

---

[21] Schiedsstelle, 07.03.2016 – Arb.Erf. 09/14 – https://www.dpma.de/dpma/wir_ueber_uns/weitere_aufgaben/schiedsstelle_arbnerfg/suche_einigungsvorschlaege/index.html.

[22] BPatG, 26.06.2008 – 8 W(pat) 308/03 – Gewerblicher Rechtsschutz und Urheberrecht 2009, 587, 592 – Schweißheizung für Kunststoffrohrmatten; BGH, 22.02.2011 – X ZB 43/08 – Gewerblicher Rechtsschutz und Urheberrecht 2011, 509 – Schweißheizung.

[23] Schiedsstelle, 19.03.2009 – Arb.Erf. 24/06 – https://www.dpma.de/dpma/wir_ueber_uns/weitere_aufgaben/schiedsstelle_arbnerfg/suche_einigungsvorschlaege/index.html.

[24] § 5 Arbeitnehmererfindungsgesetz.

[25] BGH, 18.03.2003 – X ZR 19/01, Gewerblicher Rechtsschutz Urheberrecht, 2003, 702, 703 – Gehäusekonstruktion; BGH, 04.04.2006 – X ZR 155/03, Gewerblicher Rechtsschutz und Urheberrecht, 2006, 754 – Haftetikett; BGH, 12.04.2011 – X ZR 72/10, Gewerblicher Rechtsschutz und Urheberrecht, 2011, 733 – Initialidee.

[26] BGH, 24.11.1961 – I ZR 156/59 – Gewerblicher Rechtsschutz und Urheberrecht, 1962, 305, 307 – Federspannvorrichtung; BGH, 04.04.2006 – X ZR 155/03 – Gewerblicher Rechtsschutz und Urheberrecht, 2006, 754 – Haftetikett.

Außerdem soll es dem Arbeitgeber ermöglicht werden, anhand der Erfindungs-meldung zu entscheiden, ob er die Erfindung als Patent, als Gebrauchsmuster oder als Betriebsgeheimnis (betriebsgeheime Erfindung) nutzen möchte.[27]

Es obliegt dem erfinderischen Arbeitnehmer seine Erfindung als Diensterfindung, freie Erfindung oder technischen Verbesserungsvorschlag einzuordnen. Diese Ent-scheidung stellt eine vorläufige Einordnung dar, die durch den Arbeitgeber hinterfragt werden kann. Der Arbeitnehmer hat hierbei kein Wahlrecht.[28] Ergeben sich aus Sicht des Arbeitnehmers Zweifel an der richtigen Zuordnung, sind diese Zweifel dem Arbeitgeber mitzuteilen.

Durch die Möglichkeit, eine Erfindungsmeldung als Email dem Arbeitgeber zu über-mitteln, erhöht sich das Risiko, dass eine Erfindungsmeldung übersehen wird. Der Arbeitnehmer sollte im eigenen Interesse darauf achten, dass seine Erfindungsmeldung deutlich als solche erkannt wird. Nur eine als solche erkennbare Erfindungsmeldung stellt eine korrekte Erfindungsmeldung dar und löst die Frist zur Inanspruchnahme bzw. Freigabe aus. Ansonsten kann der Erfinder keinen Vergütungsanspruch erwerben und der Arbeitgeber kann die Erfindung nicht zum Schutzrecht anmelden.

Es ist dem Arbeitgeber zu empfehlen, besondere Formulare zur Erfindungsmeldung zur Verfügung zu stellen, um eine effiziente Bearbeitung von Erfindungsmeldungen zu ermöglichen und einem „Übersehen" einer Erfindungsmeldung vorzubeugen. Allerdings bedeutet das Nichtverwenden eines vorhandenen betrieblichen Formulars zur Erfindungsmeldung nicht zwangsläufig, dass keine korrekte Erfindungsmeldung erfolgte.[29]

Ist der Arbeitgeber über sämtliche Entwicklungs- und Versuchsergebnisse informiert, folgt daraus nicht, dass der erfinderische Arbeitnehmer von der Verpflichtung zur Meldung einer Erfindung befreit wäre.[30] Die bloße Mitteilung von Entwicklungs- und Versuchsergebnissen stellt keine korrekte Erfindungsmeldung dar. Vielmehr muss der erfinderische Arbeitnehmer zum Ausdruck bringen, dass sich hieraus eine Erfindung ergibt.[31]

---

[27] BGH, 12.04.2011 – X ZR 72/10, Gewerblicher Rechtsschutz und Urheberrecht, 2011, 733 – Initialidee.

[28] BGH, 25.02.1958 – I ZR 181/56 – Gewerblicher Rechtsschutz und Urheberrecht, 1958, 334, 336 – Mitteilungs- und Meldepflicht; Schiedsstelle, 12.09.2017 – Arb.Erf. 05/16 – https://www.dpma.de/dpma/wir_ueber_uns/weitere_aufgaben/schiedsstelle_arbnerfg/suche_einigungsvorschlaege/index.html; Schiedsstelle, 24.01.2018 – Arb.Erf. 39/16 – https://www.dpma.de/dpma/wir_ueber_uns/weitere_aufgaben/schiedsstelle_arbnerfg/suche_einigungsvorschlaege/index.html.

[29] BGH, 17.12.2019 – X ZR 148/17 – Gewerblicher Rechtsschutz und Urheberrecht, 2020, 388 – Fesoterodinhydrogenfumarat.

[30] BGH, 17.01.1995 – X ZR 130/93 – NJW-RR, 1995, 696 – Gummielastische Masse I.

[31] BGH, 12.04.2011 – X ZR 72/10 – Gewerblicher Rechtsschutz und Urheberrecht, 2011, 733 – Initialidee.

Der Adressat einer Erfindungsmeldung ist der Arbeitgeber oder bei einem Beamten oder Soldaten der Dienstherr. Der Arbeitgeber oder Dienstherr kann einzelne Personen oder Abteilungen zur Entgegennahme einer Erfindungsmeldung bevollmächtigen.[32] Hat ein Unternehmen eine Patentabteilung eingerichtet, sollte die Erfindungsmeldung direkt an diese Abteilung gerichtet werden. Hierdurch erfolgt ein wirksamer Zugang der Erfindungsmeldung.[33]

Eine Erfindungsmeldung kann per Email, per Telefax oder in Schriftform dem Arbeitgeber übermittelt werden. Die Erfindungsmeldung muss in separater Form erfolgen und als solche deutlich kenntlich gemacht werden. Liegt eine dieser förmlichen Voraussetzungen nicht vor, handelt es sich nicht um eine korrekte Erfindungsmeldung. Der Arbeitnehmer trägt die Verantwortung für eine unverzügliche und korrekte Meldung einer Erfindung.[34]

Eine Erfindungsmeldung in separater Form liegt vor, falls die Erfindungsmeldung kein Teil oder Abschnitt von anderen Informationen, Entscheidungsgrundlagen oder sonstigen Schriftstücken ist. Wird die Erfindungsmeldung per Email versendet, muss sich die Email allein auf die Erfindungsmeldung beziehen. Dieses förmliche Erfordernis trägt der rechtlichen Bedeutung einer Erfindungsmeldung Rechnung. Außerdem wird einem „Untergehen" der Erfindungsmeldung in der Masse an Emails, Faxen, Schriftstücken, Protokollen und sonstigen Informationen, die typischerweise in einem Unternehmen zirkulieren, vorgebeugt. Hierdurch soll ein „Übersehen" weitgehend verhindert werden.

In der Erfindungsmeldung ist die technische Aufgabe, die Lösung der Aufgabe und die Umstände der Schaffung der Erfindung zu erläutern. Die Erfindung ist in ihren wesentlichen Merkmalen und den besonderen Ausführungsformen zu beschreiben. Es ist vorteilhaft, Zeichnungen der Erfindungsmeldung beizufügen, um die Erfindung zu veranschaulichen.[35]

Zur Berechnung der Vergütungen sind die dienstlichen Weisungen und die Erfahrungen und Vorarbeiten des Betriebs zu beschreiben, auf denen die Erfindung basiert. Außerdem ist das Zustandekommen zu beschreiben, also welcher Erfinder trug

---

[32] Schiedsstelle, 13.07.2018 – Arb.Erf. 43/16 – https://www.dpma.de/dpma/wir_ueber_uns/weitere_aufgaben/schiedsstelle_arbnerfg/suche_einigungsvorschlaege/index.html.

[33] BGH, 17.12.2019 – X ZR 148/17 – Gewerblicher Rechtsschutz und Urheberrecht, 2020, 388 – Fesoterodinhydrogenfumarat.

[34] OLG München, 17.09.1992 – 6 U 6316/91 – Gewerblicher Rechtsschutz und Urheberrecht, 1993, 661, 663 – verstellbarer Lufteinlauf; OLG Frankfurt/Main, 22.01.2009–6 U 151/06 – Gewerblicher Rechtsschutz und Urheberrecht-RR, 2009, 291, 292 – Erfindungsanmeldung.

[35] § 5 Absatz 2 Satz 2 Arbeitnehmererfindungsgesetz.

welchen schöpferischen Anteil zur Erfindung bei und welcher geschätzte Anteil jedes einzelnen Erfinders ergibt sich daher.[36]

Durch eine nicht korrekte Erfindungsmeldung können keine Rechtsfolgen eintreten.[37] Eine Erfindungsmeldung ist deutlich kenntlich zu machen, sie ist gesondert zu versenden und die Textform ist zu wahren. Falls diese förmlichen Erfordernisse nicht eingehalten werden, liegt keine Erfindungsmeldung vor. Eine Frist zur Inanspruchnahme bzw. Freigabe wurde in diesem Fall nicht gestartet.[38] Nichtwirksamkeit der Erfindungsmeldung liegt auch vor, falls sich wesentliche technische Aspekte der Erfindung erst nach der Übermittlung der Erfindungsmeldung ergeben.[39]

Liegen inhaltliche Fehler der Erfindungsmeldung vor, kann der Arbeitgeber die Erfindungsmeldung beanstanden. Der Arbeitgeber hat darzulegen, in welcher Hinsicht der erfinderische Arbeitnehmer weitere Erläuterungen zur Erfindung zu liefern hat. Eine entsprechende Beanstandungserklärung ist dem Arbeitnehmer innerhalb einer Frist von zwei Monaten zu übermitteln. Lässt der Arbeitgeber die Zwei-Monatsfrist ungenutzt verstreichen, gilt die Erfindungsmeldung als ordnungsgemäß.[40] Wurde die Erfindungsmeldung jedoch beanstandet, beginnt die Inanspruchnahme- bzw. Freigabefrist erst mit dem Erhalt der ordnungsgemäßen Erfindungsmeldung.

Eine Beanstandung einer Erfindungsmeldung darf nicht nebulös formuliert sein. Angaben wie „weitere Erläuterungen könnten hilfreich sein" erfüllen nicht das Klarheitserfordernis. Dem Arbeitnehmer muss eindeutig aufgezeigt werden, an welchen Stellen der Erfindungsmeldung zusätzliche Ausführungen erforderlich sind. Für die Beanstandungserklärung des Arbeitgebers bestehen keine Formvorschriften. Im eigenen Interesse und zum Nachweis wird der Arbeitgeber für seine Beanstandung der Erfindungsmeldung des Arbeitnehmers zumindest die Textform (Email, Fax oder Schreiben) verwenden.

Für die verbesserte Erfindungsmeldung gelten sämtliche Anforderungen einer Erfindungsmeldung in uneingeschränkter Weise.

Verletzt der Arbeitnehmer seine Meldepflicht zunächst, ist er zur unverzüglichen Abgabe der ordnungsgemäßen Erfindungsmeldung verpflichtet. Dies gilt auch, falls

---

[36] BGH, 14.02.2017 – X ZR 64/15 – Gewerblicher Rechtsschutz und Urheberrecht, 2017, 504 – Lichtschutzfolie.

[37] § 5 Absatz 1 Arbeitnehmererfindungsgesetz.

[38] BGH, 25.02.1958 – I ZR 181/56 – Gewerblicher Rechtsschutz und Urheberrecht, 1958, 334, 337 – Mitteilungs- und Meldepflicht.

[39] BGH, 05.10.2005 – X ZR 26/03 – Gewerblicher Rechtsschutz und Urheberrecht, 2006, 141, 143 – Ladungsträgergenerator.

[40] § 5 Absatz 3 Satz 1 Arbeitnehmererfindungsgesetz.

das Arbeitsverhältnis zwischenzeitlich beendet ist, solange die Erfindung während des Arbeitsverhältnisses geschaffen wurde.[41]

Eine Nichtmeldung einer Erfindung kann zu Schadensersatzansprüchen des Arbeitgebers führen, falls beispielsweise eine Patentfähigkeit der Diensterfindung durch die Nichtmeldung oder nicht unverzügliche Meldung nicht mehr gegeben ist.

Meldet der erfinderische Arbeitnehmer seine Erfindung auf seinen Namen zum Patent oder Gebrauchsmuster an, liegt eine patentrechtliche Vindikation vor.[42]

1.4.2 Inanspruchnahme

Das Arbeitnehmererfindungsgesetz belässt das Eigentum einer Erfindung gemäß dem Erfinderprinzip des Patentrechts beim Erfinder.[43] Allerdings wird für die Erfindung des Arbeitnehmers eine Möglichkeit der Inanspruchnahme durch den Arbeitgeber geschaffen.[44] Dem Arbeitgeber ist es erlaubt, sich die Erfindung seines Arbeitnehmers anzueignen. Allerdings ist eine Übertragung des Eigentums an der Erfindung nicht obligatorisch. Der Arbeitgeber hat ein Wahlrecht, denn er kann sich alternativ für die Freigabe der Diensterfindung entscheiden.

Eine Erfindung muss aktiv frei gegeben werden, ansonsten gilt sie als in Anspruch genommen. In diesem Fall kommt eine Inanspruchnahme-Fiktion zum Tragen. Die Freigabe muss in Textform innerhalb einer Frist von vier Monaten dem Arbeitnehmer erklärt werden. Andernfalls geht die Erfindung ohne weiteres Zutun in das Eigentum des Arbeitgebers über.[45] Textform bedeutet, dass eine nicht-mündliche Mitteilung erfolgt, die ohne Unterschrift auskommt. Eine Freigabe in Form einer Email, eines Faxes oder als Schreiben ist zulässig.[46]

Eine Freigabe einer Erfindung muss erklärt werden, ansonsten wird eine Erfindung als in Anspruch genommen fingiert. Ein Arbeitgeber sollte innerhalb der Vier-Monatsfrist nach Eingang der ordnungsgemäßen Erfindungsmeldung prüfen, ob die Diensterfindung die Kosten und Mühen einer Patenterteilung im Inland und eventuell im Ausland Wert ist.

Ein Arbeitgeber kann nicht gezwungen werden, eine Erfindung in Anspruch zu nehmen. Ihm steht grundsätzlich ein Wahlrecht zu und er kann eine Erfindung seinem Arbeitnehmer freigeben.

---

[41] § 26 Arbeitnehmererfindungsgesetz.

[42] widerrechtliche Entnahme: § 7 Absatz 2, § 21 Absatz 1 Nr. 3 Patentgesetz; § 13 Absatz 2 Gebrauchsmustergesetz.

[43] § 6 Satz 1 Patentgesetz.

[44] BGH, 04.04.2006 – X ZR 155/03 – Gewerblicher Rechtsschutz und Urheberrecht, 2006, 754 – Haftetikett.

[45] § 6 Absatz 2 Arbeitnehmererfindungsgesetz.

[46] § 126b BGB.

Eine generelle bzw. grundsätzliche Inanspruchnahme oder Freigabe von Erfindungen im Voraus kann einem Arbeitnehmer gegenüber nicht erklärt werden. Beispielsweise ist ein entsprechender Passus in einem Arbeitsvertrag nichtig.[47]

Weiterentwicklungen sind dem Arbeitgeber erneut zu melden. Weiterentwicklungen, die eigenständig schutzfähig sind, sind dem Arbeitgeber separat mitzuteilen und können von diesem in Anspruch genommen oder frei gegeben werden.[48] Handelt es sich bei der Weiterentwicklung um einen nicht selbstständig schutzfähigen Gegenstand, steht die Weiterentwicklung dem Arbeitgeber als Arbeitsergebnis zu. Die Erklärung einer Inanspruchnahme oder Freigabe ist in diesem Fall nicht erforderlich.[49]

Für den öffentlichen Dienst besteht die Möglichkeit der Inanspruchnahme einer angemessenen Beteiligung am Verwertungserlös, der durch den Arbeitnehmer bzw. den Beamten durch die Erfindung geschaffen wird.[50] Eine derartige besondere Inanspruchnahme ist für den Hochschulbereich ausgeschlossen.[51]

Eine Inanspruchnahme hat zur Folge, dass alle vermögenswerten Rechte an der Erfindung an den Arbeitgeber übergehen.[52] Durch die Inanspruchnahme erwirbt der Arbeitnehmer im Gegenzug einen Vergütungsanspruch.[53] Eine Vergütung wird insbesondere bei einer Verwertung der Erfindung durch das Erzeugen von Umsätzen, durch das Erhalten von Lizenzzahlungen von Lizenznehmern der Erfindung oder durch den Verkauf der Erfindung fällig. Wird eine Erfindung nicht benutzt, ist eine Vergütung in aller Regel erst nach einer Patenterteilung zu entrichten.

Die Erklärung der Inanspruchnahme dem erfinderischen Arbeitnehmer gegenüber ist ein einseitiges, gestaltendes Rechtsgeschäft. Hierbei ist ein Widerspruch des Arbeitnehmers nicht vorgesehen und auch nicht beachtlich. Die Inanspruchnahme ist mit Zugang der Erklärung rechtswirksam bzw. mit in Kraft treten der Inanspruchnahmefiktion.[54]

---

[47] § 22 Satz 1 Arbeitnehmererfindungsgesetz i.V.m. § 134 BGB; BGH, 16.11.1954 – I ZR 40/53 – Gewerblicher Rechtsschutz und Urheberrecht 1955, 286 – Schnellkopiergerät.

[48] BGH, 14.02.2017 – X ZR 64/15 – Gewerblicher Rechtsschutz und Urheberrecht, 2017, 504 – Lichtschutzfolie.

[49] Schiedsstelle, 02.02.2010 – Arb.Erf. 15/09 – https://www.dpma.de/dpma/wir_ueber_uns/weitere_aufgaben/schiedsstelle_arbnerfg/suche_einigungsvorschlaege/index,html; Schiedsstelle, 17.01.2013 – Arb.Erf. 23/11 – https://www.dpma.de/dpma/wir_ueber_uns/weitere_aufgaben/schiedsstelle_arbnerfg/suche_einigungsvorschlaege/index.html.

[50] § 40 Nr. 1 Arbeitnehmererfindungsgesetz.

[51] § 42 Nr. 5 Arbeitnehmererfindungsgesetz.

[52] § 7 Absatz 1 Arbeitnehmererfindungsgesetz.

[53] § 9 Arbeitnehmererfindungsgesetz.

[54] BGH, 23.06.1977 – X ZR 6/75 – Gewerblicher Rechtsschutz und Urheberrecht 1977, 784, 786 – Blitzlichtgeräte; BGH, 05.06.1984 – X ZR 72/82 – Gewerblicher Rechtsschutz und Urheberrecht 1984, 652 – Schaltungsanordnung.

Der Vergütungsanspruch stellt sicher, dass es bei der Inanspruchnahme nicht zu einer kompensationslosen Enteignung des Erfinders kommt. Es ist nicht zulässig, den Vergütungsanspruch abzubedingen oder unberücksichtigt zu lassen.[55]

Bei einer Erfindergemeinschaft ist jedem einzelnen Erfinder gegenüber die Inanspruchnahme oder die Freigabe zu erklären.[56] Es ist zulässig, nur einem Miterfinder entsprechende Erklärungen gegenüber abzugeben, falls dieser von der Erfindergemeinschaft dazu bevollmächtigt wurde.

Wird eine Erfindung nicht freigegeben, greift die Inanspruchnahmefiktion.[57] Voraussetzung der Inanspruchnahmefiktion ist, dass eine ordnungsgemäße Erfindungsmeldung vorliegt.[58] Außerdem muss die Vier-Monatsfrist nach der Erfindungsmeldung ohne die Erklärung einer Inanspruchnahme- oder Freigabeerklärung abgelaufen sein.

Dem Arbeitgeber bleibt es unbenommen, eine ausdrückliche Inanspruchnahme innerhalb der Vier-Monatsfrist nach ordnungsgemäßer Erfindungsmeldung zu erklären. Es ist sogar möglich, dass der Arbeitgeber vor der Meldung der Erfindung durch seinen Arbeitnehmer eine Erfindung durch Erklärung in Anspruch nimmt.[59]

Eine Erklärung der Inanspruchnahme muss eindeutig sein. Es muss klar sein, dass sämtliche vermögenswerten Rechte an der Erfindung übernommen werden sollen. Es dient der Eindeutigkeit, falls erklärt wird, dass „die Diensterfindung in Anspruch genommen wird".[60]

Die Inanspruchnahme, gleichgültig ob die Inanspruchnahme explizit oder fingiert erfolgt, bewirkt, dass sämtliche vermögenswerten Rechte der Diensterfindung auf den Arbeitgeber übergehen. Das Erfinderpersönlichkeitsrecht verbleibt beim erfinderischen Arbeitnehmer, wodurch seine Erfindernennung in einem Patentdokument gesichert ist.[61]

---

[55] BVerfG 24.04.1998 – 1 BvR 587/88 – Neue Juristische Wochenschrift, 1998, 3704 f. – Induktionsschutz von Fernmeldekabeln; BVerfG, 23.10.2013 – 1 BvR 1842/11, 1 BvR 1843/11 – Gewerblicher Rechtsschutz und Urheberrecht, 2014, 169 -Übersetzerhonorare.

[56] OLG Düsseldorf, 26.07.2018 – I -15 U 2/17 – Gewerblicher Rechtsschutz und Urheberrecht 2018, 1037 – Flammpunktprüfungsvorrichtung.

[57] § 6 Absatz 2 Arbeitnehmererfindungsgesetz.

[58] § 5 Arbeitnehmererfindungsgesetz.

[59] BPatG, 26.06.2008 – 8 W(pat) 308/03 – Gewerblicher Rechtsschutz und Urheberrecht 2009, 587, 592 – Schweißheizung für Kunststoffrohrmatten; BGH, 22.02.2011 – X ZB 43/08 – Gewerblicher Rechtsschutz und Urheberrecht 2011, 509 – Schweißheizung.

[60] OLG Karlsruhe, 13.04.2018 – 6 U 161/16 – Gewerblicher Rechtsschutz und Urheberrecht, 2018, 1030 – Rohrleitungsprüfung; Schiedsstelle, 08.02.1991 – Gewerblicher Rechtsschutz und Urheberrecht, 1991, 753, 754 – Spindeltrieb.

[61] § 63 Absatz 1 Patentgesetz; BGH, 09.12.2003 – X ZR 64/03 – Gewerblicher Rechtsschutz und Urheberrecht, 2004, 272 – Rotierendes Schaftwerkzeug.

Tab. 1.3 Verwertung einer Diensterfindung

Verwertung einer Diensterfindung		
Patentanmeldung	Gebrauchsmuster	Betriebsgeheimnis
Neuheit	Neuheit	keine Neuheit
erfinderische Tätigkeit	erfinderischer Schritt	keine erfinderische Tätigkeit oder Schritt

Wird eine Erfindung veräußert, führt dies nicht dazu, dass der Erwerber in die Rechte und Pflichten nach dem Arbeitnehmererfindungsgesetz eintritt.[62]

Durch die Inanspruchnahme wird die Einwirkungsmöglichkeit des erfinderischen Arbeitnehmers auf seine Erfindung beendet. Insbesondere ist der Arbeitgeber bei der Verwertung der Schutzrechte, die sich aus der Erfindung ergeben, frei. Eine Berücksichtigung der Vergütungsansprüche des Arbeitnehmers beispielsweise bei der Vergabe von Lizenzen, ist nicht vorgesehen.[63] Werden jedoch Verwertungsmöglichkeiten schuldhaft nicht genutzt, und ergeben sich dadurch geringere Vergütungsansprüche des Arbeitnehmererfinders, können Schadensersatzansprüche geltend gemacht werden.

1.4.3 Schutzrechtsanmeldung

Der Arbeitgeber ist verpflichtet, eine in Anspruch genommene Erfindung zum Patent oder Gebrauchsmuster anzumelden. Eine Anmeldung ist unverzüglich vorzunehmen.[64] Eine Anmeldung zum Patent ist dabei vorrangig zu prüfen. Die frühe Anmeldung dient der Prioritätssicherung (siehe Tab. 1.3).

Meldet der Arbeitgeber, trotz Aufforderung und Fristsetzung durch den Arbeitnehmer, die Erfindung nicht zum Patent an, ist der Arbeitnehmer berechtigt, die Erfindung auf den Namen seines Arbeitgebers zum Patent anzumelden. Die Kosten der Patentanmeldung sind vom Arbeitgeber zu übernehmen.[65] Die dem Arbeitgeber gesetzte Frist zur Anmeldung eines Patents muss angemessen sein.

Der Arbeitgeber hat die Erfindung unverzüglich zum Patent anzumelden. Allerdings ist es dem Arbeitgeber erlaubt, vor der Einreichung von Anmeldeunterlagen, eine Prüfung auf Schutzfähigkeit der Erfindung durchzuführen. Außerdem können noch unternehmensinterne Abstimmungen erforderlich sein, um einen möglichst umfassenden

---

[62] Schiedsstelle, 19.12.1991 – Arb.Erf. 005/91 – Gewerblicher Rechtsschutz und Urheberrecht, 1992, 847 – Geschäftsaktivitäten-Veräußerung.

[63] BGH, 17.04.1973 – X ZR 59/69 – Gewerblicher Rechtsschutz und Urheberrecht, 1973, 649, 651 – Absperrventil.

[64] § 13 Absatz 1 Satz 1 Arbeitnehmererfindungsgesetz.

[65] § 13 Absatz 3 Arbeitnehmererfindungsgesetz.

Patentschutz zu erlangen. Zusätzlich kann eine Klärung von Details der Erfindung mit dem Erfinder geboten sein. Derartige klärende Maßnahmen sind dem Arbeitgeber vor der Anmeldung einer Erfindung zum Patent erlaubt.

Der Arbeitgeber muss sicherstellen, dass die Einreichung der Anmeldeunterlagen, beispielsweise vor einer Ausstellung, bei der die Erfindung realisierende Produkte präsentiert werden, oder vor einem ersten Verkauf dieser Produkte, erfolgt.

Eine schuldhafte Verzögerung der Anmeldung einer Erfindung zum Patent, kann zu Schadensersatzansprüchen des Arbeitnehmers gegenüber seinem Arbeitgeber führen. Hierbei können insbesondere entgangene Vergütungsansprüche[66] oder Verwertungsrechte[67] geltend gemacht werden. Der Arbeitnehmer muss darlegen können, dass aufgrund der Verzögerung durch den Arbeitgeber der Schaden entstanden ist, insbesondere dass aufgrund der Verzögerung ein rechtsbeständiger Schutzrechtserwerb nicht mehr möglich war.[68]

Der Arbeitgeber ist der alleinige Herr des Anmeldeverfahrens.[69] Außerdem steht ihm das Recht zu, die Erfindung im Ausland zum Patent anzumelden.[70] Für alle Staaten, für die er nicht selbst ein Schutzrecht erwerben möchte, muss der Arbeitgeber die Erfindung dem Arbeitnehmer zur Anmeldung oder zur Übertragung anbieten, solange der Vergütungsanspruch des Arbeitnehmers noch nicht voll erfüllt ist. Der Arbeitgeber kann sich für die frei gegebenen Länder ein Benutzungsrecht ausbedingen.[71]

Der Arbeitgeber muss entscheiden, ob er die Erfindung zum Patent oder zum Gebrauchsmuster anmeldet. Liegt eine grundsätzliche Patentfähigkeit vor, ist die Erfindung zum Patent anzumelden. Dem Arbeitgeber steht daher kein Wahlrecht zu, sondern er kann nur dann kein Patent, sondern ein Gebrauchsmuster anstreben, falls dies begründbar ist. Dies gilt insbesondere, da ein Gebrauchsmuster nur eine halb solange maximale Schutzdauer aufweist und außerdem für Herstell- oder Anwendungsverfahren keinen Schutz bietet. Keinesfalls erlauben es dem Arbeitgeber ein Gebrauchsmuster statt einem Patent anzumelden Überlegungen der Kostenersparnis oder vage Zweifel an der Patentfähigkeit.[72]

Dem Arbeitnehmer stehen Schadensersatzansprüche zu, falls der Arbeitgeber trotz Fehlens guter Gründe ein Gebrauchsmuster statt einem Patent anmeldet. Voraussetzung

---

[66] § 9 Arbeitnehmererfindungsgesetz.

[67] §§ 8 und 16 Arbeitnehmererfindungsgesetz.

[68] BGH, 08.12.1981 – X ZR 50/80 – Gewerblicher Rechtsschutz und Urheberrecht, 1982, 227 – Absorberstab-Antrieb II.

[69] BGB, 29.11.1988 – X ZR 63/87 – Gewerblicher Rechtsschutz und Urheberrecht, 1989, 205 – Schwermetalloxidationskatalysator.

[70] § 14 Arbeitnehmererfindungsgesetz.

[71] § 14 Absatz 3 Arbeitnehmererfindungsgesetz.

[72] Schiedsstelle, 08.02.1991 – Arb.Erf. 36/90 – Gewerblicher Rechtsschutz und Urheberrecht 1991, 753, 755 – Spindeltrieb.

von Schadensersatzansprüchen ist außerdem, dass der Arbeitnehmer sich damit nicht einverstanden erklärte.

Die Anmeldepflicht des Arbeitgebers entfällt, falls der Arbeitnehmer damit einverstanden ist, dass die Erfindung nicht angemeldet wird.[73] Gibt es zwischen dem Arbeitnehmer und dem Arbeitgeber Uneinigkeit über die Schutzfähigkeit, ist der Arbeitgeber verpflichtet, die Erfindung zum Patent anzumelden.[74]

Der Arbeitnehmer ist zur Mitwirkung an der Erstellung des Schutzrechts verpflichtet.[75] Angesichts der Wichtigkeit einer genauen und detaillierten Beschreibung der Erfindung in der Patentanmeldung, ist es sehr zu empfehlen, die Mitwirkungspflicht des Arbeitnehmers in Anspruch zu nehmen. Zumindest sollte ihm, vor der Einreichung der fertigen Anmeldeunterlagen, diese zur Durchsicht übermittelt werden. Hierdurch können Unrichtigkeiten ausgemerzt werden, die die Ausführbarkeit der Erfindung bedrohen bzw. zusätzliche Ausführungsformen in den Anmeldeunterlagen aufgenommen werden.

Der Arbeitgeber kann seinen Arbeitnehmer zur Mitwirkung auffordern. Dieser Aufforderung muss der Arbeitnehmer nachkommen. Leistet der Arbeitnehmer schuldhaft nicht die erforderliche Unterstützung und entsteht hierdurch ein Schaden, kann der Arbeitgeber Schadensersatz von seinem Arbeitnehmer verlangen.[76]

Der Arbeitgeber hat den Arbeitnehmer über den Fortgang der Eintragungs- und Erteilungsverfahren zu informieren.[77] Andererseits besteht keine Verpflichtung zur Unterrichtung des Arbeitnehmers bezüglich des Stands der Verwertung, beispielsweise über Gespräche zu Lizenzvergaben.[78]

Es ist nicht erforderlich, dass der Arbeitgeber zunächst eine deutsche Patentanmeldung anstrebt. Es genügt, falls als erstes eine ausländische Anmeldung prioritätsbegründend eingereicht wird, um danach unter Inanspruchnahme der ausländischen Priorität eine deutsche Anmeldung zu beantragen. Hierdurch würde er seiner Pflicht zur Inlandsanmeldung genügen. Weitere zulässige Alternativen zu einer ersten deutschen Anmeldung sind eine europäische oder eine internationale Patentanmeldung jeweils mit Benennung bzw. Bestimmung Deutschlands.[79]

Der Arbeitgeber meldet die Erfindung auf seinen Namen zum Patent an. Der Arbeitgeber trägt sämtliche Kosten eines Anmelde-, Erteilungs- oder Eintragungsverfahrens.

---

[73] § 13 Absatz 2 Nr. 2 Arbeitnehmererfindungsgesetz.

[74] BGH, 02.06.1987 X ZR 97/86 – Gewerblicher Rechtsschutz und Urheberrecht, 1987, 900, 901 – Entwässerungsanlage; BGH, 15.05.1990 – X ZR 119/88 – Gewerblicher Rechtsschutz und Urheberrecht, 1990, 667, 668 – Einbettungsmasse;

[75] § 15 Absatz 2 Arbeitnehmererfindungsgesetz.

[76] § 280 Absatz 1 und § 823 Absatz 2 BGB.

[77] § 15 Absatz 1 Satz 2 Arbeitnehmererfindungsgesetz.

[78] Schiedsstelle, 20.11.2018 – Arb.Erf. 35/17 – https://www.dpma.de/dpma/wir_ueber_uns/ weitere_aufgaben/schiedsstelle_arbnerfg/suche_einigungsvorschlaege/index.html.

[79] Schiedsstelle, 18.06.2015- Arb.Erf. 17/13 – https://www.dpma.de/dpma/wir_ueber_uns/weitere_ aufgaben/schiedsstelle_arbnerfg/suche_einigungsvorschlaege/index.html.

Der Arbeitgeber hat auch keinen Anspruch auf Kostenerstattung, falls er die Schutzrechte später frei gibt und der Arbeitnehmer diese übernimmt.[80]

Der Arbeitgeber ist der alleinige Herr des Anmeldeverfahrens. Dem Arbeitnehmer stehen keine Mitsprache- oder Entscheidungsrechte bei einem Anmelde-, Erteilungs- oder Eintragungsverfahren eines Schutzrechts zu.[81] Allerdings ist es empfehlenswert, den Arbeitnehmer zumindest zu informieren, um sachgerechte Entscheidungen treffen zu können.

Der Arbeitgeber kann auf eine Anmeldung der Erfindung zum Patent oder Gebrauchsmuster verzichten, falls es sich um eine betriebsgeheime Erfindung handelt.[82]

Nach der Inanspruchnahme ist der Arbeitgeber berechtigt, aber nicht verpflichtet, im Ausland Schutzrechtsanmeldungen vorzunehmen.[83] Strebt der Arbeitgeber in ausländischen Staaten kein Schutzrecht an, hat er für diese ausländischen Staaten die Erfindung dem Arbeitnehmer freizugeben. Außerdem hat er den Arbeitnehmer in geeigneter Weise zu unterstützen, falls der Arbeitnehmer in diesen ausländischen Staaten ein Schutzrecht erwerben möchte.[84]

Der Arbeitgeber hat den Arbeitnehmer rechtzeitig vor Ablauf von Fristen über seine Absicht zur Freigabe zu unterrichten. Dies betrifft insbesondere die einjährige Prioritätsfrist. Der Arbeitgeber sollte den Arbeitnehmer zumindest drei Monate vor Ablauf der Prioritätsfrist über die ausländischen Staaten informieren, für die der Arbeitgeber kein Schutzrecht anstrebt.[85] Die Pflicht zur Freigabe der Erfindung zur Anmeldung in ausländischen Staaten besteht auch dann, falls die Patentfähigkeit fraglich ist.[86]

Der Arbeitgeber kann sich für die freigegebenen ausländischen Staaten von dem Arbeitnehmer im Falle des Schutzrechtserwerbs ein einfaches Benutzungsrecht ausbedingen.[87] Ein einfaches Benutzungsrecht entspricht einer einfachen Lizenz, wodurch der Arbeitgeber weiterhin in diesen ausländischen Staaten die Produkte, die die Erfindung realisieren, herstellen und vertreiben kann. Für das einfache Benutzungsrecht sind dem Arbeitnehmer Lizenzgebühren zu vergüten.

---

[80] § 6 Absatz 2 und § 8 Arbeitnehmererfindungsgesetz.

[81] BGH, 29.11.1988 – X ZR 63/87 – Gewerblicher Rechtsschutz und Urheberrecht, 1989, 205, 207 – Schwermetalloxidationskatalysator; Schiedsstelle, 16.07.2008 – Arb.Erf. 49/03 – https://www.dpma.de/dpma/wir_ueber_uns/weitere_aufgaben/schiedsstelle_arbnerfg/suche_einigungsvorschlaege/index.html.

[82] § 17 Arbeitnehmererfindungsgesetz.

[83] § 14 Absatz 1 Arbeitnehmererfindungsgesetz.

[84] § 14 Absatz 2 Satz 1 Arbeitnehmererfindungsgesetz.

[85] Schiedsstelle, 16.04.2015 – Arb.Erf. 02/13 – https://www.dpma.de/dpma/wir_ueber_uns/weitere_aufgaben/schiedsstelle_arbnerfg/suche_einigungsvorschlaege/index.html.

[86] BGH, 02.06.1987 – X ZR 97/86 – Gewerblicher Rechtsschutz und Urheberrecht, 1987, 900, 902 – Entwässerungsanlage.

[87] § 14 Absatz 3 Arbeitnehmererfindungsgesetz.

1.4.4 Betriebsgeheime Erfindung

Die Erklärung einer Erfindung zum Betriebsgeheimnis und damit die Nichtanmeldung zum Patent, ist nur bei einer in Anspruch genommenen Erfindung möglich, wobei zusätzlich schwerwiegende Belange des Betriebs dies erfordern müssen.[88]

Wird eine Erfindung frei gegeben, ist der Arbeitnehmer nicht an die Erklärung des Arbeitgebers gebunden, dass es sich bei der Erfindung um ein Betriebsgeheimnis handelt. In diesem Fall ist es dem Arbeitnehmer erlaubt, die Erfindung zum Patent oder Gebrauchsmuster anzumelden.

Eine Erfindung kann nur zum Betriebsgeheimnis erklärt werden, falls wichtige Belange des Unternehmens dies erfordern. Wichtige Belange sind insbesondere mit wirtschaftlichen Interessen zu begründen.[89]

Besteht ein begründetes Interesse des Betriebs daran, eine Erfindung geheim zu halten, ist dieses Interesse höher zu bewerten als das Interesse des Arbeitnehmers auf Erfindernennung in einem Patent.[90]

Gibt es keine wirtschaftlichen Belange, die es erfordern, dass eine Erfindung geheim bleibt, ist der Arbeitgeber zur Patentanmeldung verpflichtet.[91]

Typische Beispiele für Betriebsgeheimnisse sind Herstellverfahren, die geheim gehalten werden können, und deren Verletzung als Patent oder Gebrauchsmuster schwer oder überhaupt nicht nachzuweisen wäre.

1.4.5 Schutzrechtsaufgabe

Ein Arbeitgeber kann nicht einfach ein Schutzrecht auf eine in Anspruch genommene Erfindung aufgeben. Das Nichteinlegen von Rechtsbehelfen oder Rechtsmitteln oder das nicht Verteidigen eines Schutzrechts in einem Einspruchs- oder Nichtigkeitsverfahren ist ebenso nicht zulässig.[92]

Der Arbeitgeber muss den Erfinder über seine Absicht zur Aufgabe eines Schutzrechts informieren.[93] Der Erfinder kann dann seinen Übertragungsanspruch geltend machen.

---

[88] BGH, 29.09.1987 – X ZR 44/86 – Gewerblicher Rechtsschutz und Urheberrecht, 1988, 123 – Vinylpolymerisate.

[89] BGH, 15.03.1955 – I ZR 111/53 – Gewerblicher Rechtsschutz und Urheberrecht, 1955, 424, 425 f. – Möbelwachspaste.

[90] Schiedsstelle, 01.12.2015 – Arb.Erf. 44/13 – https://www.dpma.de/dpma/wir_ueber_uns/weitere_aufgaben/schiedsstelle_arbnerfg/suche_einigungsvorschlaege/index.html.

[91] Schiedsstelle, 17.01.2013 – Arb.Erf. 23/11 – https://www.dpma.de/dpma/wir_ueber_uns/weitere_aufgaben/schiedsstelle_arbnerfg/suche_einigungsvorschlaege/index.html.

[92] BGH, 06.02.2002 – X ZR 215/00 – Gewerblicher Rechtsschutz und Urheberrecht, 2002, 609 – Drahtinjektionseinrichtung.

[93] § 16 Absatz 1 Arbeitnehmererfindungsgesetz.

Liegt eine Erfindergemeinschaft vor, ist jeder einzelne Miterfinder zu informieren. Übernehmen sämtliche Miterfinder ihre Erfindungsanteile entsteht eine Bruchteilsgemeinschaft.[94]

Der Arbeitgeber ist nicht verpflichtet, Schutzrechte, die er beabsichtigt fallenzulassen, dem erfinderischen Arbeitnehmer anzubieten, falls der Vergütungsanspruch des Arbeitnehmers vollständig erfüllt ist.[95]

Eine komplette Erfüllung des Vergütungsanspruchs eines Arbeitnehmers liegt nicht vor, falls nur die aktuellen Vergütungsansprüche erfüllt wurden. Vielmehr gilt es dann auch die zukünftigen Vergütungsansprüche abzugelten. Hierbei ist zusätzlich die Unbilligkeitsschranke des § 23 Arbeitnehmererfindungsgesetz zu beachten.

Die Mitteilung über die Aufgabeabsicht stellt eine Willenserklärung des Arbeitgebers gegenüber dem Arbeitnehmer dar. Es gilt keine Formvorschrift. Zur Nachweissicherung ist zumindest Textform zu empfehlen. Ein Empfangsbekenntnis des Arbeitnehmers sollte zusätzlich angefordert werden.[96]

Es ist nicht erforderlich, dass der Arbeitgeber seine Gründe für die Schutzrechtsaufgabe dem Arbeitnehmer mitteilt. Allerdings kann der Arbeitgeber, beispielsweise aus Fürsorgepflichten, den Arbeitnehmer über neuheitsschädliche Dokumente oder eine mangelnde wirtschaftliche Verwertbarkeit der Erfindung aufklären.[97]

Nach Mitteilung der Aufgabeabsicht hat der Arbeitnehmer drei Monate Zeit, um seinen Übertragungsanspruch geltend zu machen. Nach ungenutztem Ablauf der Drei-Monatsfrist kann der Arbeitgeber das Schutzrecht fallen lassen.[98] Allerdings ist der Arbeitgeber nicht verpflichtet, das Schutzrecht aufzugeben, falls sich beispielsweise zwischenzeitlich die wirtschaftliche Situation zur Ausbeutung der Erfindung verbessert hat.[99]

Der Arbeitgeber ist verpflichtet während der Drei-Monatsfrist nach Mitteilung seiner Aufgabeabsicht gegenüber dem Arbeitnehmer das Schutzrecht aufrechtzuhalten. Der Arbeitnehmer kann andererseits die Drei-Monatsfrist vollständig ausschöpfen.

Nimmt der Arbeitnehmer innerhalb der Drei-Monatsfrist seinen Übertragungsanspruch wahr, hat der Arbeitgeber dem Arbeitnehmer die Unterlagen zu überreichen,

---

[94] §§ 741 ff. BGB.

[95] § 16 Absatz 1 Arbeitnehmererfindungsgesetz i.V.m. § 362 BGB.

[96] BGH, 31.01.1978 – X ZR 55/75 – Gewerblicher Rechtsschutz und Urheberrecht, 1978, 430, 434 – Absorberstabantrieb; BGH, 08.12.1981 – X ZR 50/80 – Gewerblicher Rechtsschutz und Urheberrecht, 1982, 227, 229 – Absorberstab-Antrieb II; BGH 05.06.1984 – X ZR 72/82 – Gewerblicher Rechtsschutz und Urheberrecht, 1984, 652 – Schaltungsanordnung.

[97] Schiedsstelle, 20.11.2018 – Arb.Erf. 35/17 – https://www.dpma.de/dpma/wir_ueber_uns/weitere_aufgaben/schiedsstelle_arbnerfg/suche_einigungsvorschlaege/index.html.

[98] § 16 Absatz 2 Arbeitnehmererfindungsgesetz.

[99] Schiedsstelle, 19.06.2012 – Arb.Erf. 35/11 – https://www.dpma.de/dpma/wir_ueber_uns/weitere_aufgaben/schiedsstelle_arbnerfg/suche_einigungsvorschlaege/index.html.

die zur Fortsetzung des Schutzrechts erforderlich sind. Die Kosten der Rechtsüber-
tragung trägt der Arbeitnehmer. Dem Arbeitgeber steht kein Verwertungsrecht mehr zu.

1.4.6 Ende der Rechte und Pflichten aus einer Diensterfindung

Wird in einem Erteilungs- oder Eintragungsverfahren oder einem gerichtlichen Verfahren
die Schutzunfähigkeit der Erfindung festgestellt, werden damit die Rechte und Pflichten
aus der Diensterfindung beendet. Bereits gezahlte Vergütungen können nicht zurückverlangt werden. Allerdings entfällt für die Zukunft ein Vergütungsanspruch.

1.5 Frei gewordene Diensterfindung

Innerhalb der Vier-Monatsfrist nach ordnungsgemäßer Meldung einer Diensterfindung,
kann der Arbeitgeber prüfen, ob er die Diensterfindung in Anspruch nehmen möchte.
Hat der Arbeitgeber kein Interesse an der Diensterfindung, muss er sie ausdrücklich freigeben. Eine Freigabe muss in Textform (Email, Telefax oder Schreiben) erfolgen. Liegt
eine Erfindergemeinschaft vor, muss die Freigabeerklärung allen Miterfindern gegenüber
erfolgen.

Hat der Arbeitgeber Zweifel an der Bedeutung oder der Schutzfähigkeit der
Erfindung, muss er dennoch die Diensterfindung in Anspruch nehmen, wenn er verhindern möchte, dass ihm eventuell zukünftig ein Schutzrecht auf Basis der Diensterfindung entgegengehalten wird.[100]

Eine Freigabe kann nicht mit einer Bedingung verknüpft werden. Beispielsweise ist
eine Freigabe, unter der Auflage, dass sie hinfällig ist, falls eine Patenterteilung erfolgreich ist, unzulässig.

Eine wirksam erklärte Freigabe kann nicht mehr einseitig revidiert werden.[101] Liegt
ein Mangel der Willenserklärung vor, greifen die Grundsätze über Willensmängel.[102]

Ist der Arbeitgeber an einer zunächst in Anspruch genommenen Diensterfindung
nicht mehr interessiert, kann er sie frei geben. Schutzrechte, die die Erfindung betreffen,
sind dem Arbeitnehmer anzubieten. Eine Anbietungspflicht besteht nicht, falls der Vergütungsanspruch des Arbeitnehmers bereits vollständig erfüllt ist.[103]

---

[100] Schiedsstelle, 13.11.2018 – Arb.Erf. 71/16 – https://www.dpma.de/dpma/wir_ueber_uns/
weitere_aufgaben/schiedsstelle_arbnerfg/suche_einigungsvorschlaege/index.html.

[101] § 130 Absatz 1 Satz 2 BGB.

[102] §§ 116 ff. BGB.

[103] § 16 Arbeitnehmererfindungsgesetz.

Durch eine Freigabe bleibt der Erfinder Rechtsinhaber der Erfindung bzw. wird wieder der Rechtsinhaber.[104] Eine Anmeldepflicht des Arbeitgebers besteht nicht mehr.[105] Durch die Freigabe wird nur dasjenige freigegeben, was in der ordnungsgemäßen Erfindungsmeldung als Diensterfindung beschrieben wurde.[106]

Besteht bereits eine Schutzanmeldung, hat der Arbeitgeber dem Arbeitnehmer die Möglichkeit zu verschaffen, dass dieser die Anmeldung fortführen kann.[107] Meldet andererseits der Arbeitgeber nach der Freigabe eine Erfindung zum Patent oder Gebrauchsmuster an, liegt eine widerrechtliche Entnahme vor.[108]

Der Arbeitnehmer kann seine Erfindung nach einer Freigabe durch den Arbeitgeber erneut dem Arbeitgeber zur Inanspruchnahme anbieten.[109]

1.6 Technischer Verbesserungsvorschlag

Für technische Verbesserungsvorschläge ist das Arbeitnehmererfindungsgesetz einschlägig. Die Abgrenzung eines technischen Verbesserungsvorschlags zu einer Diensterfindung ist die mangelnde Patent- oder Gebrauchsmusterfähigkeit des Verbesserungsvorschlags.

1.6.1 Voraussetzungen eines technischen Verbesserungsvorschlags

Ein Verbesserungsvorschlag muss technischer Natur sein.[110] Die Frage der Technizität richtet sich nach den Vorgaben des Patentrechts bzw. der Rechtsprechung zur Technizität einer patentfähigen Erfindung. Demnach liegt eine technische Erfindung vor, falls die Erfindung konkrete Handlungsweisungen gibt, um einen praktischen Nutzen unter Ausnutzung der Naturkräfte in wiederholbarer Weise zu realisieren.[111]

---

[104] § 8 Satz 2 Arbeitnehmererfindungsgesetz.

[105] § 13 Absatz 2 Nr. 1 Arbeitnehmererfindungsgesetz.

[106] OLG Düsseldorf, 08.11.1957 – 2 U 60/57, 2 U 61/57 – Gewerblicher Rechtsschutz und Urheberrecht, 1958, 435, 437 – Kohlenstaubfeuerung; BGH, 18.05.2010 – X ZR 79/07 – Gewerblicher Rechtsschutz und Urheberrecht, 2010, 817 – Steuervorrichtung.

[107] BGH, 10.11.1970 – X ZR 54/67 – Gewerblicher Rechtsschutz und Urheberrecht, 1971, 210, 212 – Wildverbissverhinderung.

[108] § 21 Absatz 1 Nr. 3 Patentgesetz.

[109] BGH, 14.02.2017 – X ZR 64/15 – Gewerblicher Rechtsschutz und Urheberrecht, 2017, 504 – Lichtschutzfolie.

[110] § 20 Absatz 1 Satz 1 Arbeitnehmererfindungsgesetz.

[111] Schulte/Moufang, Patentgesetz mit EPÜ, Kommentar, 10. Auflage, §1 Rdn. 15.

Ein Verbesserungsvorschlag setzt eine schöpferische Leistung voraus. Der Verbesserungsvorschlag muss technischer Natur sein, also eine Lehre zur Anwendung der Naturkräfte zur reproduzierbaren Erreichung eines technischen Effekts. Ein Verbesserungsvorschlag liegt daher nicht vor, falls der Arbeitnehmer nur auf ein technisches Problem oder einen Mangel hinweist.

Ein vergütungsfähiger Verbesserungsvorschlag liegt nicht vor, falls der Verbesserungsvorschlag nicht zumindest für den betreffenden Betrieb neu ist. Außerdem muss der Verbesserungsvorschlag dem Arbeitgeber einen nutzbaren technischen Fortschritt ermöglichen.

Ein Verbesserungsvorschlag ist nur vergütungsfähig, falls er dem Arbeitgeber eine „ähnliche Vorzugsstellung wie ein gewerbliches Schutzrecht" bietet.[112] Eine Vergütungspflicht nichttechnischer Verbesserungsvorschläge kann aus dem Arbeitnehmererfindungsgesetz nicht abgeleitet werden.

Die Vorzugsstellung muss auf den Verbesserungsvorschlag zurückzuführen sein.[113] Ergibt sich jedoch die Vorzugsstellung nicht aus dem Schutzrecht, sondern aus der Marktstellung des Betriebs, seiner Bekanntheit oder seinem gut ausgebauten Vertriebsnetz, scheidet eine Vergütungspflicht des Arbeitgebers aus.

Ist den Wettbewerbern der Verbesserungsvorschlag bekannt, wird dieser aber dennoch nicht angewandt, spricht dies gegen ein Potenzial zum Erlangen einer Vorzugsstellung durch die Anwendung des Verbesserungsvorschlags und eine Vergütungspflicht ist zu verneinen.[114]

Die Vorzugsstellung des vergütungspflichtigen Verbesserungsvorschlags muss eine Mindest-Beständigkeit aufweisen. Kann ein Verbesserungsvorschlag leicht imitiert werden oder ist der Verbesserungsvorschlag den Wettbewerbern bereits bekannt, entfällt die Vergütungspflicht.[115]

---

[112] § 20 Absatz 1 Satz 1 Arbeitnehmererfindungsgesetz.

[113] Schiedsstelle, 27.02.2013 – Arb.Erf. 20/10 – https://www.dpma.de/dpma/wir_ueber_uns/weitere_aufgaben/schiedsstelle_arbnerfg/suche_einigungsvorschlaege/index.html; Grabinski, Gewerblicher Rechtsschutz und Urheberrecht, 2001, 922, 926.

[114] BGH, 26.11.1968 – X ZR 15/67 – Gewerblicher Rechtsschutz und Urheberrecht, 1969, 341, 343 – Räumzange.

[115] BGH, 26.11.1968 – X ZR 15/67 – Gewerblicher Rechtsschutz und Urheberrecht, 1969, 341, 343 – Räumzange.

1.6.2 Mitteilungspflicht

Für die Mitteilung eines technischen Verbesserungsvorschlags gelten dieselben Bedingungen, die bei der Meldung einer Erfindung zu beachten sind. Der Arbeitnehmer ist insbesondere zur sofortigen Mitteilung eines technischen Verbesserungsvorschlags verpflichtet.[116]

1.6.3 Vergütung des technischen Verbesserungsvorschlags

Ein technischer Verbesserungsvorschlag, der einem Arbeitgeber dieselbe Vorzugsstellung wie ein Patent gibt, ist vergütungspflichtig. Voraussetzung ist eine Verwertung des Verbesserungsvorschlags.[117]

Eine Vergütungspflicht setzt eine tatsächliche Verwertung voraus. Eine grundsätzliche Eignung zur Verwertung reicht nicht aus. Eine Verwertung kann eine innerbetriebliche Verwertung, beispielsweise die Steigerung der Produktivität oder die Qualitätsverbesserung der Produkte, sein oder eine außerbetriebliche Verwertung durch Auslizenzierung von Know-How. Der Arbeitgeber ist auch bei einer Verwertbarkeit und bei einer voraussichtlichen Vorteilhaftigkeit der Verwertung, nicht zur Verwertung verpflichtet. Der Arbeitgeber hat ein uneingeschränktes Wahlrecht. Ein Testlauf eines Verbesserungsvorschlags führt nicht zu einer Vergütungspflicht.

Die Fälligkeit eines Vergütungsanspruchs tritt spätestens drei Monate nach der Aufnahme der Verwertung des Verbesserungsvorschlags ein. Solange dem Arbeitgeber durch den Verbesserungsvorschlag eine Vorzugsstellung zukommt und die Verwertung andauert, besteht eine Vergütungspflicht.[118]

Zur Berechnung des Erfindungswerts kann insbesondere die Berechnung nach der Lizenzanalogie angewandt werden. Außerdem ist ein Anteilsfaktor zu bestimmen. Ein Verbesserungsvorschlag wird ähnlich einem Gebrauchsmuster betrachtet. Es erfolgt daher noch ein Abschlag um 50 % oder 33 %. Erfolgt eine ausschließliche innerbetriebliche Benutzung kann die Berechnungsmethode des erfassbaren betrieblichen Nutzens angewandt werden.[119] Stammt der Verbesserungsvorschlag von mehreren Arbeitnehmern

---

[116] Schiedsstelle, 07.03.2016 – Arb.Erf. 09/14 – https://www.dpma.de/dpma/wir_ueber_uns/ weitere_aufgaben/schiedsstelle_arbnerfg/suche_einigungsvorschlaege/index.html; Schiedsstelle, 27.02.2013 – Arb.Erf. 20/10 – https://www.dpma.de/dpma/wir_ueber_uns/weitere_aufgaben/ schiedsstelle_arbnerfg/suche_einigungsvorschlaege/index.html.

[117] § 20 Absatz 1 Satz 1 Arbeitnehmererfindungsgesetz; Schiedsstelle, 11.12.2012 – Arb.Erf. 46/11 – https://www.dpma.de/dpma/wir_ueber_uns/weitere_aufgaben/schiedsstelle_arbnerfg/suche_ einigungsvorschlaege/index.html.

[118] BGH, 26.11.1968 – X ZR 15/67 – Gewerblicher Rechtsschutz und Urheberrecht, 1969, 341 – Räumzange.

[119] Schiedsstelle, 27.02.2013 – Arb.Erf. 20/10 – https://www.dpma.de/dpma/wir_ueber_uns/ weitere_aufgaben/schiedsstelle_arbnerfg/suche_einigungsvorschlaege/index.html.

ist die Vergütung entsprechend deren Anteil an dem Verbesserungsvorschlag auf diese aufzuteilen.

1.7   Freie Erfindung

Eine Erfindung, die während eines Arbeitsverhältnisses geschaffen wird, die aber nicht mit der beruflichen Tätigkeit zu tun hat oder auf dem Know-How des Betriebs beruht, ist eine freie Erfindung. Jede Erfindung, die keine Diensterfindung ist, ist daher eine freie Erfindung.[120]

Das Arbeitnehmererfindungsgesetz bestimmt für freie Erfindungen nur wenige Pflichten des Arbeitnehmers gegenüber seinem Arbeitgeber. Eine Verpflichtung zur unverzüglichen Mitteilung besteht, außer die Erfindung ist für den Arbeitgeber offensichtlich nicht verwertbar.[121]

Es ist dem Arbeitnehmer zu empfehlen, eine freie Erfindung tendenziell eher seinem Arbeitgeber mitzuteilen. Für die Mitteilung genügt die Textform, also eine Email, ein Fax oder ein Schreiben, die aber eindeutig als Mitteilung einer freien Erfindung erkennbar sein muss.

Die Mitteilungspflicht soll sicherstellen, dass sich der Arbeitgeber selbst davon überzeugen kann, dass es sich bei der Erfindung um keine Diensterfindung handelt. Ist der Arbeitgeber der Meinung, dass es sich bei der Erfindung entgegen der Auffassung des Erfinders um eine Diensterfindung handelt, muss er dies seinem Arbeitnehmer innerhalb von drei Monaten nach der Mitteilung erklären. Für diese Erklärung genügt die Textform.[122] Versäumt der Arbeitgeber die Drei-Monatsfrist, wird die Erfindung frei, selbst falls es sich nachweislich um eine Diensterfindung handelt. Eine nachträgliche Inanspruchnahme oder die Inanspruchnahmefiktion greifen nicht. Der Arbeitgeber sollte daher die Mitteilung einer freien Erfindung genau und zügig prüfen, um nicht seiner Rechte verlustig zu gehen.

Eine freie Erfindung muss der Arbeitnehmer seinem Arbeitgeber zumindest zur nichtausschließlichen Benutzung anbieten. Nimmt der Arbeitgeber das Benutzungsrecht an, muss er seinem Arbeitnehmer eine angemessene Lizenzgebühr entrichten.[123] Ist das Arbeitsverhältnis beendet oder ist die freie Erfindung offensichtlich nicht für den Arbeitgeber verwertbar, entfällt die Pflicht zur Anbietung eines einfachen Benutzungsrechts.

---

[120] § 4 Absatz 3 Arbeitnehmererfindungsgesetz.
[121] § 18 Arbeitnehmererfindungsgesetz.
[122] § 18 Absatz 1 Satz 1 Arbeitnehmererfindungsgesetz.
[123] § 19 Arbeitnehmererfindungsgesetz.

1.8 Allgemeine Bestimmungen des Arbeitnehmererfindungsgesetzes

Die grundsätzlichen Regelungen des Arbeitnehmererfindungsgesetzes werden vorgestellt.

1.8.1 Unabdingbarkeit

Der Arbeitnehmer kann nicht vor der Meldung einer Erfindung auf Rechte aus dem Arbeitnehmererfindungsgesetz verzichten.[124] Eine Vereinbarung, die diesem Grundsatz zuwider läuft, ist nichtig.[125] Es ist allerdings zulässig, Vereinbarungen nach der Meldung einer Erfindung, wenn die Erfindung den Beteiligten bekannt ist, auch zum Nachteil des Arbeitnehmers einzugehen.

Eine Regelung zuungunsten des Arbeitnehmers stellt den Arbeitnehmer insbesondere im Vergleich zu den Vorgaben des Arbeitnehmererfindungsgesetz schlechter. Unzulässige Abreden können sein: Vorausverfügungen über zukünftige Erfindungen[126], Einschränkungen der Verwertung einer frei gewordenen Erfindung, nachteilige Regelungen zur Vergütung oder Vereinbarung eines Deckels der Vergütung[127].

Regelungen, die einen ausschließlich vorteilhaften Charakter für den Arbeitnehmer haben, sind stets zulässig. Das Abbedingen von Formerfordernissen für den Arbeitnehmer[128] ist ein Beispiel hierfür.

1.8.2 Unbilligkeit

Ist eine Regelung zulässig nach § 22 Satz 2 Arbeitnehmererfindungsgesetz, kann sie dennoch unbillig sein.[129] Im Falle der Unbilligkeit ist die Regelung unwirksam. Unbilligkeit ist nur zu berücksichtigen, falls sich der Arbeitnehmer oder der Arbeitgeber darauf berufen.

---

[124] § 22 Satz 1 Arbeitnehmererfindungsgesetz.

[125] § 134 BGB.

[126] Hans.OLG Hamburg, 06.11.1958 – 3 U 89/58 – Gewerblicher Rechtsschutz und Urheberrecht, 1960, 487, 490 – Geruchsbeseitigungsverfahren.

[127] Schiedsstelle, 9.7.2013 – Arb.Erf. 45/12 – https://www.dpma.de/dpma/wir_ueber_uns/weitere_aufgaben/schiedsstelle_arbnerfg/suche_einigungsvorschlaege/index.html.

[128] BGH, 24.11.1961 – I ZR 156/59 – Gewerblicher Rechtsschutz und Urheberrecht, 1962, 305, 307 – Federspannvorrichtung; BGH, 19.05.2005 – X ZR 152/01 – Gewerblicher Rechtsschutz und Urheberrecht, 2005, 761 – Rasenbefestigungsplatte.

[129] § 23 Arbeitnehmererfindungsgesetz.

Eine Berufung auf Unbilligkeit ist hinfällig, falls bereits Verjährung eingetreten ist und diese geltend gemacht wurde.[130] Ist eine Vereinbarung der Arbeitsvertragsparteien, beispielsweise einer Vergütungsvereinbarung, unbillig, gilt die Regelung als von Anfang an nichtig.[131]

Unbilligkeit kann nach Ende des Arbeitsverhältnisses nur innerhalb einer Frist von sechs Monaten ab Beendigung des Arbeitsverhältnisses geltend gemacht werden. Unbilligkeit ist gegenüber der anderen Partei in Textform zu erklären.[132]

Eine Unbilligkeit liegt vor, falls sich ein erheblicher Unterschied zwischen dem vertraglich vereinbarten und der gesetzlichen Regelung ergibt. Die Darlegungs- und Beweislast trägt die Partei, die sich auf die Unbilligkeit beruft.

Die Unbilligkeits-Regelung des Arbeitnehmererfindungsgesetz hat eine große praktische Bedeutung bei Vergütungsvereinbarungen bzw. Vergütungsfestsetzungen. Eine Vergütungsvereinbarung bzw. Vergütungsfestsetzung kann als unbillig angesehen werden, wenn sie um mehr als 50 % von den gesetzlichen Regelungen abweicht.[133] Diese Schwelle von 50 % gilt insbesondere für fünfstellige Vergütungsbeträge. Bei sechsstelligen Beträgen ist von einer Schwelle bei ca. 25 % auszugehen.[134] Eine Unbilligkeitserwägung bei Vergütungen muss daher auch die absoluten Beträge berücksichtigen. Grundsätzlich kann davon ausgegangen werden, dass ein Unterschied einer Vergütung von mindestens 50.000 € eine Unbilligkeit begründet.[135]

Für das Gegebensein einer Unbilligkeit bei einer Pauschalvereinbarung sind grundsätzlich strenge Maßstäbe anzusetzen. Erst ab einem Abweichen der vereinbarten Vergütung um den dreifachen Betrag zum gesetzlich geschuldeten, ist von einer Unbilligkeit auszugehen.[136] Allerdings liegt bei hohen Differenzbeträgen bereits früher Unbilligkeit vor.

---

[130] § 195 ff. BGB.

[131] § 139 BGB.

[132] § 23 Absatz 2 Arbeitnehmererfindungsgesetz.

[133] BGH, 12.06.2012 – X ZR 104/09 – Gewerblicher Rechtsschutz und Urheberrecht, 2012, 959 – Antimykotischer Nagellack II.

[134] BGH, 4.10.1988 – X ZR 71/86 – Gewerblicher Rechtsschutz und Urheberrecht, 1990, 271 – Vinylchlorid.

[135] Schiedsstelle, 11.03.2008 – Arb.Erf. 24/07 – https://www.dpma.de/dpma/wir_ueber_uns/ weitere_aufgaben/schiedsstelle_arbnerfg/suche_einigungsvorschlaege/index.html.

[136] Schiedsstelle, 19.10.2010 – Arb.Erf. 03/09 – https://www.dpma.de/dpma/wir_ueber_uns/ weitere_aufgaben/schiedsstelle_arbnerfg/suche_einigungsvorschlaege/index.html; Schiedsstelle, 17.12.2014 – Arb.Erf. 52/13 – https://www.dpma.de/dpma/wir_ueber_uns/weitere_aufgaben/ schiedsstelle_arbnerfg/suche_einigungsvorschlaege/index.html; Schiedsstelle, 10.07.2019 – Arb. Erf. 03/17 – https://www.dpma.de/dpma/wir_ueber_uns/weitere_aufgaben/schiedsstelle_arbnerfg/ suche_einigungsvorschlaege/index.html.

Es ist strittig, ob ein Verzicht auf das Geltendmachen der Unbilligkeit vertraglich zwischen dem Arbeitnehmer und dem Arbeitgeber gemäß § 22 Satz 2 Arbeitnehmererfindungsgesetz vereinbart werden kann.[137] Allerdings könnte eine derartige Regelung aufgrund der Unbilligkeitsprüfung nach § 23 Absatz 1 Arbeitnehmererfindungsgesetz unwirksam sein.[138]

Es ist außerdem strittig, ob das Erheben eines Unbilligkeitseinwands einer Verjährung unterliegt.

Ergibt sich eine Unwirksamkeit einer Regelung einer Vergütungsvereinbarung zwischen dem Arbeitnehmer und dem Arbeitgeber aufgrund eines Unbilligkeitseinwands kann sich eine Neuregelung aus § 12 Arbeitnehmererfindungsgesetz oder aus Treu und Glauben[139] ergeben. Grundlage der Neuregelung sind die Umstände zum Zeitpunkt der Festlegung der Neuregelung.[140]

1.8.3 Geheimhaltungspflicht

Der Arbeitgeber hat eine Erfindung seines Arbeitnehmers zumindest so lange geheim zu halten, wie dies durch die Belange des Arbeitnehmers geboten ist.[141] Der Arbeitnehmer hat eine Erfindung so lange geheim halten, bis sie frei gegeben wurde.[142]

Die Geheimhaltungspflichten des Arbeitnehmers und des Arbeitgebers enden spätestens nach Eintragung des Gebrauchsmusters bzw. nach Offenlegung der Patentanmeldung.[143]

1.9 Streitigkeiten

Streitigkeiten der Arbeitsvertragsparteien können vor der Schiedsstelle geschlichtet oder vor den ordentlichen Gerichten entschieden werden.

---

[137] Schiedsstelle, 27.07.2010 – Arb.Erf. 40/09 – https://www.dpma.de/dpma/wir_ueber_uns/weitere_aufgaben/schiedsstelle_arbnerfg/suche_einigungsvorschlaege/index.html.

[138] Schiedsstelle, 30.03.2017 – Arb.Erf. 36/15 – https://www.dpma.de/dpma/wir_ueber_uns/weitere_aufgaben/schiedsstelle_arbnerfg/suche_einigungsvorschlaege/index.html.

[139] § 242 BGB.

[140] BGH, 4.10.1988 – X ZR 71/86 – Gewerblicher Rechtsschutz und Urheberrecht, 1990, 271 – Vinylchlorid.

[141] § 24 Absatz 1 Arbeitnehmererfindungsgesetz.

[142] § 24 Absatz 2 Arbeitnehmererfindungsgesetz.

[143] § 31 Absatz 2 Nr. 2 Patentgesetz.

1.9.1 Schiedsstelle[144]

In Angelegenheiten zum Arbeitnehmererfinderrecht gibt es regelmäßig Streit zwischen dem erfinderischen Arbeitnehmer und seinem Arbeitgeber. Hierdurch kann das Arbeitsverhältnis belastet werden. Der Gesetzgeber hat daher die Schiedsstelle eingerichtet, um den Parteien eine neutrale Instanz anzubieten, die den streitigen Fall objektiv bewertet.

Die Schiedsstelle ist in allen Streitfällen, für die das Arbeitnehmererfindungsgesetz einschlägig ist, zuständig.[145] Die Schiedsstelle kann von einem Arbeitnehmer oder dem Arbeitgeber angerufen werden. Liegt eine Erfindergemeinschaft vor, kann jeder einzelne Miterfinder die Schiedsstelle anrufen.

Die Schiedsstelle kann auch vom ausgeschiedenen Arbeitnehmer oder seinem ehemaligen Arbeitgeber angerufen werden.[146] Obwohl nach Beendigung eines Arbeitsverhältnisses das Anrufen der Schiedsstelle nicht zwingend ist, wird die Schiedsstelle dennoch oft von ausgeschiedenen Arbeitnehmern und ihren Arbeitgebern angerufen. Der Grund kann insbesondere in dem kostengünstigen Verfahren und der hohen Kompetenz der Schiedsstelle gesehen werden. Das Anrufen der Schiedsstelle vor Beginn eines Klageverfahrens ist obligatorisch, falls ein Arbeitsverhältnis noch besteht.

Es besteht keine Zuständigkeit der Schiedsstelle für Streitigkeiten mit freien Erfindern oder bei Organerfindungen, also bei Erfindungen, die von einem Geschäftsführer einer GmbH oder einem Vorstand einer Aktiengesellschaft geschaffen wurden.

Die Anrufung der Schiedsstelle erfolgt mit einem schriftlichen Antrag. Ein Anrufen der Schiedsstelle mit einem Antrag als Email oder Telefax ist nicht möglich. In dem Antrag sind die Beteiligten zu nennen, also der Arbeitnehmer und sein Arbeitgeber bzw. der ausgeschiedene Arbeitnehmer und sein ehemaliger Arbeitgeber. Außerdem ist der Sachverhalt zu schildern.

Ist ein Schiedsstellenverfahren nicht obligatorisch, da das Arbeitsverhältnis beendet ist, kann jeder Beteiligte seine Ablehnung bekanntgeben, und sich nicht auf das Schiedsstellenverfahren einlassen.[147] Es müssen keine Gründe angegeben werden.

In ein laufendes Schiedsstellenverfahren können keine neuen Streitpunkte eingeführt werden, außer der Antragsgegner lässt sich auf die neuen Streitpunkte ein.[148] Während des Schiedsstellenverfahrens können sich die Arbeitsvertragsparteien einigen. In diesem

---

[144] Schiedsstelle nach dem Gesetz über Arbeitnehmererfindungen beim Deutschen Patent- und Markenamt, 80297 München.

[145] § 28 Satz 1 Arbeitnehmererfindungsgesetz.

[146] § 26 Arbeitnehmererfindungsgesetz.

[147] § 35 Absatz 1 Nr. 1 und Nr. 2 Arbeitnehmererfindungsgesetz.

[148] Schiedsstelle, 29.05.2019 – Arb.Erf. 27/17 – https://www.dpma.de/dpma/wir_ueber_uns/weitere_aufgaben/schiedsstelle_arbnerfg/suche_einigungsvorschlaege/index.html.

Fall wird das Schiedsstellenverfahren durch Beschluss beendet.[149] Ein Einigungsvorschlag der Schiedsstelle wird nicht unterbreitet.

Das Einlassen auf das Schiedsstellenverfahren verpflichtet die Parteien zur Mitarbeit an der Aufklärung der Situation.[150] Unterlässt eine Partei eine konstruktive Mitarbeit und können dadurch Sachverhalte nicht eindeutig bestimmt werden, werden diese zum Nachteil der pflichtverletzenden Partei ausgelegt.

Die Schiedsstelle weist eine hohe Sachkompetenz auf, da sie sich ausschließlich mit Angelegenheiten des Arbeitnehmererfinderrechts befasst. Die Schiedsstelle entscheidet nicht über die Angelegenheit, sondern gibt einen Einigungsvorschlag. Wird dieser Einigungsvorschlag nicht durch Widerspruch einer Partei abgelehnt, wird er rechtswirksam.[151] Ansonsten gilt das Schiedsstellenverfahren als gescheitert. In der Mehrzahl der Fälle werden die Einigungsvorschläge der Schiedsstelle von den Parteien akzeptiert.

Ein Widerspruch muss in Schriftform bei der Schiedsstelle eingereicht werden. Der Widerspruch ist innerhalb einer Frist von einem Monat nach Zustellung des Einigungsvorschlags einzureichen.[152]

Ein Schiedsstellenverfahren dauert im Schnitt 1,5 Jahre.[153]

Besteht kein Arbeitsverhältnis mehr, kann direkt das Klageverfahren angestrebt werden. Es ist jedoch auch möglich, die Schiedsstelle anzurufen, was in der Praxis zumeist getan wird.

1.9.2 Gerichtsverfahren

Ist ein Schiedsstellenverfahren gescheitert, kann eine Entscheidung eines ordentlichen Gerichts angestrebt werden. Hierfür wurden Patentstreitkammern bei ausgesuchten Landgerichten eingerichtet, um eine Konzentration ähnlicher Fälle zu ermöglichen.[154] Es wird damit den Patentstreitkammern ermöglicht, eine geeignete Fachkompetenz aufzubauen.

Eine Ausnahme besteht, falls der Streit nicht die Höhe der Vergütung betrifft, sondern die Auszahlung. Hierfür sind die Arbeitsgerichte sachlich zuständig.[155] Außerdem sind

---

[149] Schiedsstelle, 09.12.2014 – Arb.Erf. 22/08 – https://www.dpma.de/dpma/wir_ueber_uns/ weitere_aufgaben/schiedsstelle_arbnerfg/suche_einigungsvorschlaege/index.html.

[150] Schiedsstelle, 12.05.2016 – Arb.Erf. 41/13 – https://www.dpma.de/dpma/wir_ueber_uns/ weitere_aufgaben/schiedsstelle_arbnerfg/suche_einigungsvorschlaege/index.html.

[151] § 34 Absatz 3 Arbeitnehmererfindungsgesetz.

[152] Schiedsstelle, 30.10.2013 – Arb.Erf. 25/12 – https://www.dpma.de/dpma/wir_ueber_uns/ weitere_aufgaben/schiedsstelle_arbnerfg/suche_einigungsvorschlaege/index.html.

[153] Bericht von Falckenstein, Gewerblicher Rechtsschutz und Urheberrecht, 2004, 401.

[154] § 39 Absatz 1 Satz 1 Arbeitnehmererfindungsgesetz.

[155] § 39 Absatz 2 Arbeitnehmererfindungsgesetz.

die Arbeitsgerichte bei Streitigkeiten wegen technischer Verbesserungsvorschläge
zuständig.

1.10   Öffentlicher Dienst und Hochschulerfindungen

Das Arbeitnehmererfindungsgesetz ist für Arbeitnehmer des öffentlichen Dienstes,
Beamte und Soldaten einschlägig. Grundsätzlich gilt, dass die Arbeitnehmer des
öffentlichen Dienstes den Arbeitnehmern in der Privatwirtschaft gleichgestellt sind.[156]

Im Gegensatz zu früheren Fassungen des Arbeitnehmererfindungsgesetzes gelten für
Erfindungen von Professoren, Dozenten und wissenschaftlichen Mitarbeitern an Hochschulen das Arbeitnehmererfindungsgesetz uneingeschränkt. Allerdings sind für diese
Personengruppe die Privilegien des § 42 Arbeitnehmererfindungsgesetz zu beachten. Insbesondere gilt die Publikationsfreiheit, wonach die Hochschulwissenschaftler berechtigt
sind, eine Diensterfindung zu veröffentlichen. Eine Verletzung der Geheimhaltungspflicht nach § 24 Absatz 2 Arbeitnehmererfindungsgesetz greift in diesem Fall nicht.
Allerdings muss der Hochschulwissenschaftler sein Publikationsvorhaben rechtzeitig,
das bedeutet in der Regel zwei Monate vor der Veröffentlichung, mitteilen.[157] Hierdurch
wird es dem Dienstherrn ermöglicht, die Diensterfindung rechtzeitig vor der Veröffentlichung zum Patent anzumelden. Außerdem wird dem Hochschulwissenschaftler erlaubt,
eine Diensterfindung nicht seinem Dienstherrn zu melden, beispielsweise aus ethischen
Gründen. Ein Verschweigen einer Diensterfindung ist auch aus rein persönlichen
Gründen zulässig.[158] Auch nach Inanspruchnahme der Erfindung durch den Dienstherrn verbleibt dem Hochschulwissenschaftler ein einfaches Benutzungsrecht für seine
Forschungs- und Lehrtätigkeit.[159]

Ein weiteres Privileg des Hochschulwissenschaftlers ist eine 30 %-Beteiligung an
den durch die Erfindung erzielten Einnahmen aus der Erfindung.[160] Hierdurch soll dem
Hochschulwissenschaftler ein besonderer Anreiz zur Schaffung innovativer technischer
Lösungen gegeben werden.

Für pensionierte Hochschulwissenschaftler, Doktoranden und Studenten besteht kein
Beschäftigungsverhältnis mit der Hochschule. Aus diesem Grund ist eine Anwendung
des Arbeitnehmererfindungsgesetz auf diese Personengruppe ausgeschlossen.

---

[156] § 40 Arbeitnehmererfindungsgesetz.

[157] § 42 Nr. 1 Arbeitnehmererfindungsgesetz.

[158] § 42 Nr. 2 Satz 1 Arbeitnehmererfindungsgesetz.

[159] § 42 Nr. 3 Arbeitnehmererfindungsgesetz.

[160] § 42 Nr. 4 Arbeitnehmererfindungsgesetz.

1.11 Vertragliche Vereinbarung des Arbeitnehmererfindungsgesetzes

Das Arbeitnehmererfindungsgesetz ist nicht anwendbar auf freie Mitarbeiter, Geschäftsführer einer GmbH und Vorstände einer Aktiengesellschaft. Allerdings ist es möglich, und zumeist für beide Parteien zu empfehlen, das Arbeitnehmererfindungsgesetz im Zuge der Dispositionsfreiheit zu vereinbaren. Hierdurch können die Erfindungen von Organmitgliedern (Geschäftsführer und Vorstände) und freien Erfindern für das Unternehmen gesichert werden. Andererseits erwerben die Erfinder einen Vergütungsanspruch. Insbesondere bei Organmitgliedern liegt eine unklare Rechtssituation vor.[161] Es ist daher empfehlenswert arbeitsvertraglich das Arbeitnehmererfindungsgesetz zu vereinbaren oder auf sonstige Weise eine Vereinbarung über die Eigentumsverhältnisse von Erfindungen und eine Kompensation des Erfinders festzulegen. Nur auf diese Weise kann bezüglich der erfinderischen Tätigkeit von Organmitgliedern und freien Mitarbeitern Rechtsklarheit und Rechtssicherheit erzielt werden.

1.12 Beendigung des Arbeitsverhältnisses

Die Auflösung eines Arbeitsverhältnisses hat keinen Einfluss auf die Rechte und Pflichten von während der Dauer des Arbeitsverhältnisses geschaffenen Erfindungen.[162] Die Art der Auflösung des Arbeitsverhältnisses, ordentliche oder außerordentliche Kündigung, ist ebenfalls ohne Belang.

Wird eine Erfindung jedoch erst nach dem Ende des Arbeitsverhältnisses fertiggestellt, gelten die Regelungen des Arbeitnehmererfindungsgesetz nicht mehr für die Erfindung. Dies gilt auch dann, wenn zur Fertigstellung der Erfindung betriebliches Know-How des früheren Arbeitgebers erforderlich war.[163]

Den Anspruch auf Anpassung einer Vereinbarung, beispielsweise der Vergütungsvereinbarung, wegen Unbilligkeit kann nur innerhalb von sechs Monaten nach Ende des Arbeitsverhältnisses geltend gemacht werden.[164]

Die Rechte und Pflichten sind vererbbar.[165] Dies ist insbesondere bezüglich der Vergütungsansprüche zu beachten.

---

[161] BGH, 26.09.2006 – X ZR 181/03 – Gewerblicher Rechtsschutz und Urheberrecht, 2007, 52 – Rollenantriebseinheit II.

[162] § 26 Arbeitnehmererfindungsgesetz.

[163] BGH, 03.05.2001 – I ZR 153/99 – Gewerblicher Rechtsschutz und Urheberrecht, 2002, 91, 92 – Spritzgießwerkzeuge; BGH, 17.01.1995 – X ZR 130/93 – NJW-RR, 1995, 696 – Gummielastische Masse I.

[164] § 23 Absatz 2 Arbeitnehmererfindungsgesetz.

[165] § 1922 Absatz 1 BGB.

1.13 Betriebsübergang

Ein Betriebsübergang findet statt, falls die wirtschaftliche Einheit des Betriebs von einem neuen Eigentümer übernommen wird. Falls bei einem Betriebsübergang sowohl das Arbeitsverhältnis mit dem erfinderischen Arbeitnehmer als auch dessen Erfindung übergehen, gehen die Rechte und Pflichten ebenfalls auf den neuen Arbeitgeber über.[166] Im Falle eines Widerspruchs des Arbeitnehmers bezüglich des Übergangs des Arbeitsverhältnisses bleiben die Rechte und Pflichten bei dem bisherigen Arbeitgeber bestehen. Es findet kein Übergang der Rechte und Pflichten auf den neuen Arbeitgeber statt. Es entsteht insbesondere kein Vergütungsanspruch gegenüber dem Erwerber des Betriebs.

Widerspricht ein Arbeitnehmer nicht dem Betriebsübergang, so wird das Arbeitsverhältnis nicht beendet, sondern das Arbeitsverhältnis mit dem bisherigen Arbeitgeber wird auf den neuen Arbeitgeber übertragen. Der Betriebserwerber ist ab dem Zeitpunkt der Übernahme des Betriebs verpflichtet, die Vergütungsansprüche des erfinderischen Arbeitnehmers zu erfüllen, falls der Betriebserwerber nicht nur das Arbeitsverhältnis, sondern auch die Erfindung bzw. die entsprechenden Schutzrechte übernimmt.[167] Für noch nicht erfüllte Vergütungsansprüche haften der vorherige Betriebseigentümer und der Betriebserwerber gesamtschuldnerisch.[168]

---

[166] § 613a BGB.
[167] § 613a BGB.
[168] § 613a Absätze 1 und 2 BGB.

Vergütung des erfinderischen Arbeitnehmers

Der Vergütungsanspruch folgt aus der gemeldeten Diensterfindung, und nicht etwa aus dem Gegenstand der Patentanmeldung oder aus dem erteilten Patent.[1] Er stellt den wirtschaftlichen Ausgleich für die Übertragung der vermögensrechtlichen Aspekte einer Erfindung auf den Arbeitgeber dar. Die Erfinderpersönlichkeitsrechte bleiben beim Erfinder. Der Vergütungsanspruch erfüllt die Eigentumsgarantie des Grundgesetzes.[2]

Der Anspruch des erfinderischen Arbeitnehmers ist auf eine angemessene Vergütung gerichtet. Es geht keinesfalls darum, den Arbeitnehmer zu einem wirtschaftlichen Kooperationspartner seines Arbeitgebers aufzubauen, sondern vielmehr Anreize für eine fortgesetzte Innovationstätigkeit zu schaffen.

Eine Vergütung ist von den Parteien durch Vereinbarung zu bestimmen.[3] Die Bestimmung der angemessenen Vergütung stellt regelmäßig eine Herausforderung dar. Es wurden daher die Amtlichen Vergütungsrichtlinien[4] bereitgestellt, um eine Anleitung zur Bestimmung der angemessenen Vergütung zu geben.

Der Arbeitnehmer kann nicht im Voraus auf seinen Vergütungsanspruch verzichten. Ein entsprechender Passus, beispielsweise im Arbeitsvertrag, ist unwirksam. Außerdem kann eine Regelung, die sich nachträglich als in erheblichem Maße als unbillig erwiesen

---

[1] BVerfG, 24.04.1998–1 BvR 587/88 – Neue Juristische Wochenschrift, 1998, 3704, 3706 – Induktionsschutz von Fernmeldekabeln; Windisch, Gewerblicher Rechtsschutz und Urheberrecht, 1993, 352, 358; OLG München, 14.09.2017 – 6 U 3838/16 – Gewerblicher Rechtsschutz und Urheberrecht-RR 2018, 137 – Spantenmontagevorrichtung.

[2] BVerfG, 24.04.1998 – 1 BvR 587/88 – Neue Juristische Wochenschrift, 1998, 3704 f. – Induktionsschutz von Fernmeldekabeln; BGH, 12.06.2012 – X ZR 104/09 – Gewerblicher Rechtsschutz und Urheberrecht, 2012, 959 – Antimykotischer Nagellack II.

[3] § 12 Absatz 1 Arbeitnehmererfindungsgesetz.

[4] Kap. 6 Amtliche Vergütungsrichtlinien mit Kommentaren

T. Meitinger, *Ratgeber für Arbeitnehmererfinder*, https://doi.org/10.1007/978-3-662-64817-9_2

hat, revidiert werden.[5] Es kann außerdem eine Korrektur erfolgen, falls sich eine wesentliche Veränderung der Bemessungsgrundlage ergibt.[6]

Kommt eine Vereinbarung nicht zustande, ist der Arbeitgeber verpflichtet, die Vergütung seines Arbeitnehmers einseitig festzulegen (Vergütungsfestsetzung).[7] Die Vergütungsfestsetzung ist zu begründen und dem Arbeitnehmer in Schriftform zu übermitteln. Ist der Arbeitnehmer mit der Vergütungsfestsetzung nicht einverstanden, muss er innerhalb einer Zwei-Monatsfrist der Vergütungsfestsetzung widersprechen.[8] Widerspricht der Arbeitnehmer nicht der Vergütungsfestsetzung wird die Vergütungsfestsetzung verbindlich. Durch einen Widerspruch kommt endgültig keine Vergütungsvereinbarung zustande. Allerdings ist der Arbeitgeber verpflichtet, den von ihm ermittelten Vergütungsanspruch seinem Arbeitnehmer zu überweisen.

Durch eine Vergütungsvereinbarung oder eine nicht widersprochene Vergütungsfestsetzung sind der Arbeitgeber und der Arbeitnehmer gebunden. Ist die Vereinbarung oder die Festsetzung jedoch von vorneherein unbillig, wird die Vereinbarung bzw. Festsetzung unwirksam. Außerdem kann die Vereinbarung oder Festsetzung nachträglich hinfällig werden, wenn sich die Umstände, auf denen die Vereinbarung oder die Festsetzung beruht, wesentlich ändern. In diesem Fall kann eine Änderung vom Arbeitnehmer oder dem Arbeitgeber verlangt werden.[9]

Die Berechnung der Höhe des Vergütungsanspruchs ist regelmäßig ein Streitpunkt zwischen dem erfinderischen Arbeitnehmer und seinem Arbeitgeber. Das kann zum einen an der Schwierigkeit der Bestimmung der Höhe der Vergütung liegen. Der Gesetzgeber hat daher zum einen die Richtlinien über die Bemessung der Vergütung[10] erlassen und andererseits die Schiedsstelle beim Patentamt geschaffen.

Der Vergütungsanspruch kann in Form einer regelmäßigen Zahlung oder als Pauschalabgeltung erfüllt werden. Handelt es sich um kleinere Beträge, wird üblicherweise die Pauschalabfindung gewählt.

Der Vergütungsanspruch stellt keine Gratifikation für eine besondere Arbeitsleistung dar, sondern eine Bonusleistung wegen des Ermöglichens eines besonderen wirtschaftlichen Vorteils bzw. eines ökonomischen Monopols für den Arbeitgeber. Der Vergütungsanspruch stellt einen gesetzlich verankerten und gerichtlich durchsetzbaren Anspruch dar, der nicht vom Gutdünken des Arbeitgebers abhängt. Der Vergütungsanspruch ist ein eigener Anspruch, der unabhängig vom Arbeitsentgelt ist.[11]

---

[5] § 23 Arbeitnehmererfindungsgesetz.

[6] § 12 Absatz 6 Satz 1 Arbeitnehmererfindungsgesetz.

[7] § 12 Absätze 3 und 5 Arbeitnehmererfindungsgesetz.

[8] § 12 Absatz 4 Arbeitnehmererfindungsgesetz.

[9] § 12 Absatz 6 Satz 1 Arbeitnehmererfindungsgesetz.

[10] § 11 Arbeitnehmererfindungsgesetz.

[11] BGH, 25.11.1980 – X ZR 12/80 – Gewerblicher Rechtsschutz und Urheberrecht, 1981, 263, 265 – Drehschiebeschalter; BGH, 23.06.1977 – X ZR 6/75 – Gewerblicher Rechtsschutz und Urheber-

Der Schuldner des Vergütungsanspruchs ist allein der Arbeitgeber.[12] Wird die Erfindung oder Schutzrechte, die die Erfindung betreffen, übertragen, wird der Erfindungserwerber nicht zum Schuldner des Vergütungsanspruchs.

Der Vergütungsanspruch ist vererbbar und übertragbar. Die Darlegungs- und Beweislast ist dem Arbeitnehmer zuzuordnen. Allerdings stehen ihm Auskunfts- und Rechnungslegungsansprüche zu.

2.1 Entstehen und Dauer des Vergütungsanspruchs

Ein Vergütungsanspruch entsteht durch die Inanspruchnahme einer Erfindung. Eine in Anspruch genommene Erfindung muss auch dann vergütet werden, falls die Schutzfähigkeit fraglich ist. Eine Vergütung einer verwerteten Erfindung kann nicht dadurch vom Arbeitgeber verweigert werden, dass Zweifel an deren Patenterteilung bestehen.

Allein durch die Verwertung und die Monopolstellung, die sich durch die Erfindung für den Arbeitgeber ergibt, entsteht ein durchsetzbarer Vergütungsanspruch. Die wirtschaftlichen und geldwerten Vorteile durch die Erfindung für den Arbeitgeber begründen und bestimmen den Vergütungsanspruch. Der Vergütungsanspruch ist umfassend auszulegen. Sämtliche wirtschaftlichen, geldwerten Vorteile durch eine Diensterfindung sind als Vergütungsanspruch abzugelten.[13]

Wirtschaftliche Vorteile, die nicht beim Arbeitgeber anfallen, führen nicht zu einem Vergütungsanspruch. Gewinnerwartungen und Planungen zu zukünftigen Umsätzen können keinen Vergütungsanspruch begründen.

Verlustgeschäfte des Arbeitgebers bedeuten nicht zwangsläufig den Verzicht auf Vergütungen für den Arbeitnehmer. Geringe Gewinne des Arbeitgebers sind vielmehr durch eine Reduzierung des Lizenzsatzes zu berücksichtigen, der ansonsten entsprechend der Branche zu bestimmen ist.

---

recht, 1977, 784, 786 – Blitzlichtgeräte; BGH, 10.09.2002 – X ZR 199/01 – Gewerblicher Rechtsschutz und Urheberrecht 2003, 237, 240 – Ozon.

[12] BGH, 02.06.1987 – X ZR 97/86 – Gewerblicher Rechtsschutz und Urheberrecht, 1987, 900, 901 – Entwässerungsanlage.

[13] BGH, 13.11.1997 – X ZR 6/96 – Gewerblicher Rechtsschutz und Urheberrecht, 1998, 684, 688 – Spulkopf; BGH, 13.11.1997 – X ZR 132/95 – Gewerblicher Rechtsschutz und Urheberrecht, 1998, 689, 692 – Copolyester II; BGH, 23.10.2001 – X ZR 72/98 – Gewerblicher Rechtsschutz und Urheberrecht, 2002, 149, 151 – Wetterführungspläne II; BGH, 17.11.2009 – X ZR 137/07 – Gewerblicher Rechtsschutz und Urheberrecht, 2010, 223 – Türinnenverstärkung; Schiedsstelle, 19.12.1991 – Arb.Erf. 05/91 – Gewerblicher Rechtsschutz und Urheberrecht, 1992, 847, 848 – Geschäftsaktivitäten-Veräußerung.

Bei einer Erfindergemeinschaft gilt, dass jeder Miterfinder einen eigenständigen Vergütungsanspruch gegenüber dem Arbeitgeber hat. Dieser kann unabhängig von den Miterfindern geltend gemacht werden.[14]

Durch die Erklärung der Inanspruchnahme einer Erfindung entsteht ein Vergütungsanspruch dem Grunde nach. Das gleiche gilt durch die Inanspruchnahmefiktion nach Ablauf der Vier-Monatsfrist zur Freigabe, die vom Arbeitgeber nicht genutzt wird.[15] Allerdings tritt hierdurch keine Fälligkeit des Vergütungsanspruchs ein. Fälligkeit des Vergütungsanspruchs tritt erst durch die Verwertung der Erfindung oder spätestens mit einer Patenterteilung ein.

Eine Verwertung, die vor der ordnungsgemäßen Erfindungsmeldung erfolgte, kann bei der Berechnung der Vergütung berücksichtigt werden.[16]

Die Vergütungsdauer entspricht der Laufzeit des Schutzrechts, das die Erfindung enthält. Ergibt sich in einem Einspruchs-, Löschungs- oder Nichtigkeitsverfahren die mangelnde Rechtsbeständigkeit, endet der Vergütungsanspruch für die Zukunft ab diesem Zeitpunkt.[17] Pure Zweifel des Arbeitgebers an der Rechtsbeständigkeit eines Schutzrechts können nicht zur Verneinung eines Vergütungsanspruchs führen.[18]

Wird die Schutzunfähigkeit festgestellt, entfällt der Vergütungsanspruch für die Zukunft. Bereits gezahlte Vergütungsansprüche können nicht zurückverlangt werden.[19] Außerdem sind Vergütungsansprüche, die bis zum Tag der Rechtskräftigkeit der Nichtigkeit des Schutzrechts fällig sind, an den Arbeitnehmer zu bezahlen.[20]

Solange ein Schutzrecht besteht, ist daher ein Vergütungsanspruch zu bedienen. Wird jedoch ein Schutzrecht offensichtlich von den Wettbewerbern ignoriert und ergibt sich

---

[14] BGH, 02.12.1960 – I ZR 23/59 – Gewerblicher Rechtsschutz und Urheberrecht 1961, 338, 341 – Chlormethylierung; BGH, 18.03.2003 – X ZR 19/01 – Gewerblicher Rechtsschutz und Urheberrecht, 2003, 702, 703 – Gehäusekonstruktion;

[15] BGH, 04.12.2007 – X ZR 102/06 – Gewerblicher Rechtsschutz und Urheberrecht 2008, 606 – Ramipril I.

[16] OLG München, 14.09.2017 – 6 U 3838/16 – Gewerblicher Rechtsschutz und Urheberrecht-RR 2018, 137 – Spantenmontagevorrichtung.

[17] BGH, 15.05.1990, X ZR 119/88 – Gewerblicher Rechtsschutz und Urheberrecht, 1990, 667, 668 – Einbettungsmasse.

[18] BGH, 29.09.1987 – X ZR 44/86 – Gewerblicher Rechtsschutz und Urheberrecht, 1988, 123, 124 – Vinylpolymerisate; BGH, 15.05.1990 – X ZR 119/88 – Gewerblicher Rechtsschutz und Urheberrecht, 1990, 667, 668 – Einbettungsmasse; BGH, 06.02.2002 – X ZR 215/00 – Gewerblicher Rechtsschutz und Urheberrecht, 2002, 609, 610 – Drahtinjektionseinrichtung.

[19] § 12 Absatz 6 Satz 2 Arbeitnehmererfindungsgesetz; BGH, 28.06.1962 – I ZR 28/61 – Gewerblicher Rechtsschutz und Urheberrecht, 1963, 135, 138 – Cromegal.

[20] BGH, 30.03.1971 – X ZR 8/68 – Gewerblicher Rechtsschutz und Urheberrecht, 1971, 475, 477 – Gleichrichter; BGH, 23.06.1977 – X ZR 6/75 – Gewerblicher Rechtsschutz und Urheberrecht, 1977, 784, 788 – Blitzlichtgeräte; BGH, 02.06.1987 – X ZR 97/86 – Gewerblicher Rechtsschutz und Urheberrecht 1987, 900, 902 – Entwässerungsanlage.

für den Arbeitgeber keine wirtschaftliche Vorzugsstellung, ist ein Vergütungsanspruch zu verneinen.[21]

Eine Fortsetzung der Vergütungszahlungen nach dem Ablauf der Schutzdauer eines Schutzrechts kommt in aller Regel nicht infrage. Die Situation kann sich ausnahmsweise anders darstellen, falls der Arbeitgeber auch nach Ablauf der Schutzdauer einen großen Nutzen aus der Erfindung zieht und er noch eine wirtschaftliche Vorzugsstellung gegenüber den Wettbewerbern genießt.

Für die Vergütungsansprüche gilt die regelmäßige Verjährung nach dem Bürgerlichen Gesetzbuch von drei Jahren.[22] Die Verjährungsfrist beginnt am Ende des Jahres, in dem der Vergütungsanspruch fällig war und der Arbeitnehmer Kenntnis von seinem Vergütungsanspruch und dem Schuldner des Vergütungsanspruch erlangt hat.[23] Grobe Fahrlässigkeit ersetzt die Kenntnis. Der Schuldner des Vergütungsanspruchs ist der Arbeitgeber.

Nach Ablauf der Verjährungsfrist kann sich der Arbeitgeber auf Verjährung berufen. Der Vergütungsanspruch besteht in diesem Fall fort, kann jedoch nicht mehr durchgesetzt werden.[24] Die Darlegungs- und Beweislast für die eingetretene Verjährung hat der Arbeitgeber.

Außerdem kann ein Vergütungsanspruch verwirkt sein. Eine Verwirkung tritt ein, falls der Arbeitgeber bei verständiger Würdigung der Situation davon ausgehen konnte, dass der Arbeitnehmer keinen Vergütungsanspruch erheben wird. Außerdem muss sich der Arbeitgeber bereits darauf eingerichtet haben, dass kein Vergütungsanspruch zu bedienen ist.[25] Der Arbeitgeber durfte keine Rückstellungen wegen des Vergütungsanspruchs gebildet haben. Es ist dabei unbeachtlich, ob der Arbeitnehmer von seinem Vergütungsanspruch wusste.[26]

---

[21] BGH, 15.05.1990 – X ZR 119/88 – Gewerblicher Rechtsschutz und Urheberrecht, 1990, 667, 668 – Einbettungsmasse; BGH, 06.02.2002 – X ZR 215/00 – Gewerblicher Rechtsschutz und Urheberrecht, 2002, 609, 610 – Drahtinjektionseinrichtung.

[22] § 195 BGB.

[23] § 199 Absatz 1 BGB.

[24] § 214 Absatz 1 BGB.

[25] BGH, 23.06.1977 – X ZR 6/75 – Gewerblicher Rechtsschutz und Urheberrecht, 1977, 784, 786 – Blitzlichtgeräte.

[26] BGH, 17.12.2019 – X ZR 148/17 – Gewerblicher Rechtsschutz und Urheberrecht, 2020, 388 – Fesoterodinhydrogenfumarat.

2.2   Vergütungsvereinbarung

Die Arbeitsvertragsparteien vereinbaren die Höhe der Vergütungszahlungen und die Zahlungsmodalitäten.[27] Gelingt eine Vereinbarung nicht, ist die Vergütung einseitig vom Arbeitgeber festzusetzen.[28]

Nur eine wirtschaftliche Verwertung der Erfindung oder spätestens die Patenterteilung der Erfindung führt zu einem Vergütungsanspruch. Ein Vergütungsanspruch ist daher spätestens drei Monate nach Beginn der Verwertung entstanden.

Eine Vergütungsvereinbarung stellt einen privatrechtlichen Vertrag dar. Bei einer Erfindergemeinschaft kann der Arbeitgeber mit jedem einzelnen Miterfinder eine Vergütungsvereinbarung schließen. Eine Vergütungsvereinbarung ist für beide Parteien bindend. Sind die Voraussetzungen des § 12 Absatz 6 Arbeitnehmererfindungsgesetz erfüllt und besteht daher ein Anspruch auf Anpassung einer Vergütung wegen veränderter Umstände, kann eine Einwilligung in eine andere Vereinbarung erwirkt werden.

Eine Vergütungsvereinbarung kann frei vereinbart werden. Es ist ausschließlich die Unbilligkeitsschranke des § 23 Arbeitnehmererfindungsgesetz zu beachten. Eine Vergütungsvereinbarung liegt bereits vor, falls die Vertragsparteien sich auf die Höhe der Vergütung und die Zahlungsmodalitäten einigen konnten.[29] Die Vergütungsart, nämlich laufende Vergütungszahlungen oder eine Pauschalzahlung, ist ebenfalls wesentlicher Vertragsbestandteil.

2.3   Vergütungsfestsetzung

Der Arbeitgeber hat eine Vergütungsfestsetzung vorzunehmen, falls eine Vergütungsvereinbarung nicht zustande kommt.[30] Die Vergütungsfestsetzung stellt eine einseitige, begründete Erklärung über die Höhe des Vergütungsanspruchs des erfinderischen Arbeitnehmers dar. Dieser Vergütungsanspruch ist von dem Arbeitgeber zu entrichten. Liegt eine Erfindergemeinschaft vor, ist für jeden Miterfinder eine gesonderte Vergütungsfestsetzung zu erstellen.

Die Vergütungsfestsetzung ist in Textform (Email, Telefax, Schreiben) dem Arbeitnehmer zu übermitteln. Eine Vergütungsfestsetzung ist auch erforderlich, falls das Ergebnis eine Vergütung von Null ist.[31]

---

[27] § 12 Absatz 1 Arbeitnehmererfindungsgesetz.

[28] § 12 Absatz 3 Arbeitnehmererfindungsgesetz.

[29] BGH, 17.04.1973 – X ZR 59/69 – Gewerblicher Rechtsschutz und Urheberrecht, 1973, 649, 650 – Absperrventil.

[30] § 12 Absatz 3 Arbeitnehmererfindungsgesetz.

[31] BGH, 28.06.1962 – I ZR 28/61 – Gewerblicher Rechtsschutz und Urheberrecht, 1963, 135, 137 – Cromegal.

Eine Vergütungsfestsetzung sollte spätestens innerhalb einer Frist von drei Monaten nach einer Patenterteilung erfolgen.[32] Wird eine Diensterfindung bereits zuvor benutzt, ist eine Vergütungsfestsetzung ab der Aufnahme der Benutzung vorzunehmen.

Eine Vergütungsfestsetzung muss die Vergütungsart, laufende Zahlung oder Pauschal-abfindung, und die Berechnung der Höhe der Vergütung in einer für den Arbeitnehmer nachvollziehbaren Art darstellen. Der Arbeitnehmer muss durch die Vergütungsfest-setzung die Möglichkeit haben, die Plausibilität der Berechnung überprüfen zu können.[33] Bei einer Erfindergemeinschaft sind die Anteile der Miterfinder zu bestimmen und die daraus folgende Gesamthöhe der Vergütung.[34]

Ist der Arbeitnehmer mit der Vergütungsfestsetzung nicht einverstanden, muss er ihr innerhalb einer Zwei-Monatsfrist ab dem Zugang der Vergütungsfestsetzung wider-sprechen.[35] Ein Widerspruch muss die Textform (Email, Telefax oder Schreiben) einhalten. Ohne fristgemäßen Widerspruch des Arbeitnehmers wird die Vergütungsfest-setzung für beide Parteien verbindlich.

Ein Widerspruch hat die Rechtsfolge, dass die Höhe und Art der Vergütung zunächst ungeklärt ist. Allerdings muss der Arbeitgeber den in der Vergütungsfestsetzung ermittelten Vergütungsanspruch an den Arbeitnehmer leisten.

Kann auch weiterhin keine Einigung gefunden werden, kann die Schiedsstelle[36] angerufen werden oder, falls das Arbeitsverhältnis nicht mehr besteht, die streitige Frage vor einem ordentlichen Gericht[37] verhandelt werden. Die Schiedsstelle erarbeitet anhand der Angaben der Parteien einen Einigungsvorschlag.[38]

Es ist sinnvoll, in einem Widerspruch als Antwort auf eine Vergütungsfestsetzung das Wort „Widerspruch" zu verwenden. Hierdurch wird Klarheit beim Arbeitgeber geschaffen. Zumindest sollte aus dem Widerspruch eindeutig hervorgehen, dass der Arbeitnehmer mit der Vergütungsfestsetzung nicht einverstanden ist.

Es ist nicht erforderlich zu begründen, warum der Vergütungsfestsetzung wider-sprochen wird. Ist der Arbeitnehmer der Auffassung, dass es noch eine Chance auf eine Einigung mit dem Arbeitgeber gibt, sollte er den Widerspruch nutzen, um seine Position darzustellen.

---

[32] § 12 Absatz 3 Satz 2 Arbeitnehmererfindungsgesetz.

[33] BGH, 13.11.1997 – X ZR 132/95 – Gewerblicher Rechtsschutz und Urheberrecht, 1998, 689, 692 – Copolyester II.

[34] BGH, 02.12.1960 – I ZR 23/59 – Gewerblicher Rechtsschutz und Urheberrecht, 1961, 338, 340 – Chlormethylierung; Schiedsstelle, 08.10.1991 – Arb.Erf. 59/90 – Gewerblicher Rechtsschutz und Urheberrecht, 1992, 849 f. – Bewehrungsrollmatte.

[35] § 12 Absatz 4 Satz 1 Arbeitnehmererfindungsgesetz.

[36] Deutsches Patent- und Markenamt, Schiedsstelle nach dem Gesetz über Arbeitnehmer-erfindungen, 80297 München.

[37] §§ 37, 38 Arbeitnehmererfindungsgesetz.

[38] § 34 Arbeitnehmererfindungsgesetz.

Die Widerspruchsfrist von zwei Monaten ist unbedingt zu wahren. Innerhalb von zwei Monaten muss daher der Widerspruch dem Arbeitgeber zugegangen sein. Die Zwei-Monatsfrist ist eine Ausschlussfrist. Der Arbeitnehmer kann nicht auf Unkenntnis der Zwei-Monatsfrist verweisen, um ein Fristversäumnis zu heilen.

2.4 Anpassung der Vergütungsregelung

Eine wesentliche Änderung der Umstände, die zur Berechnung der Vergütung führten, kann jeder Partei das Recht eröffnen, eine Einwilligung der anderen Partei in eine andere Vergütungsvereinbarung zu akzeptieren.[39] Eine Anpassung ist nur für zukünftige Vergütungszahlungen möglich.

Das Recht, eine Anpassung der Vergütung zu verlangen, kann durch Vereinbarung der Vertragsparteien ausgeschlossen werden. Dieser Verzicht wird insbesondere bei Vereinbarungen über Pauschalabfindungen getroffen.

Ein derartiger Verzicht muss klar und eindeutig aus der Vereinbarung hervorgehen.[40] Der Anspruch auf Anpassung verjährt nach der regelmäßigen Verjährungsfrist nach Bürgerlichem Gesetzbuch innerhalb von drei Jahren. Die Verjährung tritt am Ende des Jahres ein, in dem der Berechtigte Kenntnis von den entsprechenden geänderten Umständen erlangt hat oder grob fahrlässig nicht erlangt hat.[41]

Bei der Prüfung eines Anspruchs auf Anpassung der Vergütung nach § 12 Absatz 6 Arbeitnehmererfindungsgesetz wird zunächst von der Angemessenheit der Vergütungszahlungen ausgegangen. Liegt eine Unangemessenheit bereits zum Zeitpunkt der Vereinbarung oder der Festsetzung vor, ist nicht der § 12 Absatz 6 Arbeitnehmererfindungsgesetz zu prüfen, sondern Unbilligkeit nach § 23 Arbeitnehmererfindungsgesetz.

Treten nach der Vereinbarung oder Festsetzung Umstände ein, die zum Zeitpunkt der Vereinbarung oder Festsetzung von beiden Parteien nicht vorhersehbar waren, ist zusätzlich zu prüfen, ob es sich um wesentliche Änderungen handelt. Es muss dabei zumindest einer Partei unzumutbar sein, an der Vereinbarung oder Festsetzung festzuhalten.[42]

Es darf sich dabei nicht um Änderungen handeln, die einen normalen Geschäftsverlauf darstellen. Vielmehr muss es sich um nicht vorhersehbare und außergewöhnliche Änderungen handeln, die zu einem deutlichen Missverhältnis von Leistung zu Gegenleistung führen. Ein entsprechendes Missverhältnis ist gegeben, falls der Arbeitnehmer

---

[39] § 12 Absatz 6 Satz 1 Arbeitnehmererfindungsgesetz.

[40] Schiedsstelle, 17.12.2002 – Arb.Erf. 72/00 – https://www.dpma.de/dpma/wir_ueber_uns/weitere_aufgaben/schiedsstelle_arbnerfg/suche_einigungsvorschlaege/index.html.

[41] BGH, 16.12.2015 – XII ZB 516/14 – Neue Juristische Wochenschrift, 2016, 629.

[42] BGH, 17.04.1973 – X ZR 59/69 – Gewerblicher Rechtsschutz und Urheberrecht, 1973, 649, 653 – Absperrventil.

nach aktuellen Rechnungen einen doppelt so hohen Anspruch auf Vergütung hätte bzw. aus Sicht des Arbeitgebers, falls der Vergütungsanspruch nur halb so hoch wie vereinbart anzusetzen wäre.

Wesentliche Änderungen können sich durch das Auftreten von Vorbenutzungsrechten oder neuheitsschädlicher Dokumente, die zum Einräumen von Freilizenzen an Wettbewerber führen, ergeben. Hierdurch ergibt sich ein deutlicher Wertverlust eines Schutzrechts und damit kann eine Anpassung an geänderte Umstände erforderlich sein.[43] Außerdem kann sich die wirtschaftliche Lage unerwartet aufhellen oder der Wegfall von Wettbewerbern kann die wirtschaftliche Position des Arbeitgebers deutlich verbessern. Durch derartige Ereignisse kann es aus Sicht des Arbeitnehmers erforderlich sein, eine Anpassung der Vergütungsregelungen vorzunehmen.

Die Darlegungs- und Beweispflicht hat jeweils die Partei, die die Anpassung der Vergütungen anstrebt.[44] Dem Arbeitnehmer steht gegebenenfalls ein Auskunftsanspruch gegenüber dem Arbeitgeber zu.

2.5 Unbilligkeit

Eine Vergütungsvereinbarung oder eine Vergütungsfestsetzung ist verbindlich, es sei denn, die vereinbarten Regelungen zur Vergütung sind von vorneherein bereits bei der Vereinbarung bzw. Festsetzung der Vergütung unbillig.[45]

2.6 Fälligkeit der Vergütungspflicht

Fälligkeit des Vergütungsanspruchs tritt ein, wenn der Arbeitnehmer vom Arbeitgeber eine Vergütungszahlung für die Diensterfindung verlangen kann.[46]

Eine Fälligkeit eines Vergütungsanspruchs tritt typischerweise drei Monate nach Beginn der Benutzung der Erfindung ein.[47] Durch die Benutzung der Erfindung kann der

---

[43] BGH, 05.12.1974 – X ZR 5/72 – Gewerblicher Rechtsschutz und Urheberrecht, 1976, 91 – Softeis.

[44] Schiedsstelle, 28.03.2007 – Arb.Erf. 22/05 – https://www.dpma.de/dpma/wir_ueber_uns/weitere_aufgaben/schiedsstelle_arbnerfg/suche_einigungsvorschlaege/index.html; BGH, 30.09.2003 – X ZR 114/00 – Gewerblicher Rechtsschutz und Urheberrecht, 2004, 268 ff. – Blasenfreie Gummibahn II.

[45] § 23 Arbeitnehmererfindungsgesetz.

[46] § 271 BGB; BGH, 26.11.2013 – X ZR 3/13 – Gewerblicher Rechtsschutz und Urheberrecht, 2014, 357 – Profilstrangpressverfahren.

[47] BGH, 28.06.1962 – I ZR 28/61 – Gewerblicher Rechtsschutz und Urheberrecht, 1963, 135, 137 – Cromegal; BGH, 10.09.2002 – X ZR 199/01 – Gewerblicher Rechtsschutz und Urheberrecht, 2003, 237 – Ozon;

wirtschaftliche Wert der Erfindung berechnet werden, sodass der Vergütungsanspruch ermittelt werden kann. Das Entstehen des Vergütungsanspruchs ist daher unabhängig von einer Patenterteilung.[48]

Tritt keine Benutzung ein, liegt spätestens drei Monate nach der Patenterteilung Fälligkeit der Vergütungsansprüche vor.[49] Es ist sinnvoll, eine Abrechnung der Vergütungsansprüche am Ende eines Geschäftsjahres vorzunehmen und dann entweder die Vergütungsansprüche abzüglich der bereits gezahlten Vorschüsse zu erfüllen oder erst nach Abschluss des Geschäftsjahres die Vergütungsansprüche überhaupt zu bedienen.

Liegt eine Vergütungsvereinbarung[50] vor, richtet sich die Fälligkeit nach der Regelung der Vergütungsvereinbarung. Dasselbe gilt bei einer Vergütungsfestsetzung[51], der nicht fristgemäß widersprochen wurde. Enthält die Vereinbarung oder Festsetzung keine Bestimmung der Fälligkeit, kann beispielsweise anhand der Berechnungskriterien der Vergütung die Fälligkeit durch Auslegung festgestellt werden.

Eine laufende Vergütungszahlung stellt die häufigste Zahlungsart dar, wobei die Vergütungszahlungen typischerweise mit Ablauf des Geschäftsjahrs errechnet und innerhalb von drei bis sechs Monaten nach Ende des Geschäftsjahrs bezahlt werden.[52] Eine Vorschusszahlung ist unüblich.

Statt laufender Zahlungen ist eine Pauschalabgeltung der Vergütungsansprüche zulässig.[53] Eine Pauschalabgeltung ist insbesondere eine Gesamtabfindung, bei der aktuelle und zukünftige Vergütungsansprüche abgegolten werden. Eine Gesamtabfindung ist insbesondere bei einer geringen Verwertbarkeit der Erfindung sinnvoll. Ansonsten würde der Verwaltungsaufwand den Vergütungsanspruch übersteigen.

Eine Pauschalvergütung hat für den Arbeitgeber den Nachteil, dass die Vergütungsansprüche vorschüssig zu entrichten sind. Außerdem ist eine Rückforderung bereits gezahlter Vergütungszahlungen ausgeschlossen. Vorteilhafterweise wird durch eine Pauschalvergütung der Verwaltungsaufwand geringgehalten.

---

[48] BGH, 28.06.1962 – I ZR 28/61 – Gewerblicher Rechtsschutz und Urheberrecht, 1963, 135, 137 – Cromegal; BGH, 30.03.1971 – X ZR 8/68 – Gewerblicher Rechtsschutz und Urheberrecht, 1971, 475, 477 – Gleichrichter; BGH, 02.06.1987 – X ZR 97/86 – Gewerblicher Rechtsschutz und Urheberrecht, 1987, 900, 902 – Entwässerungsanlage; BGH, 10.09.2002 – X ZR 199/01 – Gewerblicher Rechtsschutz und Urheberrecht, 2003, 237 – Ozon; BGH, 04.12.2007 – X ZR 102/06 – Gewerblicher Rechtsschutz und Urheberrecht, 2008, 606 – Ramipril I.

[49] § 12 Absatz 3 Satz 2 Arbeitnehmererfindungsgesetz.

[50] § 12 Absatz 1 Arbeitnehmererfindungsgesetz.

[51] § 12 Absatz 3 Satz 1 Arbeitnehmererfindungsgesetz.

[52] BGH, 26.11.2013 – X ZR 3/13 – Gewerblicher Rechtsschutz und Urheberrecht, 2014, 357 – Profilstrangpressverfahren.

[53] BGH, 20.11.1962 – I ZR 40/61 – Gewerblicher Rechtsschutz und Urheberrecht, 1963, 315, 317 – Pauschalabfindung; BGH, 17.04.1973 – X ZR 59/69 – Gewerblicher Rechtsschutz und Urheberrecht, 1973, 649, 651 – Absperrventil.

Tab. 2.1 Durchschnittliche Benutzungsdauer

Durchschnittliche Benutzungsdauer von Schutzrechten	
Chemie	12 Jahre
Feinmechanik/High-Technologie	8,8 Jahre
Maschinenbau	10 Jahre
Werkstoffe (Papier, Kautschuk, Holz, Kunststoffe)	9,3 Jahre
Sonstiges	10 Jahre

Bei der Vereinbarung einer Pauschalabgeltung ist zu bedenken, dass sich die Hürde einer Anpassung wegen veränderter Umstände nach § 12 Absatz 6 Satz 1 Arbeitnehmererfindungsgesetz erhöht. Dasselbe gilt für das Geltendmachen einer Unbilligkeit nach § 23 Absatz 1 Arbeitnehmererfindungsgesetz.

Als Grundlage der Bestimmung der Pauschalabgeltung sollte eine durchschnittliche Nutzungsdauer eines Patents zugrunde gelegt werden. Kann hierzu nicht auf Daten aus dem eigenen Unternehmen zurückgegriffen werden, sollten Branchendurchschnitte verwendet werden. Die Tab. 2.1[54] gibt die durchschnittliche Nutzungsdauer von Patenten an. Die Werte der Tab. 2.1 ergaben sich aus einer Umfrage der Industrieverbände BDI[55] und BDA[56] aus den Jahren 1995 bis 1997 (GRUR, 1999, 134). Es handelt sich daher nicht um aktuelle Zahlen. Im Durchschnitt werden Patente 10,6 Jahre genutzt. Eine aktuellere Umfrage des BDI/BDA von 2019 ergab eine durchschnittliche Benutzungsdauer von 11,75 Jahren.

Um eine endgültige Regelung zu erhalten, wird zudem regelmäßig der Anpassungsanspruch bei einer Pauschalabgeltung aus § 12 Absatz 6 Satz 1 Arbeitnehmererfindungsgesetz kompensiert.

2.7 Benutzung einer Erfindung

Benutzung einer Erfindung bedeutet die Verwertung der Erfindung, sodass der Arbeitgeber einen wirtschaftlichen Vorteil, insbesondere eine Kostenersparnis, einen gesteigerten Umsatz oder Lizenzgebühren, erzielt. Die Benutzung stellt insbesondere eine Ausführungsform dar, die vom Schutzbereich des Patents oder der Patentanmeldung umfasst ist.[57] Eine Äquivalenzlösung stellt ebenfalls eine Benutzung der Erfindung dar.

---

[54] BDI/BDA-Umfrage, 1995–1997, Gewerblicher Rechtsschutz und Urheberrecht, 1999, 134 f.

[55] Bund der deutschen Industrie e. V., Breite Straße 29, 10178 Berlin.

[56] Bundesverband der deutschen Arbeitgeberverbände e. V., Breite Straße 29, 10178 Berlin.

[57] § 14 Satz 1 Patentgesetz, § 12a Satz 1 Gebrauchsmustergesetz, Artikel 69 Absatz 1 Satz 1 Europäisches Patentübereinkommen; BGH, 04.12.2007 – X ZR 102/06 – Gewerblicher Rechtsschutz und Urheberrecht, 2008, 606 – Ramipril I; BGH, 22.11.2011 – X ZR 35/09 – Gewerblicher Rechtsschutz und Urheberrecht, 2012, 380 – Ramipril II.

Eine Äquivalenzlösung ist gleichwirkend und gleichwertig zur Ursprungserfindung. Außerdem ist eine Äquivalenzlösung ausgehend von der Ursprungserfindung ohne erfinderische Tätigkeit erreichbar. Unterscheiden sich die ordnungsgemäß gemeldete Erfindung und das erwirkte Schutzrecht, gebührt der Erfindungsmeldung der Vorrang. Wird daher ein Gegenstand benutzt, der zwar in der Erfindungsmeldung beschrieben wurde, jedoch keinen Eingang in das Schutzrecht gefunden hat, ergibt sich dennoch ein Vergütungsanspruch des Arbeitnehmers.[58] Wurde andererseits das Schutzrecht vom Arbeitgeber ergänzt, so führt die Benutzung des Gegenstands des Schutzrechts, soweit sie auf der Ergänzung fußt, nicht zu einem Vergütungsanspruch des Arbeitnehmers.[59]

Reine Vorbereitungshandlungen stellen keine Benutzung der Erfindung dar und führen nicht zu einer Vergütungspflicht gegenüber dem Arbeitnehmer. Vorbereitungshandlungen sind insbesondere die technische Prüfung und Erprobung der Erfindung. Erst ab dem Stadium der Marktreife kann von einer Benutzung der Erfindung ausgegangen werden.

Wird an der Erfindung noch geforscht und werden noch Testläufe durchgeführt und Prototypen erstellt, ist noch kein Stadium erreicht, das zu einer Vergütungspflicht führt. Nachfolgende, zusätzliche Forschungs- und Entwicklungstätigkeiten an der Erfindung begründen keine Vergütungspflicht. Werden jedoch Forschungs- und Entwicklungstätigkeiten mit der Erfindung durchgeführt, ohne dass die Erfindung der Gegenstand der Forschungs- und Entwicklungstätigkeiten ist, ergibt sich eine Vergütungspflicht.[60]

Das Testen des Marktes, beispielsweise durch Probeverkäufe oder Messeveranstaltungen, stellt eine vergütungsfreie Tätigkeit dar. Die Prüfung der Erfindung auf Tauglichkeit durch das Durchführen von Pilotprojekten und die Bewertung der Produktionsfähigkeit durch den Betrieb des Arbeitgebers stellen ebenfalls derartige vergütungsfreie Vorbereitungsmaßnahmen dar.[61]

Wird eine Erfindung einer Erfindergemeinschaft benutzt, ist es nicht erforderlich zu prüfen, welche einzelnen schöpferischen Beiträge der einzelnen Miterfinder benutzt werden. Die Benutzung der Erfindung einer Erfindergemeinschaft gilt als Benutzung der Erfindung aller Miterfinder.

---

[58] BGH, 29.11.1988 – X ZR 63/87 – Gewerblicher Rechtsschutz und Urheberrecht, 1989, 205, 207 – Schwermetalloxidationskatalysator; BVerfG, 24.04.1998 – 1 BvR 587/88 – Neue Juristische Wochenschrift, 1998, 3704 f. – Induktionsschutz von Fernmeldekabeln.

[59] OLG München, 14.09.2017 – 6 U 3838/16 – Gewerblicher Rechtsschutz und Urheberrecht-RR, 2018, 137 – Spantenmontagevorrichtung.

[60] Schiedsstelle, 14.10.2015 – Arb.Erf. 25/13 – https://www.dpma.de/dpma/wir_ueber_uns/weitere_aufgaben/schiedsstelle_arbnerfg/suche_einigungsvorschlaege/index.html.

[61] Schiedsstelle, 12.09.2013 – Arb.Erf. 21/12 – https://www.dpma.de/dpma/wir_ueber_uns/weitere_aufgaben/schiedsstelle_arbnerfg/suche_einigungsvorschlaege/index.html.

Eine Benutzung kann in dem Betrieb des Arbeitgebers erfolgen oder außerhalb des Betriebs. Eine Nutzung innerhalb des Betriebs stellt den Regelfall dar, bei dem der Arbeitgeber die Erfindung nutzt, um seine Produktionsverfahren zu optimieren oder Produkte auf Basis der Erfindung herzustellen. Eine Benutzung der Erfindung außerhalb des Betriebs ist insbesondere das Auslizenzieren oder der Verkauf.[62]

Eine weitere vergütungspflichtige Benutzung einer Diensterfindung kann das Beschaffen von Aufträgen für den Arbeitgeber oder das Senken von Zahlungen aufgrund der Erfindung bzw. des daraus entstandenen Schutzrechts sein. Bei derartigen indirekten Benutzungen muss die Erfindung oder das Schutzrecht ursächlich für die wirtschaftlichen Vorteile des Arbeitgebers sein, um Auswirkungen auf die Vergütungspflicht zu haben. Ein indirekter Vorteil kann beispielsweise das Erhalten von Forschungs- oder Entwicklungsaufträgen sein, die aufgrund der Empfehlung durch die Erfindung, erlangt wurden.

Eine alternative Benutzung einer Erfindung ist das Verwenden einer Erfindung als Sperrpatent. Ein Sperrpatent liegt vor, falls es eine monopolartige Erzeugung eines Produkts des Arbeitgebers ermöglicht und eine hohe wirtschaftliche Tragweite sicherstellt. Außerdem muss der Arbeitgeber mit dem Sperrpatent eine Sperrabsicht verfolgen und das Sperrpatent muss zur Sperrung der Erfindung geeignet sein.[63]

Das Sperrpatent muss einen Bezug zur Produktion des Arbeitgebers aufweisen. Außerdem muss der Gegenstand des Sperrpatents marktreif und wirtschaftlich wertvoll sein. Eine Eignung des Sperrpatents ist zu verneinen, falls es zum Gegenstand des Sperrpatents zumindest gleichwertige Alternativlösungen gibt, die von den Wettbewerbern genutzt werden können.[64]

Eine Vergütung eines Sperrpatents ist in aller Regel erst nach der Patenterteilung vorzunehmen. Der Erfindungswert eines Sperrpatents ist von dem durch das Sperrpatent abgesicherten Umsatz des Arbeitgebers abzuleiten. Es ist hierbei von einem Bruchteil des Erfindungswerts des abgesicherten Umsatzes als Erfindungswert des Sperrpatents auszugehen.

Wird eine Erfindung vom Arbeitgeber benutzt, ist eine weitergehende Berücksichtigung bei der Berechnung der Vergütung aufgrund derselben Erfindung als Sperrpatent ausgeschlossen.

---

[62] BGH, 04.12.2007 – X ZR 102/06 – Gewerblicher Rechtsschutz und Urheberrecht, 2008, 606 – Ramipril I.

[63] Schiedsstelle, 01.12.2015 – Arb.Erf. 44/13 – https://www.dpma.de/dpma/wir_ueber_uns/weitere_aufgaben/schiedsstelle_arbnerfg/suche_einigungsvorschlaege/index.html; Schiedsstelle, 11.01.2018 – Arb.Erf. 41/16 – https://www.dpma.de/dpma/wir_ueber_uns/weitere_aufgaben/schiedsstelle_arbnerfg/suche_einigungsvorschlaege/index.html.

[64] Schiedsstelle, 01.12.2015 – Arb.Erf. 44/13 – https://www.dpma.de/dpma/wir_ueber_uns/weitere_aufgaben/schiedsstelle_arbnerfg/suche_einigungsvorschlaege/index.html.

2.8   Höhe des Vergütungsanspruchs

Bei der Berechnung der Höhe der Vergütung ist das Angemessenheitsgebot des § 9 Absatz 1 Arbeitnehmererfindungsgesetz und die Bemessungskriterien des § 9 Absatz 2 Arbeitnehmererfindungsgesetz zu beachten. Es ergibt sich daher aus einem noch nicht erteilten Patent nur eine vorläufige Vergütung des Arbeitnehmers für Benutzungshandlungen des Arbeitgebers.

Der Arbeitgeber ist nicht verpflichtet, die volle Vergütung an den Arbeitnehmer zu bezahlen, solange noch keine Erteilung des Patents vorliegt. Stattdessen erfolgt ein Risikoabschlag, der die Möglichkeit einer Zurückweisung der Patentanmeldung berücksichtigt.

Typischerweise wird bei einem laufenden Patenterteilungsverfahren ein Risikoabschlag von 50 % angesetzt. Dieser Betrag kann nach unten oder oben variieren und hängt von den tatsächlichen Umständen des Erteilungsverfahrens ab.[65] Zum Zeitpunkt der Fälligkeit sind die aktuellen Umstände des Patenterteilungsverfahrens zu bewerten.[66] Ein Risikoabschlag von 100 % ist ausgeschlossen, außer die Patenterteilung erscheint aussichtslos.[67] Aufgrund der Unmöglichkeit gezahlte Vergütungen zurückzufordern, wird bei hohen Vergütungsbeträgen die Wahrscheinlichkeit der Schutzrechtserteilung genau und eher kritisch bewertet.[68] Ist eher von einer Patenterteilung auszugehen, da beispielsweise ein positiv zu bewertender Bescheid des Patentamts vorliegt, kann ein Risikoabschlag zwischen 10 % und 35 % angemessen sein.[69] Ist von einer nahezu aussichtslosen

---

[65] Schiedsstelle, 04.02.1993 – Arb.Erf. 10/92 Gewerblicher Rechtsschutz und Urheberrecht, 1994, 611, 613; Schiedsstelle, 19.09.2013 – Arb.Erf. 29/12 – https://www.dpma.de/dpma/wir_ueber_uns/weitere_aufgaben/schiedsstelle_arbnerfg/suche_einigungsvorschlaege/index.html;   Schiedsstelle, 12.10.2016 – Arb.Erf. 17/14 – https://www.dpma.de/dpma/wir_ueber_uns/weitere_aufgaben/schiedsstelle_arbnerfg/suche_einigungsvorschlaege/index.html.

[66] BGH, 30.03.1971 – X ZR 8/68 – Gewerblicher Rechtsschutz und Urheberrecht, 1971, 475, 477 – Gleichrichter; BGH, 20.11.1962 – I ZR 40/61 – Gewerblicher Rechtsschutz und Urheberrecht, 1963, 315, 317 – Pauschalabfindung; Schiedsstelle, 04.06.1993 Arb.Erf. 101/92 – Gewerblicher Rechtsschutz und Urheberrecht, 1994, 615, 617 – Anspruchsentstehung; Schiedsstelle, 20.10.2011 – Arb.Erf. 09/10 – https://www.dpma.de/dpma/wir_ueber_uns/weitere_aufgaben/schiedsstelle_arbnerfg/suche_einigungsvorschlaege/index.html.

[67] Schiedsstelle, 12.07.2018 – Arb.Erf. 50/16 – https://www.dpma.de/dpma/wir_ueber_uns/weitere_aufgaben/schiedsstelle_arbnerfg/suche_einigungsvorschlaege/index.html.

[68] Schiedsstelle, 18.09.2012 – Arb.Erf. 22/11 – https://www.dpma.de/dpma/wir_ueber_uns/weitere_aufgaben/schiedsstelle_arbnerfg/suche_einigungsvorschlaege/index.html;   Schiedsstelle, 22.07.2013 – Arb.Erf. 40/11 – https://www.dpma.de/dpma/wir_ueber_uns/weitere_aufgaben/schiedsstelle_arbnerfg/suche_einigungsvorschlaege/index.html; Schiedsstelle, 19.09.2013 – Arb. Erf. 29/12 – https://www.dpma.de/dpma/wir_ueber_uns/weitere_aufgaben/schiedsstelle_arbnerfg/suche_einigungsvorschlaege/index.html.

[69] Schiedsstelle, 04.06.1993 – Arb.Erf. 101/92 – Gewerblicher Rechtsschutz und Urheberrecht 1994, 615, 616 – Anspruchsentstehung; Schiedsstelle 18.09.2012 – Arb.Erf. 22/11 – https://www.dpma.de/dpma/wir_ueber_uns/weitere_aufgaben/schiedsstelle_arbnerfg/suche_einigungsvorschlaege/index.html.

Patenterteilung auszugehen, wird der Risikoabschlag auf 80 % oder höher gesetzt.[70] Eine Patenterteilung kann insbesondere fraglich sein, falls in einem Bescheid des Patentamts sämtliche Ansprüche als neuheitsschädlich getroffen bestimmt werden. Ergeben sich im Laufe eines Erteilungsverfahrens Änderungen des Schutzbereichs, sind diese bei der Vergütungsberechnung zu berücksichtigen.

Nach der Erteilung des Patents ist der einbehaltene Risikoabschlag dem Arbeitnehmer auszubezahlen.[71] Der einbehaltene Risikoabschlag ist innerhalb von drei Monaten nach Rechtskraft der Patenterteilung an den Arbeitnehmer zu übereignen. Wird die Patentanmeldung zurückgewiesen, ist der einbehaltene Risikoabschlag dem Arbeitnehmer nicht auszubezahlen. Ist der Schutzbereich des Patents bedeutend kleiner im Vergleich zur Patentanmeldung, ist nur ein Anteil des einbehaltenen Risikoabschlags auszubezahlen.[72] Der Nachzahlungsanspruch kann vollständig entfallen, falls der Schutzbereich des Patents drastisch verkleinert wurde und die Nutzungshandlungen nicht mehr durch den Schutzbereich abgedeckt sind.

Das Ausmaß der schöpferischen Leistung eines Erfinders spielt bei der Höhe der Vergütung keine Rolle.[73] Allein die wirtschaftlichen Vorteile, die sich für den Arbeitgeber ergeben, führen zum Vergütungsanspruch. Dies kann bereits daraus abgeleitet werden, dass die Amtlichen Vergütungsrichtlinien nicht auf die erfinderische Höhe der Erfindung eingehen.

2.9   Auskunftserteilung bzw. Rechnungslegung

Der Arbeitnehmer hat gegenüber seinem Arbeitgeber, falls dieser die Diensterfindung nutzt, einen Auskunftsanspruch, um sich ein Bild von dem Umfang und der ihm zustehenden Vergütung zu machen.[74] Diesen Auskunftsanspruch kann auch der ausgeschiedene Arbeitnehmer wahrnehmen.[75] Der Auskunftsanspruch erstreckt sich auf

---

[70] Schiedsstelle, 21.07.2011 – Arb.Erf. 27/10 – https://www.dpma.de/dpma/wir_ueber_uns/weitere_aufgaben/schiedsstelle_arbnerfg/suche_einigungsvorschlaege/index.html.

[71] Schiedsstelle, 04.02.1993 – Arb.Erf. 10/92 – Gewerblicher Rechtsschutz und Urheberrecht, 1994, 611, 614 – Regelkreisanordnung; BGH, 17.04.1973 – X ZR 59/69 – Gewerblicher Rechtsschutz und Urheberrecht, 1973, 649, 652 – Absperrventil.

[72] Schiedsstelle, 19.09.2013 – Arb.Erf. 29/12 – https://www.dpma.de/dpma/wir_ueber_uns/weitere_aufgaben/schiedsstelle_arbnerfg/suche_einigungsvorschlaege/index.html.

[73] BGH, 18.02.1992 – X ZR 8/90 – Gewerblicher Rechtsschutz und Urheberrecht, 1992, 599, 600 – Teleskopzylinder.

[74] BGH, 06.02.2002 – X ZR 215/00 – Gewerblicher Rechtsschutz und Urheberrecht, 2002, 609, 611 – Drahtinjektionseinrichtung.

[75] § 26 Arbeitnehmererfindungsgesetz; BGH, 17.11.2009 – X ZR 137/07 – Gewerblicher Rechtsschutz und Urheberrecht, 2010, 223 – Türinnenverstärkung.

diejenigen Tatsachen, die nur dem Arbeitgeber bekannt sind. Allerdings wird die Verpflichtung zur Auskunft durch eine Zumutbarkeitsschranke begrenzt.[76]

Der Arbeitgeber ist verpflichtet, geeignete Auskünfte zur Berechnung des Vergütungsanspruchs zu leisten.[77] Außerdem hat er, soweit zumutbar, Möglichkeiten zu schaffen, die es dem Arbeitnehmer erlauben, die Richtigkeit der Angaben zu prüfen.[78] Es ist strittig, ob eine Rechnungslegungspflicht des Arbeitgebers besteht.[79]

Ein Auskunftsanspruch des Arbeitnehmers besteht nur, falls ein gesetzlich verankerter Vergütungsanspruch zu berücksichtigen ist. Der Arbeitnehmer muss zumindest plausibel darlegen, dass ein Vergütungsanspruch bestehen kann. Ansonsten kommt ein Auskunftsanspruch nicht in Betracht.[80]

Der Auskunftsanspruch erstreckt sich nicht nur auf die inländischen Benutzungen, sondern auch auf die ausländischen Benutzungen.

Der Auskunftsanspruch betrifft Angaben zur Art und zum Umfang der wirtschaftlichen Verwertung. Als Art der Verwertung kommt eine innerbetriebliche Verwertung durch neue Produktionsprozesse oder der Vertrieb innovativer Produkte oder eine außerbetriebliche Verwertung, insbesondere durch Lizenzvergabe, Verkauf der Erfindung oder Lizenzaustausch (Cross-Licensing), in Betracht.[81] Beim Umfang der Verwertung sind beispielsweise die Lizenzeinnahmen oder der Verkaufspreis der Erfindung zu nennen. Bei der auskunftspflichtigen Art der Erfindung sind die erzielten Umsätze, Liefermengen und Verkaufspreise zu beziffern.

Eine Pflicht zur Gewinnauskunft gegenüber dem Arbeitnehmer besteht nicht.[82] Die Umsatzzahlen stellen eine ausreichende Information des Arbeitnehmers dar.[83] Ergibt sich

---

[76] Volz, Gewerblicher Rechtsschutz und Urheberrecht, 2010, 865, 867; OLG München 14.09.2017 – 6 U 3838/16 – Gewerblicher Rechtsschutz und Urheberrecht-RR 2018, 137 – Spantenmontagevorrichtung; BGH, 26.03.2019 – X ZR 109/16 – Gewerblicher Rechtsschutz und Urheberrecht 2019, 496 – Spannungsversorgungsvorrichtung.

[77] BGH, 21.12.1989 – X ZR 30/89 – Gewerblicher Rechtsschutz und Urheberrecht, 1990, 515, 516 – Marder.

[78] BGH, 17.05.1994 – X ZR 82/92 – Gewerblicher Rechtsschutz und Urheberrecht, 1994, 898, 900 f. – Copolyester I.

[79] BGH, 13.11.1997 – X ZR 6/96 – Gewerblicher Rechtsschutz und Urheberrecht, 1998, 684, 687 – Spulkopf.

[80] BGH, 23.10.2001 – X ZR 72/98 – Gewerblicher Rechtsschutz und Urheberrecht, 2002, 149, 153 – Wetterführungspläne II;

[81] BGH, 16.04.2002 – X ZR 127/99 – Gewerblicher Rechtsschutz und Urheberrecht, 2002, 801 ff. – abgestuftes Getriebe; BGH, 17.11.2009 – X ZR 137/07 – Gewerblicher Rechtsschutz und Urheberrecht, 2010, 223 – Türinnenverstärkung.

[82] BGH, 17.11.2009 – X ZR 137/07 – Gewerblicher Rechtsschutz und Urheberrecht, 2010, 223 – Türinnenverstärkung.

[83] BGH, 16.05.2017 – X ZR 85/14 – Gewerblicher Rechtsschutz und Urheberrecht, 2017, 890 – Sektionaltor II.

jedoch ein unverhältnismäßiger Aufwand für den Arbeitgeber im Vergleich zur Höhe des Vergütungsanspruchs, kann der Arbeitgeber die Ermittlung von Angaben verweigern.[84] Außerdem können berechtigte Geheimhaltungsinteressen zu beachten sein, die den Auskunftsanspruch des Arbeitnehmers begrenzen.[85]

Die Fälligkeit des Auskunftsanspruchs ist an die Fälligkeit der Vergütung gebunden. Sinnvollerweise wird der Auskunftsanspruch einmal im Jahr, nach Ende des Geschäftsjahrs, zusammen mit dem Vergütungsanspruch erfüllt.

---

[84] BGH, 13.11.1997 – X ZR 132/95 – Gewerblicher Rechtsschutz und Urheberrecht, 1998, 689, 694 – Copolyester II.

[85] BGH, 17.05.1994 – X ZR 82/92 – Gewerblicher Rechtsschutz und Urheberrecht, 1994, 898, 900 f. – Copolyester I; BGH, 13.11.1997 – X ZR 132/95 – Gewerblicher Rechtsschutz und Urheberrecht, 1998, 689, 694 – Copolyester II.

Mustervorlagen

3

Es werden Mustervorlagen für die rechtlichen Erklärungen und Vereinbarungen wegen einer Arbeitnehmererfindung zur Verfügung gestellt. In den nachfolgenden Mustervorlagen dienen die in Klammern geschriebenen Texte der Beschreibung, was an der entsprechenden Stelle einzufügen ist.

3.1 Erfindungsmeldung (§ 5 Arbeitnehmererfindungsgesetz)

Der Arbeitnehmer hat eine Erfindung unverzüglich nach der Schaffung seinem Arbeitgeber in einem separaten Schreiben in Schriftform zu melden.

Per E-Mail/Per Schreiben/Per Fax.
Arbeitgeber GmbH
Arbeitgeberstraße 1
70707 Arbeitgeberstadt

Erfindungsmeldung

Sehr geehrte Damen und Herren,

ich melde folgende Diensterfindung (Bezeichnung der Diensterfindung):

1. Beschreibung der technischen Aufgabe der Erfindung:
  - *Welcher Stand der Technik liegt vor?*
  - *Welchen Nachteil weist der Stand der Technik auf?*
  - *Wie lautet daher die zu lösende Aufgabe?*

© Der/die Autor(en), exklusiv lizenziert durch Springer-Verlag GmbH, DE, ein Teil von Springer Nature 2022
T. Meitinger, *Ratgeber für Arbeitnehmererfinder*,
https://doi.org/10.1007/978-3-662-64817-9_3

2. *Beschreibung der technischen Lehre der Erfindung:*
   - *Mit welchen Merkmalen wird das technische Problem gelöst?*
   - *Welche unterschiedlichen Ausführungsformen gibt es?*
   - *Welche Vorteile hat die Erfindung?*
   - *Wo bzw. wie kann die Erfindung vorteilhaft angewendet werden?*

3. *Beschreibung des Zustandekommens der Erfindung:*
   - *Wurde die Aufgabe vom Betrieb gestellt?*
   - *Wurde der Lösungsweg vom Betrieb vorgegeben oder wurde die Richtung des Lösungswegs selbst gefunden?*
   - *Waren die Mängel oder die Bedürfnisse, die zur Erfindung führten, bekannt oder wurden sie erst entdeckt?*
   - *Wurden bei der Schaffung der Erfindung betriebliche Vorarbeiten oder Kenntnisse (Studien, Analysen, Know-How des Betriebs) genutzt?*
   - *Welche technische Hilfsmittel des Betriebs wurden eingesetzt? Wurde vom Betrieb ein Prototyp erstellt?*
   - *Welche Mitarbeiter waren in welcher Weise bei der Schaffung der Erfindung involviert?*
   - *Welchen Anteil hatten diese Personen an der Erfindung?*

Zur weiteren Erläuterung sind beigefügt: (Funktionsbeschreibung, Schaltplan, Zeichnungen usw.).

Bitte bestätigen Sie den Erhalt dieser Erfindungsmeldung.

Mit freundlichen Grüßen
(Unterschrift bzw. Namensangabe)

3.2   Eingangsbestätigung der Erfindungsmeldung (§ 5 Absatz 1 Satz 3 Arbeitnehmererfindungsgesetz)

Per E-Mail/Per Schreiben/Per Fax
Erfinderischer Arbeitnehmer
Arbeitnehmerstraße 1
70707 Arbeitnehmerstadt

Eingangsbestätigung Ihrer Erfindungsmeldung (Bezeichnung der Erfindung) vom (Tag der Meldung)

Sehr geehrter Herr erfinderischer Arbeitnehmer,

Ihre Erfindungsmeldung (Titel der Erfindung) ist am (Tag der Meldung) eingegangen. Sie hat unser Aktenzeichen XXX erhalten.

Sollten sich Verbesserungen oder Weiterentwicklungen der Erfindung ergeben, bitten wir um Mitteilung.

Bitte halten Sie die Erfindung geheim, um die Schutzfähigkeit zu wahren. Wir werden in den nächsten Tagen die Erfindung prüfen.

Wir möchten dieses Schreiben zum Anlass nehmen, Ihnen für Ihre innovative Tätigkeit zu danken.

Mit freundlichen Grüßen
(Unterschrift bzw. Namensangabe)

3.3   Beanstandung der Erfindungsmeldung (§ 5 Absatz 3 Satz 1 Arbeitnehmererfindungsgesetz)

Per E-Mail/Per Schreiben/Per Fax
Erfinderischer Arbeitnehmer
Arbeitnehmerstraße 1
70707 Arbeitnehmerstadt

Beanstandung Ihrer Erfindungsmeldung (Bezeichnung der Erfindung) vom (Tag der Meldung)

Sehr geehrter Herr erfinderischer Arbeitnehmer,

eine Prüfung Ihrer Erfindung (Titel der Erfindung) hat ergeben, dass folgende Ergänzungen erforderlich sind:

- *(zu ergänzende Bestandteile der Erfindung)*

Bitte überreichen Sie uns diese Ergänzungen bis zum (Frist zum Nachreichen der fehlenden Unterlagen).

Mit freundlichen Grüßen
(Unterschrift bzw. Namensangabe)

3.4 Mitteilung einer freien Erfindung (§ 18 Absatz 1 Arbeitnehmererfindungsgesetz)

Per E-Mail/Per Schreiben/Per Fax
Arbeitgeber GmbH
Arbeitgeberstraße 1
70707 Arbeitgeberstadt

Mitteilung einer freien Erfindung

Sehr geehrte Damen und Herren,

ich teile Ihnen folgende von mir gemachte freie Erfindung (Titel der Erfindung) mit:

- *Kurze Beschreibung der technischen Aufgabe der Erfindung*
- *Kurze Beschreibung der erfinderischen Lösung der Erfindung*
- *Kurze Beschreibung der Umstände der Schaffung der Erfindung (Die Erfindung beruht nicht auf den Erfahrungen und den Arbeiten des Betriebs, sondern auf ..., der Betrieb war nicht beteiligt an der Schaffung der Erfindung, es wurden keine Studien, Analysen oder technische Hilfsmittel genutzt, um zur Erfindung zu gelangen.)*

Es handelt sich daher um eine freie Erfindung und nicht um eine Diensterfindung. Ich bitte um Geheimhaltung der Erfindung, um die Patentfähigkeit zu wahren.

Bitte bestätigen Sie mir den Eingang dieser Mitteilung.

Mit freundlichen Grüßen
(Unterschrift bzw. Namensangabe)

3.5 Zustimmung zur Nichtanmeldung der Diensterfindung (§ 13 Absatz 2 Nr. 2 Arbeitnehmererfindungsgesetz)

Per E-Mail/Per Schreiben/Per Fax
Erfinderischer Arbeitnehmer
Arbeitnehmerstraße 1
70707 Arbeitnehmerstadt

Zustimmung zur Nichtanmeldung der Diensterfindung zum Schutzrecht (Bezeichnung der Erfindung)

Sehr geehrter Herr erfinderischer Arbeitnehmer,

wir haben die Schutzfähigkeit Ihrer Diensterfindung (Tag der Meldung) geprüft und wollen von einer Schutzrechtsanmeldung im In- und Ausland absehen.

Bitte geben Sie uns hierzu Ihre Zustimmung.

Mit freundlichen Grüßen
(Unterschrift oder Namensangabe)

Zurück per Schreiben
Der Nichtanmeldung stimme ich zu

Ort, Datum

(Unterschrift)

3.6   Nutzen der Diensterfindung als Betriebsgeheimnis (§ 17 Arbeitnehmererfindungsgesetz)

Per E-Mail/Per Schreiben/Per Fax
Erfinderischer Arbeitnehmer
Arbeitnehmerstraße 1
70707 Arbeitnehmerstadt

Behandlung der Diensterfindung als Betriebsgeheimnis (Bezeichnung der Erfindung)

Sehr geehrter Herr erfinderischer Arbeitnehmer,

Ihre Diensterfindung (Titel der Erfindung) und gemeldet am (Tag der Meldung) wollen wir als Betriebsgeheimnis nutzen. Wir sehen von einer Anmeldung zum Patent ab, da schwerwiegende Gründe dagegen sprechen, und zwar …

Die Patentfähigkeit Ihrer Diensterfindung erkennen wir an.

Mit freundlichen Grüssen

(Unterschrift bzw. Namensangabe)

3.7   Erklärung der Inanspruchnahme (§§ 6, 7 Absatz 1 Arbeitnehmererfindungsgesetz)

Per E-Mail/Per Schreiben/Per Fax
Erfinderischer Arbeitnehmer
Arbeitnehmerstraße 1
70707 Arbeitnehmerstadt

Inanspruchnahme (Bezeichnung der Erfindung)

Sehr geehrter Herr erfinderischer Arbeitnehmer,

die von Ihnen am (Tag der Meldung) gemeldete Diensterfindung wird von uns in Anspruch genommen. Hierdurch gehen alle vermögenswerten Rechte an der Dienst-erfindung auf uns über.

Bitte bestätigen Sie uns die Inanspruchnahme mit dem Anhang per Schreiben, per E-Mail oder per Fax.

Mit freundlichen Grüßen

(Unterschrift bzw. Namensangabe)

Zurück per E-Mail/per Schreiben/per Fax
Ich bestätige die Inanspruchnahme.

Ort, Datum

(Unterschrift bzw. Namensangabe)

3.8   Unterrichtung über das Patenterteilungsverfahren (§ 15 Absatz 1 Arbeitnehmererfindungsgesetz)

Per E-Mail/Per Schreiben/Per Fax
Erfinderischer Arbeitnehmer
Arbeitnehmerstraße 1
70707 Arbeitnehmerstadt

Fortgang des Patenterteilungsverfahrens (Bezeichnung der Erfindung)

Sehr geehrter Herr erfinderischer Arbeitnehmer,

wir haben Ihre Diensterfindung beim deutschen Patentamt zum Patent angemeldet. Im Anhang finden Sie die eingereichten Anmeldeunterlagen in Kopie.

Wir werden Sie über den weiteren Fortgang des Erteilungsverfahrens auf dem Laufenden halten. Außerdem werden wir vor Ablauf der einjährigen Prioritätsfrist über Auslandsanmeldungen entscheiden und Sie hierüber rechtzeitig in Kenntnis setzen.

Mit freundlichen Grüßen

(Unterschrift bzw. Namensangabe)

3.9 Freigabe einer Diensterfindung (§ 6 Absatz 2, § 8 Arbeitnehmererfindungsgesetz)

Per E-Mail/Per Schreiben/Per Fax
Erfinderischer Arbeitnehmer
Arbeitnehmerstraße 1
70707 Arbeitnehmerstadt

Freigabe der Diensterfindung (Bezeichnung der Erfindung)

Sehr geehrter Herr erfinderischer Arbeitnehmer,

Wir nehmen Ihre uns am (Tag der Meldung) gemeldete Diensterfindung nicht in Anspruch. Wir geben Ihre Diensterfindung frei.

Sie haben das Recht, die Erfindung im Inland und im Ausland zum Schutzrecht anzumelden.

Bitte bestätigen Sie uns die Freigabe bis zum …. Sie können hierzu dieses Schreiben verwenden (siehe unten).

Mit freundlichen Grüßen

(Unterschrift bzw. Namensangabe)

Zurück per E-Mail/per Schreiben/per Fax
Ich bestätige die Freigabe.

Ort, Datum

(Unterschrift bzw. Namensangabe)

3.10   Aufforderung des Arbeitgebers zur Anmeldung eines Schutzrechts (§ 13 Absatz 3 Arbeitnehmererfindungsgesetz)

Per E-Mail/Per Schreiben/Per Fax
Arbeitgeber GmbH
Arbeitgeberstraße 1
70707 Arbeitgeberstadt

Aufforderung zur Anmeldung eines Patents (Bezeichnung der Erfindung)

Sehr geehrte Damen und Herren,

Sie haben meine Diensterfindung in Anspruch genommen. Sie haben sich daher dazu verpflichtet, die Diensterfindung zum Patent anzumelden.

Mir liegt aktuell keine Kopie der Anmeldeunterlagen vor. Außerdem erklärten Sie die Erfindung nicht zur betriebsgeheimen Erfindung.

Ich bitte darum, unverzüglich auf Basis der Erfindung ein Patent beim deutschen Patentamt anzumelden. Ich setze Ihnen hierzu eine Frist von zwei Monaten.

Sollten Sie bis dahin kein Patent angemeldet haben, werde ich dies auf Ihren Namen und zu Ihren Kosten unternehmen.

Bitte bestätigen Sie den Eingang meines Schreibens (siehe unten)

Mit freundlichen Grüßen

(Unterschrift bzw. Namensangabe)

Zurück per E-Mail/per Schreiben/per Fax

Die Aufforderung zur Schutzrechtsanmeldung wird bestätigt.

Ort, Datum

(Unterschrift bzw. Namensangabe)

3.11 Freigabe für Auslandsstaaten (§ 14 Absätze 2 und 3 Arbeitnehmererfindungsgesetz)

Per E-Mail/Per Schreiben/Per Fax
Erfinderischer Arbeitnehmer
Arbeitnehmerstraße 1
70707 Arbeitnehmerstadt

Freigabe der Auslandsstaaten (Bezeichnung der Erfindung)

Sehr geehrter Herr erfinderischer Arbeitnehmer,

Wir haben Ihre Diensterfindung in folgenden Auslandsstaaten zum Patent angemeldet:
….

Für alle anderen ausländischen Staaten werden wir kein Schutzrecht anstreben. Wir geben daher für diese ausländischen Staaten die Erfindung frei.

Bitte beachten Sie, dass die einjährige Prioritätsfrist am … abläuft.

Wir behalten uns ein nicht-ausschließliches Benutzungsrecht für diese ausländischen Staaten vor.

Bitte bestätigen Sie uns die Freigabe mit diesem Schreiben (siehe unten).

Mit freundlichen Grüßen

(Unterschrift bzw. Namensangabe)

Zurück per E-Mail/per Schreiben/per Fax
Ich bestätige die Freigabe für die oben beschriebenen ausländischen Staaten

Ort, Datum

(Unterschrift bzw. Namensangabe)

3.12 Vergütungsvereinbarung (§ 12 Absatz 1 Arbeitnehmererfindungsgesetz)

Vergütungsvereinbarung (Bezeichnung der Erfindung)

1. *Vertragsparteien sind der Arbeitgeber in der Arbeitgeberstraße 1 in 70707 Arbeitgeberstadt (bezeichnet als Arbeitgeber) und der Arbeitnehmer in der Arbeitnehmerstraße 1 in 70707 Arbeitnehmerstadt (bezeichnet als Arbeitnehmer).*
2. *Vertragsgegenstand ist die Diensterfindung (Titel der Erfindung und Aktenzeichen), die vom Arbeitgeber in Anspruch genommen wurde.*
3. *Durch die Inanspruchnahme wird eine Vergütung geschuldet, die nach den Amtlichen Vergütungsrichtlinien ermittelt wird. Hierzu wird die Methode der Lizenzanalogie verwendet. Der vereinbarte Lizenzsatz beträgt (Angabe des Lizenzsatzes, typischerweise zwischen 0,5 % und 2 %). Der Umsatz ergibt sich als ein Anteil (Anteilsangabe) des Verkaufspreises des Produkts (Angabe des Produkts). Vom Verkaufspreis ist abzuziehen: Umsatzsteuer, Kosten für Verpackung, Fracht, Versicherungen, sonstige Steuern sowie …. Eine Abstaffelung gemäß der Richtlinie Nr. 11 der Amtlichen Vergütungsrichtlinien findet statt.*
3. *Der Miterfinderanteil des Arbeitnehmers beträgt: …*
4. *Der Anteilsfaktor des Arbeitnehmers beträgt: … (Wertzahl a = …, Wertzahl b = …, Wertzahl c = …).*
5. *Das Patent wurde noch nicht erteilt. Es wird daher ein Risikoabschlag von 50 % vereinbart. Nach Patenterteilung wird dem Arbeitnehmer der Risikoabschlag vollständig erstattet.*
6. *Für den Nutzungszeitraum vom … bis zum … ergibt sich daher folgender Vergütungsbetrag: … €. Dieser Betrag wird innerhalb eines Monats nach Unterzeichnung dieser Vereinbarung dem Arbeitnehmer übertragen.*
7. *Zukünftig erfolgt eine jährliche Abrechnung, wobei der ermittelte Vergütungsbetrag dem Arbeitnehmer innerhalb einer Frist von drei Monaten übertragen wird. Die oben vereinbarten Vertragspunkte werden bei der Berechnung der jährlichen Vergütung angewandt.*

(Ort, Datum)

(Unterschriften Arbeitgeber und Arbeitnehmer)

3.13   Vergütungsfestsetzung (§ 12 Absatz 3 Arbeitnehmererfindungsgesetz)

Per E-Mail/Per Schreiben/Per Fax
Erfinderischer Arbeitnehmer
Arbeitnehmerstraße 1
70707 Arbeitnehmerstadt

Vergütungsfestsetzung (Bezeichnung der Erfindung)

Sehr geehrter Herr erfinderischer Arbeitnehmer,

Ihre Diensterfindung wurde mittlerweile zum Patent erteilt. Wir setzen die Vergütung für Ihre Diensterfindung nach den Amtlichen Vergütungsrichtlinien fest, wobei die Methode der Lizenzanalogie angewandt wird.

1. *Erfindungswert*
   Der Erfindungswert ergibt sich als ....
2. *Miterfinderanteil*
   Ihnen wird ein Miterfinderanteil von 30 % zugeordnet.
3. *Anteilsfaktor*
   Der Anteilsfaktor ermittelt sich aus der Summe der Wertzahlen a + b + c.
   Die Wertzahl a (Stellung der Aufgabe) ist ...
   Die Wertzahl b (Lösung der Aufgabe) ist ...
   Die Wertzahl c (Aufgaben und Stellung im Betrieb) ist ...
   Der Anteilsfaktor ergibt sich daher nach der Tabelle der Richtlinie Nr. 37 als: Anteilsfaktor = ...
4. *Abrechnungszeitraum*
   Die Vergütung wird für folgenden Abrechnungszeit bestimmt: vom ... bis ...
5. *Vergütungsbestimmung*
   Es ergibt sich für den Abrechnungszeitraum folgende Vergütung: ...
   Den berechneten Vergütungsbetrag werden wir auf Ihr Konto überweisen. Es werden darauf entfallende gesetzliche Steuern und Sozialabgaben abgezogen.
6. *Vergütung für die Folgezeit*

Für die Folgezeit wird jährlich nach Abschluss des Geschäftsjahrs auf Basis der obigen Eckpunkte eine Vergütung ermittelt und Ihnen spätestens drei Monate nach Abschluss des Geschäftsjahrs übertragen.

Wir weisen auf das Widerspruchsrecht hin. Ohne fristgemäße Einlegung eines Widerspruchs wird die Vergütungsfestsetzung für beide Teile verbindlich.

Bitte bestätigen Sie den Eingang dieser Vergütungsfestsetzung (siehe unten).

Mit freundlichen Grüßen

(Unterschrift bzw. Namensangabe)
Zurück per E-Mail/per Schreiben/per Fax
   Ich bestätige den Erhalt der Vergütungsfestsetzung.

Ort, Datum

(Unterschrift bzw. Namensangabe)

3.14 Widerspruch gegen eine Vergütungsfestsetzung (§ 12 Absatz 4 Arbeitnehmererfindungsgesetz)

Per E-Mail/Per Schreiben/Per Fax
Arbeitgeber GmbH
Arbeitgeberstraße 1
70707 Arbeitgeberstadt

Widerspruch gegen Vergütungsfestsetzung (Bezeichnung der Erfindung)

Sehr geehrte Damen und Herren,

Sie haben eine Festsetzung meines Vergütungsanspruchs vorgenommen. Ich bin mit ihrer Vergütungsfestsetzung nicht einverstanden und widerspreche dieser.

Zur Begründung: ...

Ich bitte den Eingang des Widerspruchs zu bestätigen (siehe unten).

Mit freundlichen Grüßen

(Unterschrift bzw. Namensangabe)

Zurück per E-Mail/per Schreiben/per Fax
Wir bestätigen den Eingang Ihres Widerspruchs zu unserer Vergütungsfestsetzung

Ort, Datum

(Unterschrift bzw. Namensangabe)

3.15 Verlangen einer Vergütungsanpassung an Arbeitgeber (§ 12 Absatz 6 Satz 1 Arbeitnehmererfindungsgesetz)

Per E-Mail/per Schreiben/per Fax
Arbeitgeber GmbH
Arbeitgeberstraße 1
70707 Arbeitgeberstadt
Vergütungsanpassung (Bezeichnung der Erfindung)

Sehr geehrte Damen und Herren,

mit der Vergütungsvereinbarung bzw. Vergütungsfestsetzung vom … wurde eine Pauschalvergütung in Höhe von … € vereinbart bzw. festgesetzt.

Grundlage dieser Berechnung war ein damals zu erwartender Jahresumsatz von … €. Im Nachhinein hat sich ergeben, dass sich der Umsatz mehr als verdoppelt hat.

Die Umstände zur Berechnung des Vergütungsanspruchs haben sich daher maßgeblich verändert. Ich bitte Sie, in eine neue Regelung der Vergütung einzuwilligen.

Mit freundlichen Grüßen

(Unterschrift bzw. Namensangabe)

3.16 Verlangen einer Vergütungsanpassung an Arbeitnehmer (§ 12 Absatz 6 Satz 1 Arbeitnehmererfindungsgesetz)

Per E-Mail/per Schreiben/per Fax
Erfinderischer Arbeitnehmer
Arbeitnehmerstraße 1
70707 Arbeitnehmerstadt

Vergütungsanpassung (Bezeichnung der Erfindung)

Sehr geehrter Herr erfinderischer Arbeitnehmer,

mit der Vergütungsvereinbarung bzw. Vergütungsfestsetzung vom … wurde eine Pauschalvergütung in Höhe von … € vereinbart bzw. festgesetzt.

Grundlage dieser Berechnung war ein damals zu erwartender Jahresumsatz von … €. Im Nachhinein hat sich ergeben, dass sich der Umsatz mehr als halbiert hat.

Die Umstände zur Berechnung des Vergütungsanspruchs haben sich daher maßgeblich verändert. Ich bitte Sie, in eine neue Regelung der Vergütung einzuwilligen.

Mit freundlichen Grüßen

(Unterschrift bzw. Namensangabe)

3.17 Geltendmachen der Unbilligkeit einer Vergütungsvereinbarung (§ 23 Arbeitnehmererfindungsgesetz)

Per E-Mail/per Schreiben/per Fax
Arbeitgeber GmbH
Arbeitgeberstraße 1
70707 Arbeitgeberstadt

Unbilligkeit der Vergütungsvereinbarung (Bezeichnung der Erfindung)

Sehr geehrte Damen und Herren,

Die am (Tag der Vereinbarung) geschlossene Vergütungsvereinbarung (bzw. die Vergütungsfestsetzung vom ...) hat sich als von Anfang an unbillig erwiesen, da ...

Die bisherige Vergütungsvereinbarung bzw. Vergütungsfestsetzung ist daher unwirksam. Ich bitte Sie um eine korrigierte Vergütungsfestsetzung.

Bitte bestätigen Sie mir den Eingang des Schreibens (siehe unten).

Mit freundlichen Grüßen.

(Unterschrift bzw. Namensangabe).

Zurück per E-Mail/per Schreiben/per Fax.
Wir bestätigen den Eingang des Schreibens bezüglich einer Unbilligkeit der Vergütungsvereinbarung bzw. Vergütungsfestsetzung.

Ort, Datum

(Unterschrift bzw. Namensangabe)

3.18 Mitteilung der Aufgabeabsicht (§ 16 Arbeitnehmererfindungsgesetz)

Per E-Mail/Per Schreiben/Per Fax
Erfinderischer Arbeitnehmer
Arbeitnehmerstraße 1
70707 Arbeitnehmerstadt

Aufgabe des Schutzrechts (Bezeichnung der Erfindung)

Sehr geehrter Herr erfinderischer Arbeitnehmer,

wir werden die Patentanmeldung/das Patent, das Ihre Erfindung beschreibt, aufgeben.

Bitte teilen Sie uns mit, ob Sie das Schutzrecht zu Ihren Kosten übertragen erhalten wollen. Es besteht hierfür eine Frist von drei Monaten.

Sollten Sie uns nicht innerhalb dieser Frist mitgeteilt haben, dass Sie die Übertragung wünschen, werden wir ohne weitere Mitteilung das Schutzrecht auslaufen lassen.

Bitte bestätigen Sie den Empfang dieses Schreibens (siehe unten).

Mit freundlichen Grüßen

(Unterschrift bzw. Namensangabe)

Zurück per E-Mail/per Schreiben/per Fax
Der Empfang der Mitteilung der Aufgabe des Schutzrechts wird bestätigt.

Ort, Datum

(Unterschrift bzw. Namensangabe)

3.19   Übertragungsverlangen bei Schutzrechtsaufgabe (§ 16 Absatz 2 Arbeitnehmererfindungsgesetz)

Per E-Mail/Per Schreiben/Per Fax
Arbeitgeber GmbH
Arbeitgeberstraße 1
70707 Arbeitgeberstadt

Übertragung des Schutzrechts bei Aufgabe (Bezeichnung der Erfindung)

Sehr geehrte Damen und Herren,

Sie haben mir mitgeteilt, die Patentanmeldung/das Patent, in der meine Erfindung beschrieben ist, aufzugeben.

Hiermit teile ich Ihnen mit, dass ich dieses Schutzrecht übernehmen werde. Bitte übertragen Sie das Schutzrecht auf mich. Außerdem bitte ich um Überreichung aller Unterlagen, um das Schutzrecht weiterverfolgen bzw. aufrechthalten zu können.

Bitte bestätigen Sie mir den Empfang dieser Erklärung (siehe unten).

Mit freundlichen Grüßen.

(Unterschrift bzw. Namensangabe)

Zurück per E-Mail/per Schreiben/per Fax
Wir bestätigen den Empfang der Übernahmeerklärung.

Ort, Datum

(Unterschrift bzw. Namensangabe)

3.20   Anrufen der Schiedsstelle (§§ 28, 31, 32 Arbeitnehmererfindungsgesetz)

Per Schreiben (in doppelter Ausführung)
Schiedsstelle nach dem Gesetz über Arbeitnehmererfindungen
beim Deutschen Patent- und Markenamt
80297 München

Antrag
des erfinderischen Arbeitnehmers, in der Arbeitnehmerstraße 1, in 70707 Arbeitnehmerstadt.
  – Antragsteller –
  gegen
  Arbeitgeber, in der Arbeitgeberstraße 1, in 70707 Arbeitgeberstadt
  – Antragsgegner –

Es wird beantragt:
- *einen Einigungsvorschlag vorzulegen, wobei für die Benutzung der Diensterfindung des Antragstellers, die durch das deutsche Patent DE... geschützt ist, an der der Antragsteller zu 50 % beteiligt ist, für den Nutzungszeitraum von ... bis ... eine Erfindervergütung zu ermitteln ist.*
- *Eine Erfindervergütung für die zukünftige Nutzung zu berechnen.*

Begründung:

1. *Der Antragsteller ist Mitarbeiter des Antragsgegners. Der Antragsteller hatte zum Zeitpunkt der Schaffung der Erfindung die Funktion als ... inne. Diese Diensterfindung wurde vom Antragsgegner in Anspruch genommen.*
2. *Der Antragsgegner hat eine Vergütungsfestsetzung vorgenommen, der widersprochen wurde. Die Arbeitsvertragsparteien können sich zur technisch-wirtschaftlichen Bezugsgröße und zum Lizenzsatz nicht einigen. Einigkeit besteht zum Anteilsfaktor und zum Miterfinderanteil.*
3. *Der Antragsteller vertritt zur technisch-wirtschaftlichen Bezugsgröße und zum Lizenzsatz folgenden Standpunkt: ...*
4. *Es wurden bislang keine Vergütungszahlungen geleistet.*

Diesem Antrag wird die Vergütungsfestsetzung und das Widerspruchsschreiben beigefügt.

Der Antrag wird in doppelter Form schriftlich eingereicht.

(Unterschrift)

Arbeitnehmererfindungsgesetz mit Kommentaren

Die beiden relevanten Rechtsvorschriften sind das Gesetz über Arbeitnehmererfindungen und die Amtlichen Vergütungsrichtlinien.

Das Arbeitnehmererfindungsgesetz regelt die Rechte und Pflichten des erfinderischen Arbeitnehmers und dessen Arbeitgeber. Das Arbeitnehmererfindungsgesetz erfuhr 2009 eine grundlegende Novelle. Es ist zu beachten, dass für Erfindungen, die einem Arbeitgeber vor dem 1. Oktober 2009 gemeldet wurden, noch die alte Fassung des Arbeitnehmererfindungsgesetz gilt. Für alle Erfindungen mit Erfindungsmeldung nach dem 1. Oktober 2009 ist das aktuelle Arbeitnehmererfindungsgesetz einschlägig.

Nachfolgend werden die Paragrafen des aktuellen Arbeitnehmererfindungsgesetz vorgestellt und kommentiert.

§ 1 Anwendungsbereich
Diesem Gesetz unterliegen die Erfindungen und technischen Verbesserungsvorschläge von Arbeitnehmern im privaten und im öffentlichen Dienst, von Beamten und Soldaten.

Der § 1 Arbeitnehmererfindungsgesetz legt den sachlichen Zuständigkeitsbereich fest, nämlich Erfindungen und technische Verbesserungen. Der Begriff „Erfindung" ist patentrechtlich zu verstehen.[1] Das Arbeitnehmererfindungsgesetz ist nur für technische Erfindungen einschlägig. Personell ist der Wirkumfang des Arbeitnehmererfindungsgesetz auf Arbeitnehmer beschränkt. Der Begriff des „Arbeitnehmers" ist gemäß dem

---

[1] § 1 Absatz 1 Patentgesetz.

© Der/die Autor(en), exklusiv lizenziert durch Springer-Verlag GmbH, DE, ein Teil von Springer Nature 2022
T. Meitinger, *Ratgeber für Arbeitnehmererfinder*,
https://doi.org/10.1007/978-3-662-64817-9_4

Arbeitsrecht zu interpretieren. Geschäftsführer von GmbHs und Vorstände von Aktiengesellschaften gelten nicht als Arbeitnehmer. Dasselbe gilt für freie Mitarbeiter. Andererseits ist das Arbeitnehmererfindungsgesetz für technische Neuerungen von Beamten und Soldaten anzuwenden.

Ein Arbeitnehmer ist durch einen Arbeitsvertrag zur Arbeitsleistung verpflichtet, er handelt weisungsgebunden und in persönlicher Abhängigkeit.

§ 2 Erfindungen
Erfindungen im Sinne dieses Gesetzes sind nur Erfindungen, die patent- oder gebrauchsmusterfähig sind.

Eine Erfindung ist eine technische Lehre zum planmäßigen Handeln unter Ausnutzung der Naturkräfte, die aus einer schöpferischen Leistung entstand.[2] Eine Erfindung muss patent- oder gebrauchsmusterfähig sein. Für die expliziten Ausnahmen von der Patentfähigkeit gemäß dem Patentgesetz,[3] insbesondere wissenschaftliche Theorien, mathematische Methoden, ästhetische Formschöpfungen und Spiele, gilt das Arbeitnehmererfindungsgesetz nicht.

§ 3 Technische Verbesserungsvorschläge
Technische Verbesserungsvorschläge im Sinne dieses Gesetzes sind Vorschläge für sonstige technische Neuerungen, die nicht patent- oder gebrauchsmusterfähig sind.

Ein Verbesserungsvorschlag, der technisch ist und zumindest für den eigenen Betrieb eine Neuerung darstellt, kann zu einer Vergütungspflicht führen. Voraussetzung ist, dass der Verbesserungsvorschlag gemäß § 20 Absatz 1 Satz 1 Arbeitnehmererfindungsgesetz zu einer ökonomischen Vorzugsstellung führt, die der eines Patents gleicht.

Ein Verbesserungsvorschlag muss ein technisches Problem mit einer technischen Lehre lösen. Allein das Aufzeigen von technischen Mängeln stellt kein Verbesserungsvorschlag dar und ist nicht vergütungsfähig. Ein Verbesserungsvorschlag muss daher über das reine Erkennen hinausgehen.[4] Vielmehr erfordert ein Verbesserungsvorschlag eine schöpferische Leistung.

Es ist grundsätzlich unerheblich aus welchen Gründen ein Verbesserungsvorschlag nicht patentfähig ist. Ein Verbesserungsvorschlag muss gewerblich nutzbar sein. Ansonsten ist eine ökonomische Vorzugsstellung ausgeschlossen.[5]

---

[2] BGH, 21.03.1958 – I ZR 160/57 – Gewerblicher Rechtsschutz und Urheberrecht, 1958, 602 – Wettschein; BGH, 01.07.1976 – X ZB 10/74 – Gewerblicher Rechtsschutz und Urheberrecht, 1977, 152 f. – Kennungsscheibe.

[3] § 1 Absatz 3 Patentgesetz

[4] Dörner, Gewerblicher Rechtsschutz und Urheberrecht, 1963, 72, 73.

[5] BGH, 20.01.1977 – X ZR 13/75 – Gewerblicher Rechtsschutz und Urheberrecht, 1977, 652 – Benzolsulfonylharnstoff.

Die Schaffung eines technischen Verbesserungsvorschlags verpflichtet den Arbeitnehmer zur unverzüglichen Mitteilung. Ein Verletzen der unverzüglichen Mitteilung kann zu einem Schadensersatzanspruch des Arbeitgebers gegenüber dem Arbeitnehmer führen.[6]

§ 4 Diensterfindungen und freie Erfindungen

(1) **Erfindungen von Arbeitnehmern im Sinne dieses Gesetzes können gebundene oder freie Erfindungen sein.**

(2) **Gebundene Erfindungen (Diensterfindungen) sind während der Dauer des Arbeitsverhältnisses gemachte Erfindungen, die entweder**
1. **aus der dem Arbeitnehmer im Betrieb oder in der öffentlichen Verwaltung obliegenden Tätigkeit entstanden sind oder**
2. **maßgeblich auf Erfahrungen oder Arbeiten des Betriebes oder der öffentlichen Verwaltung beruhen.**

(3) **Sonstige Erfindungen von Arbeitnehmern sind freie Erfindungen. Sie unterliegen jedoch den Beschränkungen der §§ 18 und 19.**

(4) **Die Absätze 1 bis 3 gelten entsprechend für Erfindungen von Beamten und Soldaten.**

Der Paragraf definiert die drei Varianten von Erfindungen eines Arbeitnehmers nach dem Arbeitnehmererfindungsgesetz. Die Diensterfindung ergibt sich aus der betrieblichen Tätigkeit und/oder basiert auf dem Know-How des Betriebs. Erfüllt eine Erfindung keine dieser Voraussetzungen, liegt eine freie Erfindung vor. Die dritte Variante einer Erfindung entsteht aus einer Diensterfindung, die vom Arbeitgeber nicht in Anspruch genommen wird oder die zunächst in Anspruch genommen und später frei gegeben wurde. Diese dritte Variante wird „frei gewordene" Erfindung genannt.

Eine Erfindung, die im Urlaub oder am Wochenende geschaffen wird, während ein Arbeitsverhältnis besteht, gilt als während des Arbeitsverhältnisses erzeugt. Hier muss auf den Unterschied der „Arbeitszeit" und den des „während des Arbeitsverhältnisses" hingewiesen werden. Entstand eine Erfindung vor der tatsächlichen Aufnahme des Arbeitsverhältnisses, liegt keine Diensterfindung vor.[7] Ein Arbeitsverhältnis ist nicht durch das Ende der betrieblichen Tätigkeit gekennzeichnet, sondern durch das rechtlich vereinbarte Ende.

---

[6] § 280 Absatz 1, § 241 Absatz 2, § 619a BGB.

[7] BGH, 22.02.2011 – X ZB 43/08 – Gewerblicher Rechtsschutz und Urheberrecht, 2011, 509 – Schweißheizung.

Bei der Zuordnung einer Erfindung zu einem Arbeitsverhältnis, ist auf den Zeitpunkt der Fertigstellung einer Erfindung abzustellen.[8] Ist ein Arbeitsverhältnis beendet und erfolgt die Fertigstellung erst nach dem Ende des Arbeitsverhältnisses, handelt es sich um die Erfindung eines freien Erfinders. Die Beweislast, dass eine Erfindung noch während des Arbeitsverhältnisses erstellt wurde, trägt der Arbeitgeber.[9]

Eine Erfindung beruht maßgeblich auf den Erfahrungen oder Tätigkeiten eines Betriebs, falls dieses betriebliche Know-How in erheblichem Ausmaß bei der Schöpfung der Erfindung beigetragen hat. Allerdings bedeutet in erheblichem Ausmaß nicht, dass der geistige Beitrag des Erfinders der kleinere Anteil darstellt.

Bei einer Erfindergemeinschaft können verschiedene Varianten der Erfindungsart bei derselben Erfindung zusammenkommen. Der schöpferische Beitrag eines ersten Erfinders, der Arbeitnehmer ist, kann aus seiner Sicht zu einer Diensterfindung führen, wobei der schöpferische Beitrag eines zweiten Erfinders zu einer freien Erfindung führen kann. Allerdings ergibt sich eine derartige Konstellation äußerst selten, da durch den Arbeitnehmer in aller Regel erhebliches betriebliches Know-How in die Erfindung getragen wird, wodurch die Erfindung für alle Erfinder zur Diensterfindung transformiert, selbst falls einzelne Erfinder in keinem Arbeitsverhältnis stehen.

§ 5 Meldepflicht
(1) **Der Arbeitnehmer, der eine Diensterfindung gemacht hat, ist verpflichtet, sie unverzüglich dem Arbeitgeber gesondert in Textform zu melden und hierbei kenntlich zu machen, dass es sich um die Meldung einer Erfindung handelt. Sind mehrere Arbeitnehmer an dem Zustandekommen der Erfindung beteiligt, so können sie die Meldung gemeinsam abgeben. Der Arbeitgeber hat den Zeitpunkt des Eingangs der Meldung dem Arbeitnehmer unverzüglich in Textform zu bestätigen.**
(2) **In der Meldung hat der Arbeitnehmer die technische Aufgabe, ihre Lösung und das Zustandekommen der Diensterfindung zu beschreiben. Vorhandene Aufzeichnungen sollen beigefügt werden, soweit sie zum Verständnis der Erfindung erforderlich sind. Die Meldung soll dem Arbeitnehmer dienstlich erteilte Weisungen oder Richtlinien, die benutzten Erfahrungen oder Arbeiten des Betriebes, die Mitarbeiter sowie Art und Umfang ihrer Mitarbeit angeben und soll hervorheben, was der meldende Arbeitnehmer als seinen eigenen Anteil ansieht.**

---

[8] OLG Karlsruhe, 28.04.2010 – 6 U 147/08 – Gewerblicher Rechtsschutz und Urheberrecht, 2011, 318, 320 – Initialidee.
[9] BGH, 21.10.1980 – X ZR 56/78 – Gewerblicher Rechtsschutz und Urheberrecht, 1981, 128 – Flaschengreifer.

(3) **Eine Meldung, die den Anforderungen des Absatzes 2 nicht entspricht, gilt als ordnungsgemäß, wenn der Arbeitgeber nicht innerhalb von zwei Monaten erklärt, dass und in welcher Hinsicht die Meldung einer Ergänzung bedarf. Er hat den Arbeitnehmer, soweit erforderlich, bei der Ergänzung der Meldung zu unterstützen.**

Der Arbeitnehmer ist zur unverzüglichen Meldung der Diensterfindung verpflichtet. Eine Meldung muss separat erfolgen. Die Erfindungsmeldung darf also nicht einer von mehreren Anhängen einer Email sein. Die Erfindungsmeldung muss als solche eindeutig erkennbar sein. Es genügt die Textform. Eine Meldung kann daher als Email, als Telefax oder als Schreiben erfolgen.

Durch die Erfindungsmeldung muss der Arbeitgeber über die Erfinder, die Art der Erfindung und die Entstehung der Erfindung in einer Weise informiert werden, dass er über eine Freigabe oder Inanspruchnahme entscheiden kann.

Für eine freie Erfindung gilt nur eine Mitteilungspflicht, die es dem Arbeitgeber ermöglichen muss, zu überprüfen, ob es sich tatsächlich, wie vom Arbeitnehmer angenommen, um eine freie Erfindung handelt.

Der Arbeitnehmer muss die Erfindung umfassend beschreiben. Hierzu sind auch Zeichnungen sinnvoll. Es ist die ganze Erfindung zu erläutern und detailliert auf mögliche unterschiedliche Ausführungsformen einzugehen.

§ 6 Inanspruchnahme

(1) **Der Arbeitgeber kann eine Diensterfindung durch Erklärung gegenüber dem Arbeitnehmer in Anspruch nehmen.**

(2) **Die Inanspruchnahme gilt als erklärt, wenn der Arbeitgeber die Diensterfindung nicht bis zum Ablauf von vier Monaten nach Eingang der ordnungsgemäßen Meldung (§ 5 Abs. 2 Satz 1 und 3) gegenüber dem Arbeitnehmer durch Erklärung in Textform freigibt.**

Möchte der Arbeitgeber eine Diensterfindung nicht in Anspruch nehmen, muss er sie innerhalb einer Vier-Monatsfrist nach Eingang der ordnungsgemäßen Meldung freigeben. Andernfalls erfolgt eine automatische Inanspruchnahme, es sei denn der Arbeitgeber erklärt zuvor die Inanspruchnahme gegenüber seinem Arbeitnehmer.

Durch eine Inanspruchnahme wird dem Arbeitgeber sämtliche vermögenswerten Rechte an der Diensterfindung übertragen. Dem Arbeitnehmer verbleibt allein das Erfinderpersönlichkeitsrecht. Der Arbeitnehmer muss daher bei einer Anmeldung zum Patent als Erfinder benannt werden.[10] Der Arbeitgeber wird zum Rechtsnachfolger des Arbeitnehmers.[11]

Ein Arbeitgeber hat ein Wahlrecht, ob er eine Diensterfindung in Anspruch nehmen möchte oder nicht. Möchte er die Diensterfindung in Anspruch nehmen, muss er sie vollständig übernehmen. Eine Erfindung kann nur geschlossen und insgesamt in Anspruch genommen werden. Durch eine Inanspruchnahme werden dem Arbeitgeber alle Erkenntnisse des Arbeitnehmers übertragen, die zur Erfindung gehören, auch falls diese Erkenntnisse nicht in der Erfindungsmeldung enthalten sind.

Der Arbeitgeber kann keine Bruchteilsgemeinschaft mit seinem Arbeitnehmer bilden.

Gibt der Arbeitgeber die Diensterfindung frei, gilt der Arbeitnehmer als freier Erfinder und kann unbeschränkt über seine Erfindung verfügen.

Eine Diensterfindung wird immer in Anspruch genommen, falls sie nicht ausdrücklich durch Erklärung gegenüber dem Arbeitnehmer freigegeben wird. Die Freigabeerklärung muss in Textform erfolgen, also mit Email, Telefax oder Schreiben. Eine Inanspruchnahmefiktion tritt ein, falls eine ordnungsgemäße Erfindungsmeldung vorliegt und die Frist zur Freigabe abgelaufen ist. Außerdem darf der Arbeitgeber in der Vier-Monatsfrist keine formgerechte Freigabeerklärung abgegeben haben.

§ 7 Wirkung der Inanspruchnahme
(1) **Mit der Inanspruchnahme gehen alle vermögenswerten Rechte an der Diensterfindung auf den Arbeitgeber über.**
(2) **Verfügungen, die der Arbeitnehmer über eine Diensterfindung vor der Inanspruchnahme getroffen hat, sind dem Arbeitgeber gegenüber unwirksam, soweit seine Rechte beeinträchtigt werden.**

Die Inanspruchnahme ermöglicht dem Arbeitgeber die Erfindung auf jede Art zu benutzen[12] und Lizenzen zu vergeben[13]. Der Arbeitgeber kann auch im Ausland Schutzrechte anstreben. Der Arbeitgeber ist zwar zur Anmeldung eines Patents verpflichtet, allerdings ist der Arbeitgeber frei in seiner Entscheidung, ob er die Diensterfindung verwerten möchte.

---

[10] § 37 Absatz 1 Satz 1 und § 63 Absatz 1 Satz 1 Patentgesetz.
[11] § 6 Satz 1 Patentgesetz.
[12] § 9 Patentgesetz.
[13] § 15 Absatz 2 Satz 1 Patentgesetz bzw. § 22 Absatz 2 Satz 1 Gebrauchsmustergesetz.

Der Arbeitgeber kann eine Diensterfindung selbst verwerten, Lizenzen vergeben oder verkaufen. Durch eine Übertragung der Diensterfindung, entsteht kein Rechtsverhältnis mit den Rechten und Pflichten des Arbeitnehmererfindungsgesetz zwischen dem Erwerber und dem Erfinder. Vielmehr bleibt auch nach einem Verkauf der Diensterfindung das Rechtsverhältnis des Arbeitgebers mit seinem Arbeitnehmer gemäß den Regelungen des Arbeitnehmererfindungsgesetz bestehen. Der Erwerber einer Diensterfindung übernimmt daher die Diensterfindung unbelastet und ist in seinen Entscheidungen nicht durch das Arbeitnehmererfindungsgesetz eingeschränkt.

Der Arbeitgeber hat die in Anspruch genommene Diensterfindung zum Patent anzumelden. Der Arbeitgeber ist der alleinige Herr eines Erteilungs- oder Eintragungsverfahrens. Dem Arbeitnehmer stehen keine Mitwirkungs- oder Vetorechte zu.

§ 8 Frei gewordene Diensterfindungen
Eine Diensterfindung wird frei, wenn der Arbeitgeber sie durch Erklärung in Textform freigibt. Über eine frei gewordene Diensterfindung kann der Arbeitnehmer ohne die Beschränkungen der §§ 18 und 19 verfügen.

Ein Arbeitgeber hat das Wahlrecht, ob er eine Erfindung in Anspruch nehmen möchte oder nicht. Eine Freigabe ist ausschließlich durch Erklärung in Textform gegenüber dem Arbeitnehmer innerhalb einer Vier-Monatsfrist nach ordnungsgemäßer Erfindungsmeldung möglich.

Bezweifelt ein Arbeitgeber die Schutzfähigkeit einer Erfindung, kann es dennoch empfehlenswert sein, eine Erfindung in Anspruch zu nehmen. Andernfalls kann sich die Situation ergeben, dass die Erfindung des Arbeitnehmers an einen Wettbewerber veräußert wird.

Ein technischer Verbesserungsvorschlag muss nicht in Anspruch genommen werden und kann auch nicht freigegeben werden, da er als ein Arbeitsergebnis dem Arbeitgeber automatisch zusteht. Bei einem Verbesserungsvorschlag ergibt sich keine Kollision des Patentrechts mit dem Arbeitsrecht bezüglich der Eigentümereigenschaft. Die Regelungen des Arbeitnehmererfindungsgesetz bezüglich der Inanspruchnahme und der Freigabe sind daher für Verbesserungsvorschläge nicht einschlägig.

Es ist nicht erforderlich, in der Freigabeerklärung die Worte „Freigabe" oder „freigeben" zu verwenden. Allerdings ist es empfehlenswert. Es würde genügen, zu schreiben, dass auf eine „Inanspruchnahme verzichtet wird". Wird nur in Zweifel gezogen, dass eine patentfähige Erfindung vorliegt, stellt das nicht eine eindeutige Freigabeerklärung dar.

Eine geleistete Freigabeerklärung kann vom Arbeitgeber wegen Irrtums oder arglistiger Täuschung angefochten werden.[14] Gibt der Arbeitgeber eine Diensterfindung frei, da er von der Schutzunfähigkeit der Erfindung ausgeht, eröffnet sich hierdurch keine Anfechtungsmöglichkeit wegen Irrtums.

§ 9 Vergütung bei Inanspruchnahme

(1) **Der Arbeitnehmer hat gegen den Arbeitgeber einen Anspruch auf angemessene Vergütung, sobald der Arbeitgeber die Diensterfindung in Anspruch genommen hat.**

(2) **Für die Bemessung der Vergütung sind insbesondere die wirtschaftliche Verwertbarkeit der Diensterfindung, die Aufgaben und die Stellung des Arbeitnehmers im Betrieb sowie der Anteil des Betriebes an dem Zustandekommen der Diensterfindung maßgebend.**

Die Inanspruchnahme einer Diensterfindung begründet einen Vergütungsanspruch. Von dem Entstehen des Vergütungsanspruchs ist seine Fälligkeit zu unterscheiden. Eine Fälligkeit tritt spätestens drei Monate nach Patenterteilung statt. Wurde zuvor bereits die Erfindung vom Arbeitgeber benutzt, ist der Vergütungsanspruch drei Monate nach Aufnahme der Benutzung fällig.

Eine Patenterteilung ist daher keine Voraussetzung eines Vergütungsanspruchs. Vor der Schutzrechtserteilung erfolgt allerdings ein Abschlag aufgrund des Risikos der Zurückweisung der Patentanmeldung. Nach der Erteilung des Patents ist der zurückbehaltene Risikoabschlag dem Arbeitnehmer in voller Höhe zu erstatten.

Es ist nicht zulässig, aufgrund des Ausstehens der Erteilung eines Patents, eine Vergütung zu verweigern. Wird jedoch das Schutzrecht von den Wettbewerbern nicht beachtet und ergibt sich daher keine ökonomische Monopolstellung durch die Diensterfindung, kann auf eine Vergütung verzichtet werden. Dasselbe gilt bei einem erteilten Patent. Ergibt sich die Nichtbeachtung des Schutzrechts durch die Untätigkeit des Arbeitgebers, erwirbt der Arbeitnehmer einen Schadensersatzanspruch gegen den Arbeitgeber.

Ein Vergütungsanspruch ergibt sich insbesondere dadurch, dass ein wirtschaftlicher Nutzen des Arbeitgebers entsteht. Der Nutzen muss ursächlich auf die Diensterfindung zurückzuführen sein. Ein wirtschaftlicher Nutzen eines Dritten, und nicht des Arbeitgebers, begründet keinen Vergütungsanspruch für den Arbeitnehmer. Ein Nutzen kann ein zusätzlicher Umsatz oder andere geldwerten Vorteile sein.

---

[14] §§ 119 ff. BGB.

Der Arbeitnehmer ist an dem wirtschaftlichen Vorteil durch die Diensterfindung zu beteiligen. Das wirtschaftliche Risiko und Verluste aus der Nutzung der Erfindung können dem Arbeitnehmer andererseits nicht aufgebürdet werden.

Ergeben sich durch die Nutzung der Erfindung nur geringe Gewinne, besteht dennoch ein Vergütungsanspruch. Allerdings rechtfertigen sehr kleine Gewinne das Mindern des Lizenzsatzes. Voraussetzung ist jedoch, dass der Grund für den geringen Gewinn auf die Diensterfindung selbst zurückzuführen ist.

Ein Vergütungsanspruch verjährt nach der regelmäßigen Verjährung nach dem Bürgerlichen Gesetzbuch innerhalb von drei Jahren.[15] Die Verjährungsfrist beginnt am Ende des Kalenderjahres, ab dem der Vergütungsanspruch durch Benutzung der Erfindung oder Schutzrechtserteilung entstanden ist. Außerdem muss der Vergütungsanspruch fällig geworden sein und der Arbeitnehmer muss von der Fälligkeit des Vergütungsanspruchs und von dem Schuldner des Anspruchs, dem Arbeitgeber, Kenntnis erlangt haben. Grobe Fahrlässigkeit ersetzt die positive Kenntnis des Arbeitnehmers.

Eine Verjährungshemmung tritt bereits durch die Aufnahme von Verhandlungen zwischen dem Arbeitgeber und seinem Arbeitnehmer über den Vergütungsanspruch ein. Beendet eine Partei die Verhandlungen setzt sich die Verjährung fort. Es beginnt daher keine neue Verjährungsfrist, sondern die verbliebene Verjährungsdauer beginnt wieder zu laufen.

Eine Pauschalvergütung ist die Zahlung eines Eurobetrags, durch die eine Abgeltung des entstandenen Vergütungsanspruchs auch für zukünftige Nutzungen der Erfindung erfolgt. Der Vorteil der Pauschalabgeltung für den Arbeitnehmer ist, dass ihm früh ein hoher Eurobetrag zur Verfügung steht. Vorteilhaft für den Arbeitgeber ist, dass der Verwaltungsaufwand der Berechnung des Vergütungsanspruchs entfällt. Bei Erfindungen deren Aufwand der Berechnung in keinem angemessenen Verhältnis zur Höhe der Vergütung steht, sollte eine Pauschalabgeltung erfolgen. Eine Berechnung der Vergütung anhand der Zahlen der Finanzbuchhaltung ist daher nur für umfangreich benutzte Erfindungen ökonomisch sinnvoll.

Ein Anspruch auf eine Pauschalvergütung statt einer Einzelabrechnung ist dem Arbeitnehmererfindungsgesetz nicht entnehmbar. Der Arbeitnehmer wie der Arbeitgeber können auf eine Berechnung der Höhe des Vergütungsanspruchs bestehen.

---

[15] § 195 BGB.

Die Pauschalvergütung hat sämtliche relevanten Aspekte einer Erfindung zu berücksichtigen. Zu berücksichtigen ist der Stand des Patenterteilungsverfahrens und insbesondere, ob vor dem Hintergrund der Dokumente des Stands der Technik mit einer Patenterteilung zu rechnen ist. Außerdem ist in die Betrachtung einzubeziehen, ob es sich bei der Erfindung um eine technisch wertvolle Erfindung handelt oder ob es sich um eine Erfindung handelt, die bereits technisch veraltet ist. Außerdem ist der ökonomische Aspekt relevant, der bewertet, welchen Umfang die ökonomische Marktmacht ist, die dem Arbeitgeber durch die Erfindung verliehen wird.

§ 11 Vergütungsrichtlinien
Der Bundesminister für Arbeit erlässt nach Anhörung der Spitzenorganisationen der Arbeitgeber und der Arbeitnehmer (§ 12 des Tarifvertragsgesetzes) Richtlinien über die Bemessung der Vergütung.

Diesem Auftrag wurde der Bundesminister für Arbeit und Soziales durch den Erlass der Amtlichen Vergütungsrichtlinien vom 20. Juli 1959 gerecht. Die Amtlichen Vergütungsrichtlinien haben sich in der Praxis bewährt und stellen das übliche Instrumentarium bereit, der schwierigen Berechnung der Vergütung gerecht zu werden. Allerdings kann nicht geleugnet werden, dass nach über sechzig Jahren des Bestands eine Modernisierung erforderlich ist.

§ 12 Feststellung oder Festsetzung der Vergütung
(1) **Die Art und Höhe der Vergütung soll in angemessener Frist nach Inanspruchnahme der Diensterfindung durch Vereinbarung zwischen dem Arbeitgeber und dem Arbeitnehmer festgestellt werden.**
(2) **Wenn mehrere Arbeitnehmer an der Diensterfindung beteiligt sind, ist die Vergütung für jeden gesondert festzustellen. Die Gesamthöhe der Vergütung und die Anteile der einzelnen Erfinder an der Diensterfindung hat der Arbeitgeber den Beteiligten bekanntzugeben.**
(3) **Kommt eine Vereinbarung über die Vergütung in angemessener Frist nach Inanspruchnahme der Diensterfindung nicht zustande, so hat der Arbeitgeber die Vergütung durch eine begründete Erklärung in Textform an den Arbeitnehmer festzusetzen und entsprechend der Festsetzung zu zahlen. Die Vergütung ist spätestens bis zum Ablauf von drei Monaten nach Erteilung des Schutzrechts festzusetzen.**
(4) **Der Arbeitnehmer kann der Festsetzung innerhalb von zwei Monaten durch Erklärung in Textform widersprechen, wenn er mit der Festsetzung nicht einverstanden ist. Widerspricht er nicht, so wird die Festsetzung für beide Teile verbindlich.**
(5) **Sind mehrere Arbeitnehmer an der Diensterfindung beteiligt, so wird die Festsetzung für alle Beteiligten nicht verbindlich, wenn einer von ihnen der Festsetzung mit der Begründung widerspricht, dass sein Anteil an der**

Diensterfindung unrichtig festgesetzt sei. Der Arbeitgeber ist in diesem Falle berechtigt, die Vergütung für alle Beteiligten neu festzusetzen.

(6) **Arbeitgeber und Arbeitnehmer können voneinander die Einwilligung in eine andere Regelung der Vergütung verlangen, wenn sich Umstände wesentlich ändern, die für die Feststellung oder Festsetzung der Vergütung maßgebend waren. Rückzahlung einer bereits geleisteten Vergütung kann nicht verlangt werden. Die Absätze 1 bis 5 sind nicht anzuwenden.**

Arbeitnehmer und Arbeitgeber sollen die Vergütung gemeinsam vereinbaren (Vergütungsvereinbarung). Kommt eine Vereinbarung nicht zustande, ist der Arbeitgeber verpflichtet, eine Vergütung zu bestimmen (Vergütungsfestsetzung). Dies hat spätestens innerhalb von drei Monaten nach Patenterteilung zu erfolgen. Liegt eine Erfindergemeinschaft vor, ist eine Vergütungsvereinbarung bzw. Vergütungsfestsetzung für jeden Erfinder individuell zu erstellen.

Das Scheitern von Verhandlungen zwischen dem Arbeitnehmer und dem Arbeitgeber führt zu keinen nachteiligen Rechtsfolgen für die Parteien. Die einzige Rechtsfolge ist das einseitige Festlegen der angemessenen Vergütung durch den Arbeitgeber.

Der Arbeitnehmer kann innerhalb von zwei Monaten durch Erklärung der Vergütungsfestsetzung widersprechen. Ohne Widerspruch wird die Vergütungsfestsetzung für beide Parteien bindend. Die Widerspruchsfrist beginnt mit Zugang der Vergütungsfestsetzung. Die Zwei-Monatsfrist ist eine gesetzliche Ausschlussfrist, die nicht verlängert werden kann.

Grundsätzlich ist eine Neufestsetzung der Vergütung nach Schutzrechtserteilung erforderlich bzw. es ist der Risikoabschlag dem Arbeitnehmer in voller Höhe zu übereignen. Das weitere Einbehalten des Risikoabschlags kann jedoch sachgerecht sein, falls ein Einspruchs- oder Nichtigkeitsverfahren zwischenzeitlich anhängig ist, dessen Erfolgsaussichten auf Nichtigerklärung oder Widerruf des erteilten Patents nicht vernachlässigbar ist. Hierzu ist insbesondere der neu eingebrachte Stand der Technik und die Qualität der Argumentation des Einsprechenden bzw. Nichtigkeitsklägers zu berücksichtigen.

Ein Wegfall der Geschäftsgrundlage[16] wird durch § 12 Absatz 6 Satz 1 geregelt. In diesem Fall kann eine Neuregelung der Vergütung verlangt werden. Dieses Recht steht beiden Parteien gleichermaßen zu. Voraussetzung ist, dass sich ein grobes Missverhältnis der Vergütung im Vergleich zur Nutzung der Erfindung ergibt. Außerdem muss das Missverhältnis nicht vorhersehbar gewesen sein.

---

[16] § 313 Absatz 1 BGB.

Als Voraussetzung des Anspruchs auf Änderung der Vergütungsvereinbarung genügt, dass ein erhebliches Missverhältnis von Leistung zu Gegenleistung eingetreten ist. Es ist nicht erforderlich, dass das Missverhältnis als unerträglich charakterisiert werden muss. Das Missverhältnis darf erst nach der Vergütungsvereinbarung oder Vergütungsfestsetzung eingetreten sein.

Lag andererseits bereits bei der Einigung auf eine Vergütungsvereinbarung oder bei Vergütungsfestsetzung eine Unbilligkeit vor, ist der § 12 Absatz 6 Satz 1 Arbeitnehmererfindungsgesetz nicht einschlägig. In diesem Fall kann mit dem § 23 Arbeitnehmererfindungsgesetz eine Korrektur der Regelung erreicht werden.

§ 13 Schutzrechtsanmeldung im Inland
(1) Der Arbeitgeber ist verpflichtet und allein berechtigt, eine gemeldete Diensterfindung im Inland zur Erteilung eines Schutzrechts anzumelden. Eine patentfähige Diensterfindung hat er zur Erteilung eines Patents anzumelden, sofern nicht bei verständiger Würdigung der Verwertbarkeit der Erfindung der Gebrauchsmusterschutz zweckdienlicher erscheint. Die Anmeldung hat unverzüglich zu geschehen.
(2) Die Verpflichtung des Arbeitgebers zur Anmeldung entfällt,
    1. wenn die Diensterfindung frei geworden ist (§ 8);
    2. wenn der Arbeitnehmer der Nichtanmeldung zustimmt;
    3. wenn die Voraussetzungen des § 17 vorliegen.
(3) Genügt der Arbeitgeber nach Inanspruchnahme der Diensterfindung seiner Anmeldepflicht nicht und bewirkt er die Anmeldung auch nicht innerhalb einer ihm vom Arbeitnehmer gesetzten angemessenen Nachfrist, so kann der Arbeitnehmer die Anmeldung der Diensterfindung für den Arbeitgeber auf dessen Namen und Kosten bewirken.
(4) Ist die Diensterfindung frei geworden, so ist nur der Arbeitnehmer berechtigt, sie zur Erteilung eines Schutzrechts anzumelden. Hatte der Arbeitgeber die Diensterfindung bereits zur Erteilung eines Schutzrechts angemeldet, so gehen die Rechte aus der Anmeldung auf den Arbeitnehmer über.

Es ist für alle Parteien sinnvoll, eine Diensterfindung zum Patent anzumelden. Eine Patentanmeldung ist einer Gebrauchsmusteranmeldung den Vorzug zu geben. Der Arbeitgeber ist auch dann zur Anmeldung eines Patents verpflichtet, falls er Zweifel an der Patentfähigkeit der Erfindung hat.

Die Anmeldung des Patents hat unverzüglich zu erfolgen. Der Arbeitgeber hat ohne schuldhaftes Verzögern eine Patentanmeldung auszuarbeiten und beim deutschen Patentamt einzureichen. Dem Arbeitgeber ist es gestattet, vor der Anmeldung eine Neuheitsrecherche durchzuführen und hierzu oder zur Ausarbeitung der Anmeldung externe Patentanwälte einzuschalten. Die anfallenden Kosten hat der Arbeitgeber zu übernehmen. Es ist nicht zulässig, den Arbeitnehmer bei den Kosten der Schutzrechtserlangung zu beteiligen.

Der Arbeitgeber hat kein Wahlrecht, ob eine Erfindung zum Patent oder zum Gebrauchsmuster angemeldet wird. Ist eine Erfindung grundsätzlich patentfähig, ist sie zum Patent anzumelden. Zweifel an der Patentfähigkeit ändern daran nichts. Das bedeutet nicht, dass dem Arbeitgeber verwehrt ist, parallel zur Patentanmeldung die Eintragung eines Gebrauchsmusters zu beantragen. Es bedeutet auch nicht, dass eine Gebrauchsmusterabzweigung[17] ausgeschlossen ist.

Gibt der Arbeitgeber eine noch nicht zum Patent angemeldete Erfindung frei, entfällt die Verpflichtung zur Anmeldung eines Patents. Eine Verpflichtung zur Anmeldung entfällt ebenfalls, falls der Arbeitnehmer zustimmt. Insbesondere vor dem Eindruck eines überwältigenden Stands der Technik sollten sich die Parteien ernsthaft überlegen, die Mühen und Kosten eines Erteilungsverfahrens auf sich zu nehmen. Der Arbeitnehmer kann auch der Anmeldung eines Gebrauchsmusters statt einem Patent zustimmen. Eine einmal abgegebene Zustimmung ist bindend. Ein Vorbringen des Arbeitnehmers, er hätte die Tragweite seiner Zustimmung nicht übersehen können, bleibt unbeachtlich.

Meldet der Arbeitgeber eine Diensterfindung nicht zum Patent an, ist der Arbeitnehmer berechtigt, nachdem eine angemessene Frist verstrichen ist, eine Patentanmeldung auf den Namen und auf Kosten seines Arbeitgebers vorzunehmen. Meldet der Arbeitnehmer eine Patentanmeldung auf seinen eigenen Namen an, liegt eine widerrechtliche Entnahme vor. Der Arbeitgeber kann gegen eine widerrechtliche Entnahme vorgehen.[18] Das nachträgliche Anbieten der Patentanmeldung dem Arbeitgeber stellt keine rechtliche Heilung dar.

Überträgt der Arbeitgeber eine in Anspruch genommene Erfindung, die noch nicht zum Patent angemeldet wurde, ist der Erwerber nicht zur Anmeldung eines Patents verpflichtet. Der Arbeitnehmer hat außerdem kein Recht, die Erfindung auf den Namen und auf Kosten des Erwerbers zum Patent anzumelden. Eine Übertragung einer Erfindung führt nicht zur Übertragung der Rechte und Pflichten des Arbeitnehmererfindungsgesetzes auf den Erwerber.

---

[17] § 5 Absatz 1 Satz 1 Gebrauchsmustergesetz: „Hat der Anmelder mit Wirkung für die Bundesrepublik Deutschland für dieselbe Erfindung bereits früher ein Patent nachgesucht, so kann er mit der Gebrauchsmusteranmeldung die Erklärung abgeben, dass der für die Patentanmeldung maßgebende Anmeldetag in Anspruch genommen wird."
[18] § 8 Patentgesetz bzw. § 21 Absatz 1 Nr. 3 Patentgesetz.

§ 14 Schutzrechtsanmeldung im Ausland

(1) **Nach Inanspruchnahme der Diensterfindung ist der Arbeitgeber berechtigt, diese auch im Ausland zur Erteilung von Schutzrechten anzumelden.**

(2) **Für ausländische Staaten, in denen der Arbeitgeber Schutzrechte nicht erwerben will, hat er dem Arbeitnehmer die Diensterfindung freizugeben und ihm auf Verlangen den Erwerb von Auslandsschutzrechten zu ermöglichen. Die Freigabe soll so rechtzeitig vorgenommen werden, dass der Arbeitnehmer die Prioritätsfristen der zwischenstaatlichen Verträge auf dem Gebiet des gewerblichen Rechtsschutzes ausnutzen kann.**

(3) **Der Arbeitgeber kann sich gleichzeitig mit der Freigabe nach Absatz 2 ein nichtausschließliches Recht zur Benutzung der Diensterfindung in den betreffenden ausländischen Staaten gegen angemessene Vergütung vorbehalten und verlangen, dass der Arbeitnehmer bei der Verwertung der freigegebenen Erfindung in den betreffenden ausländischen Staaten die Verpflichtungen des Arbeitgebers aus den im Zeitpunkt der Freigabe bestehenden Verträgen über die Diensterfindung gegen angemessene Vergütung berücksichtigt.**

Im Gegensatz zur Anmeldung eines Patents in der Bundesrepublik Deutschland ist der Arbeitgeber nicht verpflichtet, aber allein berechtigt, im Ausland eine Anmeldung anzumelden. Typischerweise wird er eine internationale Anmeldung, eine europäische Anmeldung, eine US-amerikanische Patentanmeldung, eine chinesische, eine japanische oder eine südkoreanische Patentanmeldung anstreben. Mit einer europäischen Patentanmeldung wird ein Arbeitgeber üblicherweise in Deutschland, in Großbritannien, in Frankreich, in Italien, in Spanien und in den Niederlanden ein europäisches Patent erwerben.

Für die Länder im Ausland, für die kein Schutzrecht angestrebt wird, hat der Arbeitgeber dem Arbeitnehmer das Anmelden einer eigenen Patentanmeldung rechtzeitig zu ermöglichen. Der Arbeitgeber kann sich gegen eine angemessene Vergütung ein einfaches Benutzungsrecht sichern. Eine rechtzeitige Freigabe liegt vor, falls der Arbeitnehmer innerhalb der einjährigen Prioritätsfrist der inländischen Patentanmeldung eine ausländische Anmeldung einreichen kann. Der Arbeitgeber sollte daher spätestens drei Monate vor Ablauf des Prioritätsjahrs dem Arbeitnehmer die ausländischen Rechte freigeben. Außerdem sind dem Arbeitnehmer die Daten der deutschen Stammanmeldung mitzuteilen, insbesondere das Aktenzeichen, um dem ausländischen Patentamt die Unterlagen der in Anspruch genommenen deutschen Patentanmeldung zu übermitteln.[19]

---

[19] Einem ausländischen Patentamt ist der Anmeldetag und das Aktenzeichen der deutschen Stammanmeldung mitzuteilen. Außerdem ist eine beglaubigte Kopie der deutschen Patentanmeldung einzureichen. Diese vom deutschen Patentamt beglaubigte Kopie wird als „Prioritätsbeleg" bezeichnet. Der Prioritätsbeleg bescheinigt außerdem den Anmeldetag.

§ 15 Gegenseitige Rechte und Pflichten beim Erwerb von Schutzrechten

(1) **Der Arbeitgeber hat dem Arbeitnehmer zugleich mit der Anmeldung der Diensterfindung zur Erteilung eines Schutzrechts Abschriften der Anmeldeunterlagen zu geben. Er hat ihn von dem Fortgang des Verfahrens zu unterrichten und ihm auf Verlangen Einsicht in den Schriftwechsel zu gewähren.**

(2) **Der Arbeitnehmer hat den Arbeitgeber auf Verlangen beim Erwerb von Schutzrechten zu unterstützen und die erforderlichen Erklärungen abzugeben.**

Dem Arbeitgeber obliegt eine Informationspflicht des Arbeitnehmers über ein Patenterteilungsverfahren der Diensterfindung. Der Arbeitnehmer hat allerdings keine Mitwirkungs- oder Mitentscheidungsrechte. Der Arbeitgeber ist der alleinige Herr des Verfahrens. Das Recht zur Einsichtnahme und die Obliegenheit zur Information des erfinderischen Arbeitnehmers enden mit der Erteilung des Patents. Nachfolgende Verfahren, beispielsweise Einspruchs- und Nichtigkeitsverfahren, werden nicht von diesem Paragrafen umfasst. Dasselbe gilt für Patentverletzungsverfahren vor den ordentlichen Gerichten.

Der Arbeitnehmer ist verpflichtet, das Patenterteilungsverfahren zu unterstützen und alle hierzu erforderlichen Erklärungen zu leisten. Allerdings umfasst diese Pflicht kein Unterschreiben von Blankoformularen. Eine Unterstützungspflicht ist stets auf einen konkreten Fall bezogen.

§ 16 Aufgabe der Schutzrechtsanmeldung oder des Schutzrechts

(1) **Wenn der Arbeitgeber vor Erfüllung des Anspruchs des Arbeitnehmers auf angemessene Vergütung die Anmeldung der Diensterfindung zur Erteilung eines Schutzrechts nicht weiterverfolgen oder das auf die Diensterfindung erteilte Schutzrecht nicht aufrechterhalten will, hat er dies dem Arbeitnehmer mitzuteilen und ihm auf dessen Verlangen und Kosten das Recht zu übertragen sowie die zur Wahrung des Rechts erforderlichen Unterlagen auszuhändigen.**

(2) **Der Arbeitgeber ist berechtigt, das Recht aufzugeben, sofern der Arbeitnehmer nicht innerhalb von drei Monaten nach Zugang der Mitteilung die Übertragung des Rechts verlangt.**

(3) **Gleichzeitig mit der Mitteilung nach Absatz 1 kann sich der Arbeitgeber ein nichtausschließliches Recht zur Benutzung der Diensterfindung gegen angemessene Vergütung vorbehalten.**

Wurde dem Arbeitnehmer die Vergütung vollständig bezahlt, erlöschen alle Rechte für ihn aus dem Arbeitnehmererfindungsgesetz. Der Arbeitgeber ist in diesem Fall nicht mehr verpflichtet, Schutzrechte dem Arbeitnehmer anzubieten, die er nicht mehr weiterverfolgen möchte.

Andernfalls hat der Arbeitgeber dem Arbeitnehmer seine Aufgabeabsicht mitzuteilen. Erklärt der Arbeitnehmer nicht innerhalb einer Frist von drei Monaten, dass er das Schutzrecht übernehmen möchte, kann der Arbeitgeber das Schutzrecht fallenlassen. Übernimmt der Arbeitnehmer das Schutzrecht kann sich der Arbeitgeber ein einfaches Benutzungsrecht gegen eine angemessene Vergütung sichern.

Die Feststellung, ob der Vergütungsanspruch vollständig erfüllt wurde, bereitet in der Praxis regelmäßig Schwierigkeiten. Bei einer ausgezahlten Pauschalvergütung kann der Arbeitgeber von einem kompletten Erfüllen des Vergütungsanspruchs ausgehen.

Eine weitere Nutzung der Erfindung nach Fallenlassen der Schutzrechte führt zu keinem neuen Vergütungsanspruch. Die Erfindung stellt nach der Offenlegung der Patentanmeldung Stand der Technik dar, dessen Nutzung nicht zu vergüten ist. Wurde jedoch die Patentanmeldung vor Veröffentlichung zurückgenommen, liegt eventuell eine Nutzung als Betriebsgeheimnis dar, die einen Fortbestand der Vergütungspflicht begründet.

Der Arbeitgeber darf an die Unterstützung der Übertragung von Schutzrechten keine Bedingungen knüpfen. Beispielsweise ist eine Unterstützung unter dem Vorbehalt der Bezahlung der bislang für das Schutzrecht angefallenen Kosten nicht zulässig. Sonstige „Gegenleistungen" des Arbeitnehmers sind ebenfalls nicht statthaft. Nach der Erklärung der Absicht der Aufgabe und der Erklärung des Arbeitnehmers die Schutzrechte zu übernehmen, kann der Arbeitgeber keine zusätzlichen Voraussetzungen an seine administrative Unterstützung knüpfen.

§ 17 Betriebsgeheimnisse

(1) **Wenn berechtigte Belange des Betriebes es erfordern, eine gemeldete Diensterfindung nicht bekanntwerden zu lassen, kann der Arbeitgeber von der Erwirkung eines Schutzrechts absehen, sofern er die Schutzfähigkeit der Diensterfindung gegenüber dem Arbeitnehmer anerkennt.**

(2) **Erkennt der Arbeitgeber die Schutzfähigkeit der Diensterfindung nicht an, so kann er von der Erwirkung eines Schutzrechts absehen, wenn er zur Herbeiführung einer Einigung über die Schutzfähigkeit der Diensterfindung die Schiedsstelle (§ 29) anruft.**

(3) **Bei der Bemessung der Vergütung für eine Erfindung nach Absatz 1 sind auch die wirtschaftlichen Nachteile zu berücksichtigen, die sich für den Arbeitnehmer daraus ergeben, dass auf die Diensterfindung kein Schutzrecht erteilt worden ist.**

§ 17 regelt eine Ausnahme von der Pflicht des Arbeitgebers zur Anmeldung einer Diensterfindung zum Patent. Hierdurch wird auf die berechtigten Interessen des Arbeitgebers Rücksicht genommen. Voraussetzung für die Ausnahme von der Anmeldepflicht ist, dass der Arbeitgeber die Patentfähigkeit der Erfindung anerkennt. Diese Voraussetzung entfällt, falls die Schiedsstelle die Schutzunfähigkeit der Diensterfindung feststellt.

Eine Diensterfindung als Betriebsgeheimnis zu nutzen ist vorrangig für Herstell- und Anwendungsverfahren sinnvoll, die von Wettbewerbern nicht analysiert werden können. Durch die heutzutage hohe Mitarbeiterfluktuation ist es jedoch zunehmend schwierig, Betriebsgeheimnisse zu wahren. Erzeugnisprodukte, deren Analyse erhebliche Anstrengungen erfordern, können ebenfalls durch ein Betriebsgeheimnis geschützt werden.

Berechtigte Belange des Betriebs liegen vor, falls der Arbeitgeber durch ein Betriebsgeheimnis erheblich wertvollere wirtschaftliche Vorteile im Vergleich zur Anmeldung eines Patents erlangt. Das Vermeiden administrativen Aufwands und Kosten für eine Patentanmeldung sind hierbei nicht geltend zu machen. Berechtigte Belange erfordern keine zwingende Notwendigkeit. Das Erfordernis der „berechtigten Belange" stellt keine Wahlfreiheit des Arbeitgebers dar. Die Entscheidung ist grundsätzlich gerichtlich überprüfbar, wobei dem Arbeitgeber ein begrenzter Ermessensspielraum zugestanden wird.

Eine Diensterfindung wird durch Erklärung des Arbeitgebers zum Betriebsgeheimnis. Die Erklärung ist an keine Form gebunden und kann auch konkludent erfolgen. Eine konkludente Erklärung erfolgt durch schlüssiges Verhalten und wird alternativ als stillschweigende Willenserklärung bezeichnet.

Entfallen nachträglich die berechtigten Belange zur Wahrung der Diensterfindung als Betriebsgeheimnis, kann der Arbeitgeber die Diensterfindung zum Patent anmelden.

Die Erklärung einer Diensterfindung zum Betriebsgeheimnis führt zu besonderen Geheimhaltungspflichten des Arbeitgebers und des Arbeitnehmers. Erst nachdem die beabsichtigten wirtschaftlichen Vorteile nicht mehr erreichbar sind, entfallen die Geheimhaltungspflichten. Dies ist insbesondere der Fall, falls den Wettbewerbern das Betriebsgeheimnis offenkundig bekannt geworden ist.

Zur Bestätigung der Schutzunfähigkeit einer Diensterfindung kann die Schiedsstelle vom Arbeitgeber angerufen werden. Dem Arbeitnehmer steht es ebenso frei, die Schiedsstelle anzurufen, um eine Klärung der Patentfähigkeit herbeizuführen.

Der Arbeitgeber muss die Schiedsstelle anrufen, um die Schutzunfähigkeit zu klären, falls die berechtigten Belange entfallen sind und er endgültig kein Patent anmelden möchte. Dies gilt nur, falls der Arbeitnehmer einem Nichtanmelden der Diensterfindung nicht zustimmt.

Der Arbeitgeber muss außerdem die Schiedsstelle zur Klärung der Schutzunfähigkeit anrufen, falls er eine Diensterfindung zum Betriebsgeheimnis erklärt und die Patentfähigkeit der Diensterfindung nicht anerkennt. Stimmt der Arbeitnehmer der Bewertung des Arbeitgebers zu, ist ein Anrufen der Schiedsstelle nicht erforderlich.

Die Schiedsstelle führt kein Patenterteilungsverfahren durch. Das Ergebnis der Schiedsstelle stellt kein für ein amtliches Prüfungsverfahren verbindliches Ergebnis dar. Vielmehr ist die Schiedsstelle als neutraler Gutachter zu werten.

Eine Erklärung einer Diensterfindung zum Betriebsgeheimnis führt nicht zur Vergütungspflicht. Wird jedoch die Schutzfähigkeit des Betriebsgeheimnisses anerkannt, ist das Betriebsgeheimnis wie ein erteiltes Patent anzusehen, sodass drei Monate nach der Anerkennung der Schutzfähigkeit eine Vergütung fällig ist. Nach Anerkennung der Schutzfähigkeit ist ein Risikoabschlag wegen Zweifel an der Patentfähigkeit der Diensterfindung ausgeschlossen.

Bei der Vergütung sind die Nachteile zu kompensieren, die sich durch die Nichtanmeldung der Diensterfindung ergeben. Nachteilig ist insbesondere eine Beschränkung der Verwertung der Diensterfindung, um das Betriebsgeheimnis zu wahren. Außerdem ist das Risiko des Bekanntwerdens und der Verzicht des Erfinders auf die Nennung in einem Patentdokument begünstigend zu berücksichtigen. Die Dauer der Vergütungspflicht entspricht der Nutzungsdauer. Eine Pauschalvergütung ist möglich.

§ 18 Mitteilungspflicht

(1) **Der Arbeitnehmer, der während der Dauer des Arbeitsverhältnisses eine freie Erfindung gemacht hat, hat dies dem Arbeitgeber unverzüglich durch Erklärung in Textform mitzuteilen. Dabei muss über die Erfindung und, wenn dies erforderlich ist, auch über ihre Entstehung so viel mitgeteilt werden, dass der Arbeitgeber beurteilen kann, ob die Erfindung frei ist.**

(2) **Bestreitet der Arbeitgeber nicht innerhalb von drei Monaten nach Zugang der Mitteilung durch Erklärung in Textform an den Arbeitnehmer, dass die ihm mitgeteilte Erfindung frei sei, so kann die Erfindung nicht mehr als Diensterfindung in Anspruch genommen werden (§ 6).**

(3) **Eine Verpflichtung zur Mitteilung freier Erfindungen besteht nicht, wenn die Erfindung offensichtlich im Arbeitsbereich des Betriebes des Arbeitgebers nicht verwendbar ist.**

Die Paragrafen 18 und 19 betreffen freie Erfindungen, also Erfindungen, die wie Diensterfindungen während der Dauer des Arbeitsverhältnisses entstanden sind, die jedoch nicht aus betrieblichen Tätigkeiten des Arbeitnehmers stammen und die nicht auf Erfahrungen oder Arbeiten des Betriebes beruhen.

Freie Erfindungen sind nicht mit frei gewordenen Erfindungen zu verwechseln. Bei frei gewordenen Erfindungen handelt es sich um frühere Diensterfindungen, die der Arbeitgeber frei gegeben hat oder nie in Anspruch genommen hat.

Freie Erfindungen sind dem Arbeitgeber mitzuteilen. Hierdurch soll es dem Arbeitgeber ermöglicht werden, die Einschätzung als freie Erfindung durch seinen Arbeitnehmer zu überprüfen. Spätere Streitigkeiten können so in einer frühen Phase ausgeräumt werden. Um eine unnötige Belastung des Arbeitgebers zu vermeiden, ist es dem Arbeitnehmer erlaubt, eine Mitteilung einer offensichtlich für den Arbeitgeber nicht geeigneten Erfindung zu unterlassen. Zur Vermeidung späterer Streitigkeiten sollte dieses Recht vom Arbeitnehmer sparsam genutzt werden.

Eine freie Erfindung kann von ihrem Erfinder grundsätzlich frei verwertet werden. Allerdings hat der Arbeitnehmer die Verpflichtungen aus seinem Arbeitsverhältnis zu beachten. Hierzu zählen insbesondere Geheimhaltungs- und Treuepflichten. Beispielsweise ist eine geschäftliche Tätigkeit in Konkurrenz zum Arbeitgeber auszuschließen.

Die Mitteilung der freien Erfindung dem Arbeitgeber gegenüber startet eine Drei-Monatsfrist. Während dieser Frist kann der Arbeitgeber bestreiten, dass es sich um eine freie Erfindung handelt. Für seine Erklärung des Bestreitens ist die Textform erforderlich.

Die Mitteilung einer freien Erfindung unterscheidet sich inhaltlich von der Meldung einer Diensterfindung. Die Mitteilungspflicht ist erfüllt, wenn der Arbeitgeber ausreichend Informationen zur Prüfung der Einschätzung des Arbeitnehmers der Erfindung als freie Erfindung hat. Eine Mitteilung einer freien Erfindung ist daher in aller Regel deutlich weniger umfangreich im Vergleich zur Meldung einer Diensterfindung. Eine summarische Beschreibung der Entstehung der Erfindung, der Aufgabe und der Lösung dieser Aufgabe erfüllt regelmäßig die Mitteilungspflicht. Ohne eine Beschreibung dieser wesentlichen Aspekte der Erfindung wird jedoch die dem Arbeitgeber gewährte Frist zum Bestreiten nicht in Gang gesetzt.

Eine Mitteilung einer freien Erfindung ist ausnahmsweise entbehrlich, falls eine betriebsfremde Erfindung vorliegt, die offensichtlich für den Betrieb des Arbeitgebers ungeeignet ist. Hierbei ist eine wirtschaftliche Betrachtung der Verhältnisse des Betriebs erforderlich. Eine Argumentation, dass der Betrieb des Arbeitgebers für die Erfindung eine zu kleine Marktpräsenz aufweist, begründet keine Ausnahme der Mitteilungspflicht. Eine mangelnde Verwertbarkeit durch den Betrieb ist beispielsweise anzunehmen, falls es sich bei der Erfindung um ein pharmazeutisches Produkt handelt, das durch ein Sondermaschinenbauunternehmen des Arbeitgebers nicht herstellbar ist.

Die Drei-Monatsfrist zum Bestreiten des Vorliegens einer freien Erfindung soll insbesondere zu einer Klärung strittiger Ansichten zu einem frühen Zeitpunkt verhelfen. Lässt der Arbeitgeber diese Frist ungenutzt verstreichen, kann er später mit Einwänden nicht mehr gehört werden.

Mit dem Bestreiten einer freien Erfindung sollte der Arbeitgeber den Arbeitnehmer auffordern, eine ordnungsgemäße Meldung einer Diensterfindung vorzunehmen. Nach der Erfindungsmeldung kann die Diensterfindung in Anspruch genommen werden oder nach einer weiteren Prüfung des Arbeitgebers freigegeben werden.

Das Bestreiten bleibt fruchtlos, falls es sich um keine Diensterfindung, sondern eine freie Erfindung handelt. Können sich die Parteien nicht einigen, kann die Schiedsstelle zur Klärung angerufen werden oder angestrebt werden, dass sich ein ordentliches Gericht befasst.

§ 19 Anbietungspflicht
(1) **Bevor der Arbeitnehmer eine freie Erfindung während der Dauer des Arbeitsverhältnisses anderweitig verwertet, hat er zunächst dem Arbeitgeber mindestens ein nichtausschließliches Recht zur Benutzung der Erfindung zu angemessenen Bedingungen anzubieten, wenn die Erfindung im Zeitpunkt des Angebots in den vorhandenen oder vorbereiteten Arbeitsbereich des Betriebes des Arbeitgebers fällt. Das Angebot kann gleichzeitig mit der Mitteilung nach § 18 abgegeben werden.**
(2) **Nimmt der Arbeitgeber das Angebot innerhalb von drei Monaten nicht an, so erlischt das Vorrecht.**
(3) **Erklärt sich der Arbeitgeber innerhalb der Frist des Absatzes 2 zum Erwerb des ihm angebotenen Rechts bereit, macht er jedoch geltend, dass die Bedingungen des Angebots nicht angemessen seien, so setzt das Gericht auf Antrag des Arbeitgebers oder des Arbeitnehmers die Bedingungen fest.**
(4) **Der Arbeitgeber oder der Arbeitnehmer kann eine andere Festsetzung der Bedingungen beantragen, wenn sich Umstände wesentlich ändern, die für die vereinbarten oder festgesetzten Bedingungen maßgebend waren.**

Durch die Anbietungspflicht soll der Arbeitgeber die Möglichkeit erhalten, nachträglich erkannte Konkurrenzrisiken ausschließen zu können. Entscheidet sich der Arbeitnehmer, die freie Erfindung nicht zu verwerten, entfällt daher eine Anbietungspflicht.

Die Anbietungspflicht ist nicht an die Mitteilungspflicht gekoppelt. Eine freie Erfindung ist auch anzubieten, wenn sie zuvor nicht dem Arbeitgeber mitgeteilt wurde und ihm auch nicht mitzuteilen war.

Das Anbieten einer freien Erfindung stellt ein unverbindliches Angebot an den Arbeitgeber dar. Der Arbeitgeber muss das Angebot des Arbeitnehmers nicht annehmen. Das Angebot bezieht sich zumindest auf eine einfache Lizenz an der freien Erfindung. Es bleibt den Parteien unbenommen, eine ausschließliche Lizenz zu vereinbaren.

Eine Anbietungspflicht besteht nur, wenn die freie Erfindung, eventuell zumindest mittlerweile, in den Arbeitsbereich des Betriebs fällt oder fallen könnte. Eine Verwendungsmöglichkeit in einem Unternehmen, das mit dem Betrieb des Arbeitgebers in einem rechtlichen Verbund steht, bleibt unbeachtlich.

Das Angebot an den Arbeitgeber ist an keine Form gebunden, es kann daher per Email, per Telefax, per Schreiben, mündlich oder konkludent, also durch schlüssiges Verhalten, erfolgen. Dem Arbeitgeber hat die freie Erfindung angeboten zu werden, bevor eine anderweitige Verwertung gesucht wird.

Dem Arbeitgeber wird eine Drei-Monatsfrist gewährt, um das Angebot der einfachen Nutzung des Arbeitnehmers anzunehmen. Eine Annahme des Angebots erfolgt unter angemessenen Bedingungen. Eine Angemessenheit der Gegenleistung, also der Lizenzgebühr, ist gegeben, falls sie dem entspricht, was vernünftig handelnde Vertragsparteien vereinbaren würden.

Missachtet der Arbeitnehmer seine Angebotspflicht, obwohl diese bestand, entsteht ein Schadensersatzanspruch des Arbeitgebers.

§ 20 Technische Verbesserungsvorschläge
(1) **Für technische Verbesserungsvorschläge, die dem Arbeitgeber eine ähnliche Vorzugsstellung gewähren wie ein gewerbliches Schutzrecht, hat der Arbeitnehmer gegen den Arbeitgeber einen Anspruch auf angemessene Vergütung, sobald dieser sie verwertet. Die Bestimmungen der §§ 9 und 12 sind sinngemäß anzuwenden.**
(2) **Im Übrigen bleibt die Behandlung technischer Verbesserungsvorschläge der Regelung durch Tarifvertrag oder Betriebsvereinbarung überlassen.**

Ein technischer Verbesserungsvorschlag ist nicht patentfähig. Allerdings führt ein technischer Verbesserungsvorschlag dennoch zu einem wirtschaftlichen Monopol, das dem eines Patents ähnelt. Dementsprechend ist der technische Verbesserungsvorschlag analog zu einer Diensterfindung zu vergüten.

Der technische Verbesserungsvorschlag muss zu einer wirtschaftlich bevorzugten Stellung führen, wobei die technische Lehre des Verbesserungsvorschlags eine Neuerung darstellen muss, deren Verwendung durch den Arbeitgeber nicht sogleich durch die Wettbewerber erkannt und imitierbar sein darf.

Ein vergütungsfähiger technischer Verbesserungsvorschlag liegt nicht vor, falls der Verbesserungsvorschlag ein allgemein bekannter Stand der Technik darstellt. Dies gilt auch dann, falls dieser Stand der Technik von den Wettbewerbern aktuell nicht verwendet wird.

Die Vergütungspflicht ist ebenfalls zu verneinen, falls sich ein Durchschnittsfachmann die zugrunde liegende technische Lehre durch einfaches Ausprobieren oder naheliegende Überlegungen erschließen kann. Außerdem werden technische Verbesserungsvorschläge nicht bei einer Vergütung berücksichtigt, wenn Wettbewerber vergleichbare technische Lehren anwenden, die zu ähnlichen technischen Effekten führen.

Eine Vergütungspflicht ist zu bejahen, wenn die monopolartige Vorzugsstellung durch den technischen Verbesserungsvorschlag zumindest eine geraume Zeit anhält, da den Wettbewerbern keine zielführende Analyse gelingt oder diese aufgrund hoher Kosten für eine Analyse davon abgehalten werden.

Wird den Wettbewerbern, beispielsweise durch Veröffentlichungen, die technische Lehre des Verbesserungsvorschlags bekannt, stellt dies ein vergütungsschädliches Ereignis dar, das zum Ende der Vergütungspflicht führt.

Voraussetzung für eine Vergütungspflicht ist, dass der technische Verbesserungsvorschlag dem Arbeitgeber ordnungsgemäß mitgeteilt wurde. Die Mitteilung muss separat und in Textform erfolgen.

Ohne eine ordnungsgemäße Mitteilung ergibt sich kein Vergütungsanspruch. Der Arbeitgeber soll davor bewahrt werden, dass sich unerwartet ein Vergütungsanspruch gegen ihn ergibt, dem er nicht grundsätzlich im Vorhinein zugestimmt hat.

§ 22 Unabdingbarkeit
Die Vorschriften dieses Gesetzes können zuungunsten des Arbeitnehmers nicht abgedungen werden. Zulässig sind jedoch Vereinbarungen über Diensterfindungen nach ihrer Meldung, über freie Erfindungen und technische Verbesserungsvorschläge (§ 20 Abs. 1) nach ihrer Mitteilung.

Dieser Paragraf des Arbeitnehmererfindungsgesetz ist ein Schutz des Arbeitnehmers gegenüber seinem Arbeitgeber. Er soll davor bewahrt werden, beispielsweise aus Sorge um seinen Arbeitsplatz, Vereinbarungen zuzustimmen, die sich später als wirtschaftlich nachteilig erweisen.

Für den Arbeitnehmer nachteilige Regelungen über zukünftige Erfindungen widersprechen dem § 22. Regelungen in Arbeitsverträgen, die zuungunsten des Arbeitnehmers Bestimmungen zu Diensterfindungen oder technischen Verbesserungsvorschlägen enthalten, sind regelmäßig unzulässig und daher unwirksam. Widerspricht ein Gewohnheitsrecht, das sich durch betriebliche Übung herausgebildet hat, dem § 22, so ist es ebenso unzulässig.

Liegt die fertige Erfindung vor, kann der Arbeitnehmer die wirtschaftliche Bedeutung seiner Entscheidungen bzw. Vereinbarungen mit seinem Arbeitgeber abschätzen und es wird der Vertragsfreiheit der Vorrang vor einer allgemeinen Schutzfunktion gegeben.

Erfindungen des Arbeitnehmers, die vor oder nach dem Arbeitsverhältnis, fertiggestellt wurden, fallen nicht unter den Schutz des § 22. Für Vereinbarungen mit Dritten ist der Paragraf ebenso nicht einschlägig, es sei denn, der Dritte steht in einer besonderen Beziehung zum Arbeitgeber. Dies kann insbesondere der Fall sein, falls sich der Dritte mit dem Arbeitgeber in einem Konzernverbund befindet.

Die Unabdingbarkeit bezieht sich auf alle Regelungen des Arbeitnehmererfindungs-gesetz. Die Amtlichen Vergütungsrichtlinien sind rechtlich unverbindlich und sind daher aus der Unabdingbarkeit des § 22 ausgenommen. Allerdings gelten für Regelungen zur Vergütung die Vorgabe der Angemessenheit des § 9 Absatz 1, 14 Absatz 3, § 16 Absatz 3, § 20 Absatz 1 Arbeitnehmererfindungsgesetz.

Die Regelung stellt allein auf die Schlechterstellung des Arbeitnehmers ab. Es ist dabei ohne Belang, von wem die Initiative zur Vereinbarung ausging. Selbst wenn der Arbeit-nehmer die betreffende Regelung vorgeschlagen hat, kann sie unzulässig sein.

Regelungen, die potenziell zur Schlechterstellung des Arbeitnehmers führen können, bei der Bewertung oder Handhabung seiner Erfindungen, die während des Arbeits-verhältnisses geschaffen werden, fallen ebenso unter den § 22 und sind unzulässig. Regelungen, die zum Vorteil oder zum Nachteil des Arbeitnehmers ausgehen können, wobei der Arbeitnehmer nicht im Voraus die nachteiligen Effekte und deren wirtschaft-liche Bedeutung ermessen kann, sind unzulässig.

Eine Regelung, auf die die Voraussetzungen des § 22 zutrifft, ist nichtig. Es ist dabei unerheblich, ob den Parteien der § 22 bekannt gewesen ist.

§ 23 Unbilligkeit

(1) **Vereinbarungen über Diensterfindungen, freie Erfindungen oder technische Verbesserungsvorschläge (§ 20 Abs. 1), die nach diesem Gesetz zulässig sind, sind unwirksam, soweit sie in erheblichem Maße unbillig sind. Das gleiche gilt für die Festsetzung der Vergütung (§ 12 Abs. 4).**

(2) **Auf die Unbilligkeit einer Vereinbarung oder einer Festsetzung der Vergütung können sich Arbeitgeber und Arbeitnehmer nur berufen, wenn sie die Unbillig-keit spätestens bis zum Ablauf von sechs Monaten nach Beendigung des Arbeitsverhältnisses durch Erklärung in Textform gegenüber dem anderen Teil geltend machen.**

Der § 23 stellt einen Schutz für Arbeitnehmer und Arbeitgeber dar und kann von beiden Parteien in Anspruch genommen werden. Die Unbilligkeit kann auch nach Ausscheiden des Arbeitnehmers vorgebracht werden. Allerdings ist dies nur innerhalb einer Sechs-Monatsfrist nach Ende des Arbeitsvertrags möglich.

Der § 23 ist ausschließlich auf schutzfähige Erfindungen und technische Verbesserungs-vorschläge anwendbar. Eine analoge Anwendung auf nicht schutzfähige Arbeitsergeb-nisse des Arbeitnehmers scheidet aus.

Die vom § 23 geforderte Unbilligkeit in erheblichem Maße liegt vor, falls eine Verein-barung zwischen dem Arbeitnehmer und dem Arbeitgeber in erheblichem Maße davon abweicht, was tatsächlich geschuldet ist. Tritt ein erhebliches Missverhältnis zwischen der Leistung und der Gegenleistung ein, liegt Unbilligkeit gemäß dem § 23 vor.

Eine erhebliche Unbilligkeit einer Regelung liegt vor, falls sie dem Gerechtigkeitsdenken eines vernünftig Denkenden in besonderem Maße zuwiderläuft. Eine Vereinbarkeit der Regelung mit dem rechtlichen Grundsatz von Treu und Glauben nach dem § 242 BGB muss ausgeschlossen sein. Die erhebliche Unbilligkeit muss daher objektiv gegeben sein und nicht nur subjektiv empfunden sein. Unbilligkeit muss bereits zum Zeitpunkt der Vereinbarung gegeben sein.

Erhebliche Unbilligkeit einer Vergütungsvereinbarung oder Vergütungsfestsetzung liegt vor, falls sich objektiv ein erhebliches Missverhältnis zwischen der vereinbarten oder festgesetzten Vergütung und dem gesetzlich vorgesehenen ergibt. Die Gründe, die zur Differenz führen, sind unbeachtlich.

Eine erhebliche Unbilligkeit liegt spätestens vor, wenn die vereinbarte Vergütung um 50 % von der gesetzlichen Regelung abweicht. Dies gilt für vier- bis fünfstellige Beträge. Ab sechsstelligen Beträgen, die sich durch die gesetzlichen Regelungen ergeben würden, sinkt diese Erheblichkeitsschwelle auf ungefähr 25 %.

Wurde für eine gering genutzte Erfindung eine Pauschalvergütung vereinbart, die nach den gesetzlichen Vorgaben nur eine geringe vierstellige oder darunterliegende Vergütung zur Folge hat, ist auch eine Differenz von wenig mehr als 50 % nicht ausreichend, um eine erhebliche Unbilligkeit festzustellen.

Eine erhebliche Unbilligkeit ist mit einer Erklärung in Textform geltend zu machen. Die Erklärung kann während der Dauer des Arbeitsverhältnisses jederzeit wirksam abgegeben werden. Nach Ende des Arbeitsvertrags beginnt eine Sechs-Monatsfrist, nach deren Auslaufen eine entsprechende Erklärung ohne Rechtswirkung ist.

Eine Verjährung gibt es bei der Unbilligkeit nicht. Das Ende der Möglichkeit, eine Erklärung zur Unbilligkeit nach § 23 abzugeben, ist allein durch die Sechs-Monatsfrist nach Beendigung des Arbeitsvertrags gekennzeichnet.

§ 24 Geheimhaltungspflicht

(1) **Der Arbeitgeber hat die ihm gemeldete oder mitgeteilte Erfindung eines Arbeitnehmers so lange geheim zu halten, als dessen berechtigte Belange dies erfordern.**
(2) **Der Arbeitnehmer hat eine Diensterfindung so lange geheim zu halten, als sie nicht frei geworden ist (§ 8).**
(3) **Sonstige Personen, die aufgrund dieses Gesetzes von einer Erfindung Kenntnis erlangt haben, dürfen ihre Kenntnis weder auswerten noch bekanntgeben.**

Der Arbeitgeber und der Arbeitnehmer sind verpflichtet eine Erfindung, Diensterfindung oder freie Erfindung, solange geheim zu halten, bis eine Bekanntmachung für die andere Partei keinen Schaden bedeutet. Bei dieser Regelung geht es insbesondere darum, die Schutzfähigkeit der Erfindung zu erhalten.

Für technische Verbesserungsvorschläge ist eine Geheimhaltung von besonderer Bedeutung. Dennoch kann eine Verschwiegenheitsverpflichtung für technische Verbesserungsvorschläge aus dem § 24 nicht abgeleitet werden. Hierbei bleibt es bei den Fürsorge- und Treuepflichten, die sich aus einem Arbeitsverhältnis ergeben.

Für den Arbeitgeber gilt die Geheimhaltungsverpflichtung ab dem Zeitpunkt, ab dem ihm eine Erfindung gemeldet oder mitgeteilt wurde. Hierdurch kann der Arbeitgeber verpflichtet sein, Schutzmaßnahmen oder organisatorische Maßnahmen zu ergreifen, um die Geheimhaltung der Erfindung zu wahren.

Die Geheimhaltungsverpflichtung bedeutet, dass eine aktive Bekanntgabe durch Veröffentlichung nicht erlaubt ist. Jede verpflichtete Partei hat außerdem Möglichkeiten, dass sich Dritte über die Erfindung informieren können, zu eliminieren. Die Geheimhaltungsverpflichtung erstreckt sich nicht auf Tätigkeiten der Auswertung oder Analyse der Erfindung, die der Vorbereitung der Verwertung der Erfindung dienen. Außerdem gilt die Verpflichtung nicht gegenüber Personen, die vertraglich, beispielsweise arbeitsvertraglich, oder gesetzlich zur Verschwiegenheit verpflichtet sind.

Die Verpflichtung zur Geheimhaltung ist nicht an das Arbeitsverhältnis gekoppelt. Die Verschwiegenheitsverpflichtung dauert daher auch nach dem Ende des Arbeitsvertrags fort.

Eine Verletzung der Geheimhaltungspflicht führt zu einem Schadensersatzanspruch der anderen Partei.

§ 25 Verpflichtungen aus dem Arbeitsverhältnis

Sonstige Verpflichtungen, die sich für den Arbeitgeber und den Arbeitnehmer aus dem Arbeitsverhältnis ergeben, werden durch die Vorschriften dieses Gesetzes nicht berührt, soweit sich nicht daraus, dass die Erfindung frei geworden ist (§ 8), etwas anderes ergibt.

Der § 25 soll verdeutlichen, dass die Verpflichtungen aus dem Arbeitsverhältnis durch Regelungen des Arbeitnehmererfindungsgesetz nicht eingeschränkt oder aufgehoben werden. Es bleiben daher alle arbeitsrechtlichen Pflichten bestehen.

§ 26 Auflösung des Arbeitsverhältnisses

Die Rechte und Pflichten aus diesem Gesetz werden durch die Auflösung des Arbeitsverhältnisses nicht berührt.

Das Ende des Arbeitsvertrags bedeutet nicht eine Beendigung der Rechte und Pflichten aus dem Arbeitnehmererfindungsgesetz. Eine Auflösung des Arbeitsverhältnisses stellt insbesondere eine ordentliche oder außerordentliche Kündigung, ein Aufhebungsvertrag oder der Zeitablauf einer befristeten Beschäftigung dar. Außerdem ist der Ablauf eines Arbeitsvertrags wegen Eintritts in den Rentnerstatus ein Grund der Beendigung eines Arbeitsverhältnisses.

§ 27 Insolvenzverfahren

Wird nach Inanspruchnahme der Diensterfindung das Insolvenzverfahren über das Vermögen des Arbeitgebers eröffnet, so gilt folgendes:

1. **Veräußert der Insolvenzverwalter die Diensterfindung mit dem Geschäftsbetrieb, so tritt der Erwerber für die Zeit von der Eröffnung des Insolvenzverfahrens an in die Vergütungspflicht des Arbeitgebers ein.**
2. **Verwertet der Insolvenzverwalter die Diensterfindung im Unternehmen des Schuldners, so hat er dem Arbeitnehmer eine angemessene Vergütung für die Verwertung aus der Insolvenzmasse zu zahlen.**
3. **In allen anderen Fällen hat der Insolvenzverwalter dem Arbeitnehmer die Diensterfindung sowie darauf bezogene Schutzrechtspositionen spätestens nach Ablauf eines Jahres nach Eröffnung des Insolvenzverfahrens anzubieten; im Übrigen gilt § 16 entsprechend. Nimmt der Arbeitnehmer das Angebot innerhalb von zwei Monaten nach dessen Zugang nicht an, kann der Insolvenzverwalter die Erfindung ohne Geschäftsbetrieb veräußern oder das Recht aufgeben. Im Fall der Veräußerung kann der Insolvenzverwalter mit dem Erwerber vereinbaren, dass sich dieser verpflichtet, dem Arbeitnehmer die Vergütung nach § 9 zu zahlen. Wird eine solche Vereinbarung nicht getroffen, hat der Insolvenzverwalter dem Arbeitnehmer die Vergütung aus dem Veräußerungserlös zu zahlen.**
4. **Im Übrigen kann der Arbeitnehmer seine Vergütungsansprüche nach den §§ 9 bis 12 nur als Insolvenzgläubiger geltend machen.**

In die Insolvenzmasse fallen sämtliche Neuerungen, die dem Arbeitgeber gehören, insbesondere technische Verbesserungsvorschläge, und in Anspruch genommene Diensterfindungen.

§ 28 Gütliche Einigung
In allen Streitfällen zwischen Arbeitgeber und Arbeitnehmer aufgrund dieses Gesetzes kann jederzeit die Schiedsstelle angerufen werden. Die Schiedsstelle hat zu versuchen, eine gütliche Einigung herbeizuführen.

Die Schiedsstelle fällt keine Entscheidungen, sondern soll auf eine gütliche Einigung des Arbeitgebers mit seinem Arbeitnehmer hinwirken. Außerdem kann die Schiedsstelle angerufen werden, eine Bewertung der Schutzfähigkeit einer betriebsgeheimen Diensterfindung durchzuführen.

Die Schiedsstelle wird nur tätig, falls sich sowohl der Arbeitgeber als auch der Arbeitnehmer auf ein Schiedsverfahren einlassen. Andernfalls wäre das Ziel der Schiedsstelle, eine gütliche Einigung zu erzielen, von vornherein ausgeschlossen und die Tätigkeit der Schiedsstelle eine sinnlose Förmelei.

Die Schiedsstelle kann bei allen Streitigkeiten des Arbeitgebers mit seinem Arbeitnehmer angerufen werden, die sich um das Arbeitnehmererfindungsgesetz drehen. Bei einem bestehenden Arbeitsverhältnis ist ein abgeschlossenes Schiedsstellenverfahren Voraussetzung für ein gerichtliches Verfahren. Ist das Arbeitsverhältnis beendet, ist das Anrufen der Schiedsstelle optional.

Ein freier Mitarbeiter, ein Handelsvertreter, ein Geschäftsführer oder ein Vorstandsmitglied kann nicht die Schiedsstelle anrufen. Dies gilt auch dann, wenn bei deren Arbeitsvertrag das Arbeitnehmererfindungsgesetz als Bestandteil des Arbeitsvertrags bestimmt wurde. Erben steht das Schiedsstellenverfahren offen.

Die Schiedsstelle kann nur bei einem berechtigten Interesse angerufen werden. Der Arbeitgeber und der Arbeitnehmer müssen ein Rechtsschutzinteresse haben, um ein Schiedsstellenverfahren initiieren zu können. Es besteht keine Möglichkeit der Anrufung der Schiedsstellen, falls bereits eine Einigung, ein Einigungsvorschlag oder eine gerichtliche Entscheidung vorliegt.

Die Schiedsstelle kann nicht mehrere Male in derselben Angelegenheit angerufen werden. Liegt bereits ein Einigungsvorschlag der Schiedsstelle vor, kann die Schiedsstelle nicht ein zweites Mal angerufen werden.

Zur Anrufung der Schiedsstelle gibt es keine Frist. Die Schiedsstelle kann jederzeit, auch jederzeit nach Ende des Arbeitsverhältnisses, angerufen werden. Allerdings ist ein

Rechtsschutzinteresse erforderlich. Es ist sogar zulässig, bei einem anhängigen Gerichtsverfahren die Schiedsstelle in derselben Angelegenheit anzurufen.

§ 29 Errichtung der Schiedsstelle
(1) **Die Schiedsstelle wird beim Patentamt errichtet.**
(2) **Die Schiedsstelle kann außerhalb ihres Sitzes zusammentreten.**

Die Schiedsstelle ist beim Deutschen Patent- und Markenamt in München untergebracht. Die Adresse der Schiedsstelle lautet: Zweibrückenstraße 12, 80331 München.

Die Schiedsstelle ist eine eigene Behörde. Sie ist keine Abteilung des deutschen Patentamts, sondern stellt einen eigenständigen Spruchkörper dar. Allerdings hat der Präsident des deutschen Patentamts die Dienstaufsicht über den Vorsitzenden der Schiedsstelle inne.

Grundsätzlich kann die Schiedsstelle, beispielsweise zur Inaugenscheinnahme, außerhalb ihres Sitzes in München tagen. Von dieser Möglichkeit macht die Schiedsstelle kaum Gebrauch.

§ 30 Besetzung der Schiedsstelle
(1) **Die Schiedsstelle besteht aus einem Vorsitzenden oder seinem Vertreter und zwei Beisitzern.**
(2) **Der Vorsitzende und sein Vertreter sollen die Befähigung zum Richteramt nach dem Deutschen Richtergesetz besitzen. Sie werden vom Bundesminister der Justiz für die Dauer von vier Jahren berufen. Eine Wiederberufung ist zulässig.**
(3) **Die Beisitzer sollen auf dem Gebiet der Technik, auf das sich die Erfindung oder der technische Verbesserungsvorschlag bezieht, besondere Erfahrung besitzen. Sie werden vom Präsidenten des Patentamts aus den Mitgliedern oder Hilfsmitgliedern des Patentamts für den einzelnen Streitfall berufen.**
(4) **Auf Antrag eines Beteiligten ist die Besetzung der Schiedsstelle um je einen Beisitzer aus Kreisen der Arbeitgeber und der Arbeitnehmer zu erweitern. Diese Beisitzer werden vom Präsidenten des Patentamts aus Vorschlagslisten ausgewählt und für den einzelnen Streitfall bestellt. Zur Einreichung von Vorschlagslisten sind berechtigt die in § 11 genannten Spitzenorganisationen, ferner die Gewerkschaften und die selbstständigen Vereinigungen von Arbeitnehmern mit sozial- oder berufspolitischer Zwecksetzung, die keiner dieser Spitzenorganisationen angeschlossen sind, wenn ihnen eine erhebliche Zahl von Arbeitnehmern angehört, von denen nach der ihnen im Betrieb obliegenden Tätigkeit erfinderische Leistungen erwartet werden.**
(5) **Der Präsident des Patentamts soll den Beisitzer nach Absatz 4 aus der Vorschlagsliste derjenigen Organisation auswählen, welcher der Beteiligte**

angehört, wenn der Beteiligte seine Zugehörigkeit zu einer Organisation vor der Auswahl der Schiedsstelle mitgeteilt hat.

(6) **Die Dienstaufsicht über die Schiedsstelle führt der Vorsitzende, die Dienstaufsicht über den Vorsitzenden der Präsident des Patentamts. Die Mitglieder der Schiedsstelle sind an Weisungen nicht gebunden.**

Die Schiedsstelle setzt sich aus einem Vorsitzenden, dessen Vertreter und zwei Beisitzer zusammen. Bei dem Vorsitzenden und seinem Vertreter handelt es sich um Volljuristen. Die Beisitzer sind technische Mitglieder, die aus dem Patentamt berufen werden. Die Schiedsstelle weist daher juristische und technische Kompetenz auf. Die Beisitzer werden für einen einzelnen Streitfall berufen. Der Vorsitzende wird längerfristig durch den Bundesminister der Justiz bestellt. Hierdurch können je nach dem technischen Gebiet Experten als Beisitzer zur Verfügung gestellt werden, wobei der Vorsitzende eine rechtliche Konstanz über die verschiedenen technischen Gebiete hinweg sicherstellt.

Auf Antrag eines Verfahrensbeteiligten kann die Schiedsstelle um einen Beisitzer aus dem Kreis der Arbeitgeber und einen Beisitzer aus dem Kreis der Arbeitnehmer erweitert werden. Hierdurch umfasst die Schiedsstelle fünf Personen. Der Antragsteller kann in seiner Anrufung der Schiedsstelle eine Erweiterung beantragen. Der Antragsgegner kann eine Erweiterung innerhalb einer Frist von zwei Wochen nach Zustellung der Anrufung der Schiedsstelle beantragen. Eine Begründung ist jeweils nicht erforderlich.

§ 31 Anrufung der Schiedsstelle

(1) **Die Anrufung der Schiedsstelle erfolgt durch schriftlichen Antrag. Der Antrag soll in zwei Stücken eingereicht werden. Er soll eine kurze Darstellung des Sachverhalts sowie Namen und Anschrift des anderen Beteiligten enthalten.**

(2) **Der Antrag wird vom Vorsitzenden der Schiedsstelle dem anderen Beteiligten mit der Aufforderung zugestellt, sich innerhalb einer bestimmten Frist zu dem Antrag schriftlich zu äußern.**

Die Schiedsstelle kann von einer der Arbeitsvertragsparteien angerufen werden. Ein Anwaltszwang besteht nicht. Die Anrufung erfolgt durch einen schriftlichen Antrag. Dem Antrag muss zu entnehmen sein, wer die Verfahrensbeteiligten sind. Der Antrag erfordert Schriftform. Eine Email oder ein Fax erfüllen nicht die Schriftform.

Der Antrag an die Schiedsstelle hat neben der Erwähnung der Verfahrensbeteiligten den Sachverhalt zu erläutern. Eine umfassende und detaillierte Beschreibung ist im Sinne eines ökonomischen Verfahrens zu empfehlen. Der Antrag ist zu unterschreiben. Der Antrag ist in zweifacher Ausführung einzureichen.

Der Antrag wird von der Schiedsstelle der Gegenseite zugesandt, verbunden mit einer Aufforderung, sich innerhalb einer vorgegebenen Frist schriftlich zu äußern. Die Frist zur Äußerung ist typischerweise zwischen einem und zwei Monaten.

Die Äußerung der Gegenseite betrifft zunächst die Frage, ob sich die Gegenseite auf das Schiedsverfahren einlässt. Außerdem wird die Gegenseite aufgefordert, sich inhaltlich zum Antrag des Antragstellers zu äußern.

Der Antrag kann vom Antragsteller bis zur Äußerung des Antragsgegners zurückgenommen werden. Danach ist eine Rücknahme des Antrags nur mit Einwilligung des Antragsgegners zulässig.

§ 32 Antrag auf Erweiterung der Schiedsstelle
Der Antrag auf Erweiterung der Besetzung der Schiedsstelle ist von demjenigen, der die Schiedsstelle anruft, zugleich mit der Anrufung (§ 31 Abs. 1), von dem anderen Beteiligten innerhalb von zwei Wochen nach Zustellung des die Anrufung enthaltenden Antrags (§ 31 Abs. 2) zu stellen.

Der Antragsteller kann zugleich mit seinem Antrag eine Erweiterung der Schiedsstelle beantragen. Der Antragsgegner kann eine Erweiterung innerhalb von zwei Wochen nach Zustellung des die Anrufung enthaltenden Antrags stellen. Eine Begründung ist jeweils nicht erforderlich.

§ 33 Verfahren vor der Schiedsstelle
(1) **Auf das Verfahren vor der Schiedsstelle sind §§ 41 bis 48, 1042 Abs. 1 und § 1050 der Zivilprozessordnung sinngemäß anzuwenden. § 1042 Abs. 2 der Zivilprozessordnung ist mit der Maßgabe sinngemäß anzuwenden, dass auch Patentanwälte und Erlaubnisscheininhaber (Artikel 3 des Zweiten Gesetzes zur Änderung und Überleitung von Vorschriften auf dem Gebiet des gewerblichen Rechtsschutzes vom 2. Juli 1949 – WiGBl. S. 179) sowie Verbandsvertreter im Sinne des § 11 des Arbeitsgerichtsgesetzes von der Schiedsstelle nicht zurückgewiesen werden dürfen.**
(2) **Im Übrigen bestimmt die Schiedsstelle das Verfahren selbst.**

Das Schiedsstellenverfahren beginnt mit dem Antrag zur Anrufung der Schiedsstelle und endet mit der ausdrücklichen Annahme eines Einigungsvorschlags durch die Verfahrensbeteiligten oder durch die Annahme des Einigungsvorschlags aufgrund des Ausbleibens eines Widerspruchs der Verfahrensbeteiligten oder dadurch, dass zumindest ein Verfahrensbeteiligter einen Widerspruch einlegt, wodurch das Schiedsstellenverfahren gescheitert ist. Außerdem kann das Schiedsstellenverfahren durch Zurücknahme des Antrags durch den Antragsteller beendet werden.

Einem Schiedsstellenverfahren können weitere Verfahrensbeteiligte beitreten, falls die Schiedsstelle dies für verfahrensökonomisch und sachgerecht ansieht. Weitere Verfahrensbeteiligte könnten beispielsweise Miterfinder sein.

Bevor die Schiedsstelle einen Einigungsvorschlag zustellt, hat sie jedem Verfahrensbeteiligten ausreichendes rechtliches Gehör zu verschaffen. Sie hat sicherzustellen, dass jeder Verfahrensbeteiligte zu jeder Tatsache und zu jedem Beweismittel, das zur Grundlage des Einigungsvorschlags der Schiedsstelle beiträgt, gehört wurde. Außerdem muss wesentliches Vorbringen einer Partei der anderen Partei zur Kenntnis gebracht werden, damit sie sich hierzu äußern kann.

Es gilt der Gleichbehandlungsgrundsatz, wonach keine Partei einen Vorzug vor der anderen Partei erfahren darf.

Außerdem besteht bei dem Schiedsstellenverfahren ein Mitwirkungsgebot. Die Verfahrensbeteiligten sind grundsätzlich zur Mitwirkung verpflichtet. Lassen sich die Verfahrensbeteiligten auf das Schiedsstellenverfahren ein, ist von ihnen eine geeignete Mitwirkung zu erwarten, um das Ziel einer gütlichen Einigung zu erreichen.

Ein Ausbleiben der Mitwirkung führt zu keinen Sanktionen. Eine für eine Partei nachteilige Auswirkung auf den Einigungsvorschlag der Schiedsstelle aufgrund ihrer mangelnden Mitwirkung, ist dann von der betreffenden Partei hinzunehmen.

Die Schiedsstelle wird eine Angelegenheit nicht bis in das letzte Detail ausleuchten, sondern nach Erlangen eines geeigneten Überblicks eine weitere Ermittlung einstellen. Hierbei ist auf ein sinnvolles Verhältnis von Aufwand und erzielbarem Erkenntnisgewinn zu achten. Sodann wird den Arbeitsvertragsparteien ein begründeter Einigungsvorschlag unterbreitet.

Bei dem Schiedsstellenverfahren handelt es sich um ein einem Gerichtsverfahren vorgeschaltetes Verfahren. Entsprechend sollte das Schiedsstellenverfahren ein beschleunigtes, kurzes und teilweise rudimentäres Verfahren sein, wobei es weitgehend ausgenommen von besonderen Förmlichkeiten sein sollte.

Das Schiedsstellenverfahren ist in aller Regel ein schnelles Verfahren. Die Fristen zur Äußerung vor der Schiedsstelle sind kurz. Typischerweise werden nur ein bis zwei Monate zur Erwiderung einer Eingabe der Gegenseite gewährt. Eine Fristverlängerung wird nur selten gegeben bzw. sie wird von der Zustimmung der anderen Partei abhängig gemacht. Typischerweise erhalten die Verfahrensbeteiligten zweimal Gelegenheit, ihre Argumente vorzubringen. Nach dem Austauschen der Argumente der Parteien berät die Schiedsstelle über die Angelegenheit. Diese abschließende Phase kann vier bis fünf Monate dauern.

Ein Unterbrechen des Schiedsstellenverfahrens ist auf Antrag mit Zustimmung der Gegenpartei möglich, falls die Schiedsstelle es für sachdienlich erachtet. Allerdings wird in aller Regel nur eine zeitlich begrenzte Unterbrechung zugelassen.

Falls eine mündliche Erörterung vor der Schiedsstelle erfolgt, ist diese nicht öffentlich. Stimmen die Verfahrensbeteiligten zu, kann öffentlich verhandelt werden.

Eine Einsicht in die Akten der Schiedsstelle für Dritte ist ausgeschlossen. Das gilt auch dann, falls der Dritte ein Rechtsschutzinteresse nachweisen kann. Allerdings veröffentlicht die Schiedsstelle anonymisierte Einigungsvorschläge, damit sich die Arbeitsvertragsparteien über die Praxis der Schiedsstelle informieren können.

In seltenen Ausnahmefällen werden von der Schiedsstelle Zeugen- oder Sachverständigenvernehmungen durchgeführt. Die Verfahrensbeteiligten haben bei einer Vernehmung ein Anwesenheitsrecht.

Bei einem Verfahren vor der Schiedsstelle besteht kein Anwaltszwang. Allerdings bleibt es einem Verfahrensbeteiligten unbenommen, einen Vertreter zu benennen. Insbesondere kann ein Patentanwalt oder ein Rechtsanwalt mit der Vertretung vor der Schiedsstelle beauftragt werden. Ein Vertreter hat eine schriftliche Bevollmächtigung einzureichen.

Das Schiedsstellenverfahren ist in aller Regel ein schriftliches Verfahren. Eine mündliche Erörterung wird nur terminiert, falls es sich um besonders komplexe Sachverhalte handelt, deren Klärung eine mündliche Verhandlung geboten erscheint. Dies kann insbesondere bei einer Vielzahl von Erfindern erforderlich sein. Die Schiedsstelle kann über die Notwendigkeit einer mündlichen Erörterung frei befinden und ist nicht an Anträge der Verfahrensbeteiligten gebunden.

Die Schiedsstelle ist grundsätzlich nicht an Anträge der Verfahrensbeteiligten gebunden. Dies gilt auch für Anträge zur Zeugen- oder Sachverständigenvernehmung. Die Schiedsstelle kann einer Partei auch mehr zuerkennen, als diese beantragt hat. Die Schiedsstelle ist nicht an den Grundsatz „ne ultra petitum" gebunden.

§ 34 Einigungsvorschlag der Schiedsstelle
(1) **Die Schiedsstelle fasst ihre Beschlüsse mit Stimmenmehrheit, § 196 Abs. 2 des Gerichtsverfassungsgesetzes ist anzuwenden.**
(2) **Die Schiedsstelle hat den Beteiligten einen Einigungsvorschlag zu machen. Der Einigungsvorschlag ist zu begründen und von sämtlichen Mitgliedern der Schiedsstelle zu unterschreiben. Auf die Möglichkeit des Widerspruchs und die Folgen bei Versäumung der Widerspruchsfrist ist in dem Einigungsvorschlag hinzuweisen. Der Einigungsvorschlag ist den Beteiligten zuzustellen.**

(3) **Der Einigungsvorschlag gilt als angenommen und eine dem Inhalt des Vorschlags entsprechende Vereinbarung als zustande gekommen, wenn nicht innerhalb eines Monats nach Zustellung des Vorschlages ein schriftlicher Widerspruch eines der Beteiligten bei der Schiedsstelle eingeht.**

(4) **Ist einer der Beteiligten durch unabwendbaren Zufall verhindert worden, den Widerspruch rechtzeitig einzulegen, so ist er auf Antrag wieder in den vorigen Stand einzusetzen. Der Antrag muss innerhalb eines Monats nach Wegfall des Hindernisses schriftlich bei der Schiedsstelle eingereicht werden. Innerhalb dieser Frist ist der Widerspruch nachzuholen. Der Antrag muss die Tatsachen, auf die er gestützt wird, und die Mittel angeben, mit denen diese Tatsachen glaubhaft gemacht werden. Ein Jahr nach Zustellung des Einigungsvorschlages kann die Wiedereinsetzung nicht mehr beantragt und der Widerspruch nicht mehr nachgeholt werden.**

(5) **Über den Wiedereinsetzungsantrag entscheidet die Schiedsstelle. Gegen die Entscheidung der Schiedsstelle findet die sofortige Beschwerde nach den Vorschriften der Zivilprozessordnung an das für den Sitz des Antragstellers zuständige Landgericht statt.**

Das Ergebnis des Schiedsstellenverfahrens ist der Einigungsvorschlag der Schiedsstelle. Es handelt sich um die abschließende Stellungnahme der Schiedsstelle. Wird kein fristgerechter Widerspruch eingereicht, erlangt der Einigungsvorschlag Bindungswirkung. In der Praxis wird in der überwiegenden Mehrheit der Fälle der Einigungsvorschlag von den Verfahrensbeteiligten akzeptiert.

Der Einigungsvorschlag stellt einen Vorschlag zur Vereinbarung dar, der sich aus einem förmlichen Verfahren ergeben hat. Der Einigungsvorschlag hat keine Bindungswirkung, bis zum Zeitpunkt, an dem die Fristen der Verfahrensbeteiligen zum Widerspruch abgelaufen sind und kein Widerspruch eingereicht wurde.

Ist ein Schiedsverfahren gescheitert, eröffnet sich für die Arbeitsvertragsparteien der Klageweg vor einem ordentlichen Gericht. Ist das Arbeitsverhältnis bereits beendet, ist das Schiedsstellenverfahren nicht obligatorisch vor ein gerichtliches Verfahren geschaltet.

Der Einigungsvorschlag der Schiedsstelle ist begründet, um den Parteien die Möglichkeit zu verschaffen, das Ergebnis des Schiedsstellenverfahrens nachzuvollziehen und zu prüfen. Die Begründung umfasst insbesondere die entscheidenden Aspekte und Tatsachen, die zum Einigungsvorschlag geführt haben.

Der Einigungsvorschlag wird den Verfahrensbeteiligten zugestellt. Nach der Zustellung des Einigungsvorschlags beginnt die jeweilige Widerspruchsfrist zu laufen. Je nach dem

Tag der Zustellung können die Fristen der Verfahrensbeteiligten an unterschiedlichen Tagen enden.

Der Einigungsvorschlag gilt als angenommen, falls nicht innerhalb eines Monats ab Zustellung ein Widerspruch eingereicht wird. Der Widerspruch muss in schriftlicher Form bei der Schiedsstelle eingereicht werden. Nach Ablauf der Ein-Monatsfrist ist ein Widerspruch unzulässig.

Der Widerspruch ist als Schreiben oder als Telefax bei der Schiedsstelle einzureichen. Der Widerspruch ist nicht zu begründen. Ein Widerspruch, der sich nur auf Teile des Einigungsvorschlags bezieht, wird als Widerspruch gegen den kompletten Einigungsvorschlag ausgelegt. Es gibt keinen Teil-Widerspruch. Der Einigungsvorschlag kann daher nur komplett oder nicht angenommen werden bzw. ihm widersprochen werden.

Die Rechtsfolge des Widerspruchs ist, dass ein Schiedsstellenverfahren gescheitert ist und der Einigungsvorschlag keine Rechtswirkung entfaltet. Ein gescheitertes Schiedsstellenverfahren verpflichtet nicht dazu, ein gerichtliches Verfahren zu beginnen.

Eine Rücknahme eines Widerspruchs, um den Einigungsvorschlag wieder aufleben zu lassen, ist nicht möglich. Es ist jedoch jederzeit möglich, dass auf Basis des Einigungsvorschlags die Arbeitsvertragsparteien eine Vereinbarung eingehen. Der Einigungsvorschlag kann hierbei abgeändert werden.

Nach einem gescheiterten Schiedsstellenverfahren ist das nochmalige Anrufen der Schiedsstelle ausgeschlossen. Ändern sich jedoch die Umstände wesentlich, kann die Schiedsstelle erneut angerufen werden.

§ 35 Erfolglose Beendigung des Schiedsverfahrens
(1) **Das Verfahren vor der Schiedsstelle ist erfolglos beendet,**
    1. **wenn sich der andere Beteiligte innerhalb der ihm nach § 31 Abs. 2 gesetzten Frist nicht geäußert hat;**
    2. **wenn er es abgelehnt hat, sich auf das Verfahren vor der Schiedsstelle einzulassen;**
    3. **wenn innerhalb der Frist des § 34 Abs. 3 ein schriftlicher Widerspruch eines der Beteiligten bei der Schiedsstelle eingegangen ist.**
(2) **Der Vorsitzende der Schiedsstelle teilt die erfolglose Beendigung des Schiedsverfahrens den Beteiligten mit.**

Die Teilnahme an einem Schiedsverfahren kann nicht erzwungen werden. Es kann außerdem nach Abschluss des Schiedsverfahrens den Beteiligten nur ein unverbindlicher Einigungsvorschlag unterbreitet werden, der entgegen den Willen der Verfahrensbeteiligten keine Rechtswirkung entfaltet.

Ein Schiedsverfahren ist gescheitert, wenn sich der Antragsgegner nicht auf das Verfahren einlässt.

Durch die Auflösung eines Arbeitsverhältnisses endet ein Schiedsverfahren nicht automatisch. Die ehemaligen Arbeitsvertragsparteien bleiben Verfahrensbeteiligte des Verfahrens.

Ein Scheitern des Schiedsverfahrens ist von der Schiedsstelle den Verfahrensbeteiligten mitzuteilen. Erst durch die Mitteilung eröffnet sich bei bestehendem Arbeitsverhältnis der Klageweg. Das Scheitern des Schiedsverfahrens bedeutet nicht, dass der Klageweg beschritten werden muss. Die Arbeitsvertragsparteien können abweichend vom Einigungsvorschlag der Schiedsstelle eine Vereinbarung eingehen. Alternativ kann die Angelegenheit in der Schwebe gehalten werden.

Nachdem der Antrag auf Anrufung der Schiedsstelle gestellt wurde, setzt der Vorsitzende der Schiedsstelle dem Antragsgegner eine Frist zur Äußerung. Nimmt der Antragsgegner diese Frist nicht wahr und lässt sich daher der Antragsgegner nicht auf das Schiedsverfahren ein, ist das Verfahren erfolglos beendet. Eine Beendigung des Schiedsverfahrens ergibt sich auch dann, wenn sich der Antragsgegner ausdrücklich weigert, sich auf das Schiedsverfahren einzulassen.

§ 36 Kosten des Schiedsverfahrens
Im Verfahren vor der Schiedsstelle werden keine Gebühren oder Auslagen erhoben.

Durch das Schiedsverfahren ergeben sich keine amtlichen Gebühren oder zu entrichtende Auslagen für die Verfahrensbeteiligten. Nehmen die Verfahrensbeteiligten Dienste von Vertretern in Anspruch, insbesondere Rechtsanwälte und Patentanwälte, sind deren Kosten von dem beauftragenden Verfahrensbeteiligten zu übernehmen. Ein Unterliegenheitsprinzip, das anfallende Kosten der obsiegenden Partei der unterliegenden Partei aufbürdet, besteht nicht. Es besteht für die Verfahrensbeteiligten kein Kostenrisiko.

Es besteht kein Anspruch auf die Erstattung von Kosten, die sich durch das Schiedsverfahren ergeben. Kosten, die sich beispielsweise ergeben, um geeignete Zahlen zur Berechnung der Vergütungspflicht zu bestimmen, sind nicht erstattungsfähig und können auch keinem Verfahrensbeteiligten aufgebürdet werden.

Der Gebührenanspruch eines Rechtsanwalts oder Patentanwalts richtet sich nach § 17 Nr. 7 Buchstabe d RVG. Der Anwalt erhält eine 1,5 Geschäftsgebühr. Diese Geschäftsgebühr umfasst die Antragsstellung, den Schriftwechsel und eventuell das Wahrnehmen eines mündlichen Termins. Ein Mitwirken an einer Einigung der Arbeitsvertragsparteien bedeutet eine zusätzliche 1,5 Einigungsgebühr nach RVG VV Teil 2 Nr. 1000.

§ 37 Voraussetzungen für die Erhebung der Klage

(1) Rechte oder Rechtsverhältnisse, die in diesem Gesetz geregelt sind, können im Wege der Klage erst geltend gemacht werden, nachdem ein Verfahren vor der Schiedsstelle vorausgegangen ist.

(2) Dies gilt nicht,

    1. wenn mit der Klage Rechte aus einer Vereinbarung (§§ 12, 19, 22, 34) geltend gemacht werden oder die Klage darauf gestützt wird, daß die Vereinbarung nicht rechtswirksam sei;

    2. wenn seit der Anrufung der Schiedsstelle sechs Monate verstrichen sind;

    3. wenn der Arbeitnehmer aus dem Betrieb des Arbeitgebers ausgeschieden ist;

    4. wenn die Parteien vereinbart haben, von der Anrufung der Schiedsstelle abzusehen. Diese Vereinbarung kann erst getroffen werden, nachdem der Streitfall (§ 28) eingetreten ist. Sie bedarf der Schriftform.

(3) Einer Vereinbarung nach Absatz 2 Nr. 4 steht es gleich, wenn beide Parteien zur Hauptsache mündlich verhandelt haben, ohne geltend zu machen, daß die Schiedsstelle nicht angerufen worden ist.

(4) Der vorherigen Anrufung der Schiedsstelle bedarf es ferner nicht für Anträge auf Anordnung eines Arrestes oder einer einstweiligen Verfügung.

(5) Die Klage ist nach Erlass eines Arrestes oder einer einstweiligen Verfügung ohne die Beschränkung des Absatzes 1 zulässig, wenn der Partei nach den §§ 926, 936 der Zivilprozessordnung eine Frist zur Erhebung der Klage bestimmt worden ist.

Die Voraussetzung zum Beschreiten des Klagewegs ist ein vorgeschaltetes Schiedsverfahren. Ein Schiedsverfahren ist entbehrlich, wenn das Arbeitsverhältnis beendet ist und der Arbeitnehmer aus dem Betrieb des Arbeitgebers ausgeschieden ist.

Wurde der Einigungsvorschlag der Schiedsstelle angenommen, fehlt ein Rechtsschutzinteresse und ein Klageverfahren ist nicht möglich. Eine Klageerhebung vor einem ordentlichen Gericht zu einem Punkt, der von dem angenommenen Einigungsvorschlag umfasst ist, scheitert an seiner Unzulässigkeit.

Ein Klageverfahren ist zulässig, falls sich die Arbeitsvertragsparteien rügelos auf das Klageverfahren einlassen.

§ 38 Klage auf angemessene Vergütung

Besteht Streit über die Höhe der Vergütung, so kann die Klage auch auf Zahlung eines vom Gericht zu bestimmenden angemessenen Betrages gerichtet werden.

Eine Klage des Arbeitnehmers auf Feststellung der Höhe und Zahlung eines Vergütungsanspruchs ist zulässig. Klageberechtigt sind erfinderische Arbeitnehmer, beispielsweise einer Erfindergemeinschaft, und ausgeschiedene Arbeitnehmer. Der § 38 betrifft keine Klagen des Arbeitgebers.

Eine Klage kann sich nur auf das grundsätzliche Bestehen des Vergütungsanspruchs beziehen, falls die Vergütung noch nicht fällig ist. Nach Eintreten der Fälligkeit ist eine Klage auf Feststellung der Höhe und Zahlung des Vergütungsanspruchs zulässig.

Ist das Bestehen und die Höhe der Vergütung unstrittig, leistet der Arbeitgeber jedoch nicht die Zahlung des Vergütungsanspruchs, kann nach § 39 Absatz 2 Arbeitnehmererfindungsgesetz das Arbeitsgericht angerufen werden.

§ 39 Zuständigkeit
(1) **Für alle Rechtsstreitigkeiten über Erfindungen eines Arbeitnehmers sind die für Patentstreitsachen zuständigen Gerichte (§ 143 des Patentgesetzes) ohne Rücksicht auf den Streitwert ausschließlich zuständig. Die Vorschriften über das Verfahren in Patentstreitsachen sind anzuwenden.**
(2) **Ausgenommen von der Regelung des Absatzes 1 sind Rechtsstreitigkeiten, die ausschließlich Ansprüche auf Leistung einer festgestellten oder festgesetzten Vergütung für eine Erfindung zum Gegenstand haben.**

Für alle Streitigkeiten um Erfindungen eines Arbeitnehmers sind die sogenannten Patentstreitkammern zuständig. Eine Streitigkeit um eine Erfindung ist eine Angelegenheit, die durch die Erfindereigenschaft des Arbeitnehmers begründet ist oder bei der die Erfindereigenschaft einen wesentlichen Einfluss nimmt. Patentstreitkammern sind spezialisierte Kammern einzelner Landes- und Oberlandesgerichte eines Bundeslands.

Die Patentstreitkammern sind nur zuständig, soweit es sich um patent- oder gebrauchsmusterfähige Neuerungen handelt. Die sachliche Zuständigkeit betrifft daher Diensterfindungen, freie Erfindungen, frei gewordene Erfindungen und betriebsgeheime Erfindungen. Eine Zuständigkeit der Patentstreitkammern für technische Verbesserungsvorschläge besteht nicht. Bei technischen Verbesserungsvorschlägen liegt eine sachliche Zuständigkeit der Arbeitsgerichte vor.

Die gesetzliche Rechtswegaufteilung steht vor einer besonderen Herausforderung, wenn die Schutzfähigkeit einer Neuerung zweifelhaft oder zumindest strittig ist. Zur Klärung der sachlichen Zuständigkeit wird das angerufene Gericht den Vortrag des Klägers auswerten.

§ 40 Arbeitnehmer im öffentlichen Dienst
Auf Erfindungen und technische Verbesserungsvorschläge von Arbeitnehmern, die in Betrieben und Verwaltungen des Bundes, der Länder, der Gemeinden und sonstigen Körperschaften, Anstalten und Stiftungen des öffentlichen Rechts

beschäftigt sind, sind die Vorschriften für Arbeitnehmer im privaten Dienst mit
folgender Maßgabe anzuwenden:

1. Anstelle der Inanspruchnahme der Diensterfindung kann der Arbeit-
    geber eine angemessene Beteiligung an dem Ertrag der Diensterfindung in
    Anspruch nehmen, wenn dies vorher vereinbart worden ist. Über die Höhe
    der Beteiligung können im voraus bindende Abmachungen getroffen werden.
    Kommt eine Vereinbarung über die Höhe der Beteiligung nicht zustande, so hat
    der Arbeitgeber sie festzusetzen. § 12 Abs. 3 bis 6 ist entsprechend anzuwenden.
2. Die Behandlung von technischen Verbesserungsvorschlägen nach § 20 Abs.
    2 kann auch durch Dienstvereinbarung geregelt werden; Vorschriften, nach
    denen die Einigung über die Dienstvereinbarung durch die Entscheidung einer
    höheren Dienststelle oder einer dritten Stelle ersetzt werden kann, finden keine
    Anwendung.
3. Dem Arbeitnehmer können im öffentlichen Interesse durch allgemeine
    Anordnung der zuständigen obersten Dienstbehörde Beschränkungen hinsicht-
    lich der Art der Verwertung der Diensterfindung auferlegt werden.
4. Zur Einreichung von Vorschlagslisten für Arbeitgeberbeisitzer (§ 30 Abs. 4)
    sind auch die Bundesregierung und die Landesregierungen berechtigt.
5. Soweit öffentliche Verwaltungen eigene Schiedsstellen zur Beilegung von
    Streitigkeiten aufgrund dieses Gesetzes errichtet haben, finden die Vorschriften
    der §§ 29 bis 32 keine Anwendung.

Für Arbeitnehmer des öffentlichen Dienstes gilt der Grundsatz der Gleichstellung mit
den Arbeitnehmern der Privatwirtschaft. Die Abgrenzung dieser Personengruppe zu den
sonstigen Arbeitnehmern ergibt sich nicht aus dem Arbeitsverhältnis, sondern aus der
Rechtsform des Unternehmens.

§ 41 Beamte, Soldaten
Auf Erfindungen und technische Verbesserungsvorschläge von Beamten und
Soldaten sind die Vorschriften für Arbeitnehmer im öffentlichen Dienst ent-
sprechend anzuwenden.

Technische Neuerungen von Beamten und Soldaten werden analog zu den Erfindungen
und technischen Verbesserungsvorschlägen von Arbeitnehmern der Privatwirtschaft
behandelt. Es gilt für Erfindungen und technische Verbesserungsvorschläge der Grundsatz der Gleichheit.

§ 42 Besondere Bestimmungen für Erfindungen an Hochschulen
Für Erfindungen der an einer Hochschule Beschäftigten gelten folgende besonderen
Bestimmungen:

1. **Der Erfinder ist berechtigt, die Diensterfindung im Rahmen seiner Lehr- und Forschungstätigkeit zu offenbaren, wenn er dies dem Dienstherrn rechtzeitig, in der Regel zwei Monate zuvor, angezeigt hat. § 24 Abs. 2 findet insoweit keine Anwendung.**

2. **Lehnt ein Erfinder aufgrund seiner Lehr- und Forschungsfreiheit die Offenbarung seiner Diensterfindung ab, so ist er nicht verpflichtet, die Erfindung dem Dienstherrn zu melden. Will der Erfinder seine Erfindung zu einem späteren Zeitpunkt offenbaren, so hat er dem Dienstherrn die Erfindung unverzüglich zu melden.**

3. **Dem Erfinder bleibt im Fall der Inanspruchnahme der Diensterfindung ein nichtausschließliches Recht zur Benutzung der Diensterfindung im Rahmen seiner Lehr- und Forschungstätigkeit.**

4. **Verwertet der Dienstherr die Erfindung, beträgt die Höhe der Vergütung 30 vom Hundert der durch die Verwertung erzielten Einnahmen.**

5. **§ 40 Nr. 1 findet keine Anwendung.**

Erfindungen, die an einer Hochschule gemacht werden, können vom Dienstherrn in Anspruch genommen und verwertet werden. Möchte der Erfinder seine Erfindung veröffentlichen, hat er dies seinem Dienstherrn zwei Monate zuvor anzuzeigen. Wird die Erfindung in Anspruch genommen, verbleibt dem Erfinder ein Benutzungsrecht der Erfindung für seine Forschung und Lehre. Wird eine Erfindung verwertet, erhält der Erfinder 30 % der Einnahmen.

Die Regelung des § 42 betrifft die Erfindungen der Beschäftigten einer Hochschule. Ist das Beschäftigungsverhältnis beendet, hat die Regelung keine Auswirkung. Die Erfindungen pensionierter Professoren fallen nicht unter den § 42.

Für die Erfindungen von Hochschullehrern, Professoren und Juniorprofessoren, wissenschaftlichen Mitarbeitern, Lehrkräften für besondere Aufgaben, wissenschaftlichen Hilfskräften, studentischen Hilfskräften, technischem Personal und Verwaltungsangestellten ist der § 42 einschlägig. Die Regelung des § 42 ist nicht wirksam für Gastdozenten, Doktoranden, Honorarprofessoren, außerplanmäßige Professoren, Diplomanden und Studenten.

Ein Beschäftigter einer Hochschule ist verpflichtet, seine Erfindung seinem Dienstherrn zu melden. Der Dienstherr hat das Recht, die Erfindung in Anspruch zu nehmen. Ein Hochschulwissenschaftler hat das Recht jede Veröffentlichung seiner Erfindung durch Verschweigen der Erfindung zu verhindern. Dem Hochschulwissenschaftler steht das Recht auf Schweigen zu. Dieses Recht hat insbesondere einen ethischen Bezug.
Bei einer Verwertung einer in Anspruch genommenen Erfindung eines Hochschulbeschäftigten steht dem Erfinder 30 % der Einnahmen zu. Hierdurch soll eine vereinfachte Systematik der Vergütungsabrechnung ermöglicht werden. Der 30 %-Anteil an

den Einnahmen kann als großzügige Berücksichtigung des Erfinders angesehen werden. Es ergibt sich eine erhebliche Besserstellung der Erfinder aus dem Hochschulbereich im Vergleich zu denjenigen aus der Privatwirtschaft, die sich typischerweise mit Anteilsfaktoren zwischen 7 % bis 15 % zufriedengeben müssen.

§ 43 Übergangsvorschrift

(1) § 42 in der am 7. Februar 2002 (BGBl. I S. 414) geltenden Fassung dieses Gesetzes findet nur Anwendung auf Erfindungen, die nach dem 6. Februar 2002 gemacht worden sind. Abweichend von Satz 1 ist in den Fällen, in denen sich Professoren, Dozenten oder wissenschaftliche Assistenten an einer wissenschaftlichen Hochschule zur Übertragung der Rechte an einer Erfindung gegenüber einem Dritten vor dem 18. Juli 2001 vertraglich verpflichtet haben, § 42 des Gesetzes über Arbeitnehmererfindungen in der bis zum 6. Februar 2002 geltenden Fassung bis zum 7. Februar 2003 weiter anzuwenden.

(2) Für die vor dem 7. Februar 2002 von den an einer Hochschule Beschäftigten gemachten Erfindungen sind die Vorschriften des Gesetzes über Arbeitnehmererfindungen in der bis zum 6. Februar 2002 geltenden Fassung anzuwenden. Das Recht der Professoren, Dozenten und wissenschaftlichen Assistenten an einer wissenschaftlichen Hochschule, dem Dienstherrn ihre vor dem 6. Februar 2002 gemachten Erfindungen anzubieten, bleibt unberührt.

(3) Auf Erfindungen, die vor dem 1. Oktober 2009 gemeldet wurden, sind die Vorschriften dieses Gesetzes in der bis zum 30. September 2009 geltenden Fassung weiter anzuwenden. Für technische Verbesserungsvorschläge gilt Satz 1 entsprechend.

§ 45 Durchführungsbestimmungen

Der Bundesminister der Justiz wird ermächtigt, im Einvernehmen mit dem Bundesminister für Arbeit die für die Erweiterung der Besetzung der Schiedsstelle (§ 30 Abs. 4 und 5) erforderlichen Durchführungsbestimmungen zu erlassen. Insbesondere kann er bestimmen,

1. welche persönlichen Voraussetzungen Personen erfüllen müssen, die als Beisitzer aus Kreisen der Arbeitgeber oder der Arbeitnehmer vorgeschlagen werden;

2. wie die aufgrund der Vorschlagslisten ausgewählten Beisitzer für ihre Tätigkeit zu entschädigen sind.

§ 46 Außerkrafttreten von Vorschriften

Mit dem Inkrafttreten dieses Gesetzes werden folgende Vorschriften aufgehoben, soweit sie nicht bereits außer Kraft getreten sind:

1. die Verordnung über die Behandlung von Erfindungen von Gefolgschaftsmitgliedern vom 12. Juli 1942 (Reichsgesetzbl. I S. 466);

2. die Durchführungsverordnung zur Verordnung über die Behandlung von Erfindungen von Gefolgschaftsmitgliedern vom 20. März 1943 (Reichsgesetzbl. I S. 257).

§ 49 Inkrafttreten
Dieses Gesetz tritt am 1. Oktober 1957 in Kraft.

Zusammenfassung der Amtlichen Vergütungsrichtlinien

5

Die Richtlinien für die Vergütung von Arbeitnehmererfindungen sind bei der Berechnung der Vergütung des erfinderischen Arbeitnehmers empfehlenswert. Die Richtlinien sind für die in der Privatwirtschaft und für die im öffentlichen Dienst tätigen Arbeitnehmer relevant. Mitarbeiter des öffentlichen Dienstes erwerben daher ebenfalls einen Vergütungsanspruch bei der Inanspruchnahme und Benutzung von Erfindungen.

5.1 Bedeutung der Richtlinien

Das Arbeitnehmererfindungsgesetz fordert eine angemessene Vergütung des Arbeitnehmers. Diese Angemessenheit stellt eine übergeordnete Zielgröße dar, die nicht als ausgewogene Ansicht des einzelnen Arbeitnehmers oder des einzelnen Arbeitgebers zu verstehen ist. Um diese übergreifende Angemessenheit bei den Berechnungen der Vergütungen der erfinderischen Arbeitnehmer sicherzustellen, wurden die Amtlichen Vergütungsrichtlinien erarbeitet.

Die Bedeutung der Amtlichen Vergütungsrichtlinien in der Praxis ist groß. Dies gilt nach wie vor, obwohl die Amtlichen Vergütungsrichtlinien in Teilen als überholt angesehen werden. Dies kann insbesondere für die Richtlinie Nr. 10, die Lizenzsätze für einzelne Industriebranchen angibt, angenommen werden.[1] Auch bei der Bewertung des Anteilsfaktors besteht Aktualisierungsbedarf.

---

[1] BGH, 30.05.1995 – X ZR 54/93 – Gewerblicher Rechtsschutz und Urheberrecht, 1995, 578, 580 – Steuereinrichtung II.

© Der/die Autor(en), exklusiv lizenziert durch Springer-Verlag GmbH, DE, ein Teil von Springer Nature 2022
T. Meitinger, *Ratgeber für Arbeitnehmererfinder*,
https://doi.org/10.1007/978-3-662-64817-9_5

5.2   Berechnungsformel der Vergütungsrichtlinien

Die Richtlinien bestimmen einen Erfindungswert und einen Anteilsfaktor. Der Erfindungswert spiegelt den wirtschaftlichen Wert der Erfindung wider. Der Erfindungswert wird im ersten Teil der Amtlichen Vergütungsrichtlinien behandelt (Richtlinien Nr. 3 bis 29). Im zweiten Teil der Amtlichen Vergütungsrichtlinien wird der Anteilsfaktor beschrieben (Richtlinien Nr. 30 bis 38). Die Richtlinie 39 enthält die Berechnungsformel für die Vergütung. Die Art der Zahlung der Vergütung (Richtlinien Nr. 40 und 41) und die Bestimmung der Vergütungsdauer (Richtlinien Nr. 42 und 43) stellen den Abschluss der Amtlichen Vergütungsrichtlinien dar.

Die Richtlinie Nr. 39 gibt die Berechnungsformel der Vergütung an. Die Vergütung V entspricht dem Erfindungswert E mal dem Anteilsfaktor A: $V = E \times A$.

Liegt eine Erfindergemeinschaft vor, ist der Miterfinderanteil M zu berücksichtigen: $V = E \times M \times A$. Für den Miterfinderanteil M gilt: $0 < M < 1$.

5.3   Erfindungswert

Der Erfindungswert stellt den wirtschaftlichen Wert für den Arbeitgeber dar. Der Erfindungswert ist die entscheidende Maßgröße für die Berechnung der Vergütung des Arbeitnehmers. Die Vergütung stellt daher nicht eine Honorierung der erfinderischen Leistung oder der Mühen dar. Vielmehr geht es darum, das aufgegebene Eigentumsrecht des Arbeitnehmers angemessen zu kompensieren.[2]

Der Erfindungswert stellt einen ökonomischen Wert dar, der von den besonderen Marktgegebenheiten abhängt. Der Erfindungswert kann als der Wert einer Erfindung verstanden werden, den der Arbeitgeber bereit wäre zu bezahlen, falls man ihm die Erfindung zum Kauf anbieten würde.[3]

Der Erfindungswert stellt den wirtschaftlichen Vorteil dar, der sich durch die Benutzung der Erfindung für den Arbeitgeber ergibt. Die Benutzung der Erfindung kann innerbetrieblich durch den Einsatz in einem Produktionsverfahren oder durch die Herstellung und den Vertrieb neuartiger Produkte erfolgen. Eine außerbetriebliche Benutzung ergibt sich durch den Verkauf oder die Auslizenzierung der Erfindung.

Für die innerbetriebliche Benutzung einer Erfindung schlagen die Amtlichen Vergütungsrichtlinien drei Berechnungsmethoden vor: die Lizenzanalogie (Richtlinien Nr.

---

[2] BGH, 16.04.2002 – X ZR 127/99 – Gewerblicher Rechtsschutz und Urheberrecht, 2002, 801, 802 – abgestuftes Getriebe.

[3] BGH, 13.11.1997 – X ZR 132/95 – Gewerblicher Rechtsschutz und Urheberrecht, 1998, 689, 691 – Copolyester II; BGH, 13.11.1997 – X ZR 6/96 – Gewerblicher Rechtsschutz und Urheberrecht, 1998, 684, 687 – Spulkopf; BGH, 17.11.2009 – X ZR 137/07 – Gewerblicher Rechtsschutz und Urheberrecht, 2010, 223 – Türinnenverstärkung.

6 bis Nr. 11), die Berechnung des erfassbaren betrieblichen Nutzens (Richtlinie Nr. 12) und die Schätzung des Erfindungswerts (Richtlinie Nr. 13).

5.4 Berechnungsmethode nach der Lizenzanalogie

Die Berechnung nach der Lizenzanalogie stellt die häufigste Rechnungsweise dar. Hierbei wird der Arbeitnehmer zunächst wie ein externer Lizenznehmer gestellt. Allerdings wird mit einem Anteilsfaktor berücksichtigt, dass es sich bei einem erfinderischen Arbeitnehmer eben nicht um einen externen Lizenznehmer handelt.

Die Anwendung der Lizenzanalogie stellt den Regelfall dar, da anzunehmen ist, dass diese Methode am realistischsten die tatsächlichen Verhältnisse abzubilden vermag. Der Lizenzanalogie wird von der Schiedsstelle und den Gerichten der Vorrang gegeben.[4]

5.4.1 Lizenzsatz

Es wird insbesondere ein Lizenzsatz angenommen, den vernünftig handelnde Vertragsparteien angesetzt hätten.[5] Dieser Lizenzsatz wird mit dem erzielten Umsatz multipliziert, um den Erfindungswert zu erhalten. Der Umsatz ergibt sich als der Erlös aus der Produktion und dem Vertrieb des Arbeitgebers.[6]

Der anzusetzende Umsatz stellt in aller Regel den Umsatz dar, der sich nach Abzug von Steuern, Zöllen, Vertriebskosten (Frachtgebühren, Transportversicherung, Provisionen und Verpackungen), Skonti, Rabatte und Boni ergibt. Es handelt sich daher um den Umsatz, der tatsächlich dem Betrieb des Arbeitgebers zufließt. Es können zusätzlich Rückstellungen wegen Haftungsrisiken in Abzug gebracht werden.[7]

Die Bestimmung des geeigneten Lizenzsatzes stellt regelmäßig eine hohe Hürde dar. Gibt es einen Lizenzsatz, den der Arbeitgeber für die konkrete Erfindung, beispielsweise beim Auslizenzieren an ausländische Kooperationspartner ansetzt, oder gibt es einen Lizenzsatz, den der Arbeitgeber für vergleichbare Erfindungen verwendet, so wird man diesen Lizenzsatz anwenden. Andernfalls wird ein branchenüblicher Lizenzsatz zur

---

[4] BGH, 21.12.2005 – X ZR 165/04 – Gewerblicher Rechtsschutz und Urheberrecht, 2006, 401 – Zylinderrohr; Schiedsstelle, 30.04.2019 – Arb.Erf. 39/17 – https://www.dpma.de/dpma/wir_ueber_uns/weitere_aufgaben/schiedsstelle_arbnerfg/suche_einigungsvorschlaege/index.html.

[5] BGH, 13.11.1997 – X ZR 6/96 – Gewerblicher Rechtsschutz und Urheberrecht 1998, 684, 687 – Spulkopf.

[6] Schiedsstelle, 10.10.2013 – Arb.Erf. 22/12 – https://www.dpma.de/dpma/wir_ueber_uns/weitere_aufgaben/schiedsstelle_arbnerfg/suche_einigungsvorschlaege/index.html.

[7] Schiedsstelle, 16.07.2015 – Arb.Erf. 20/13 – https://www.dpma.de/dpma/wir_ueber_uns/weitere_aufgaben/schiedsstelle_arbnerfg/suche_einigungsvorschlaege/index.html.

Anwendung gebracht. Hierbei ist ein Lizenzsatz für die Vergabe einer exklusiven Lizenz anzusetzen.

Die Amtlichen Vergütungsrichtlinien geben in der Richtlinie Nr. 10 Lizenzsatzbereiche an. Diese Lizenzsatzbereiche sind nicht mehr aktuell.[8] Die Tabellen 5.1 bis 5.7 stellen für unterschiedliche Branchen Lizenzsätze vor, von denen die Schiedsstelle aktuell ausgeht.

Die Tab. 5.1 umfasst Lizenzsätze für die Elektroindustrie.

Die Tab. 5.2 umfasst Lizenzsätze der Computerbranche.

Die Tab. 5.3 umfasst Lizenzsätze der Maschinen- und Werkzeugindustrie.

Die Tab. 5.4 umfasst Lizenzsätze der chemischen Industrie.

Die Tab. 5.5 umfasst Lizenzsätze in der pharmazeutischen Industrie.

Die Tab. 5.6 umfasst Lizenzsätze in der Automobil- und Automobilzulieferindustrie.

Die Tab. 5.7 umfasst Lizenzsätze einzelner Branchen.

Der Lizenzsatz ist unter Berücksichtigung der Bezugsgröße zu bestimmen. Die Bezugsgröße stellt die technisch-wirtschaftliche Einheit dar, die die Realisierung der Erfindung ist. Handelt es sich um eine sehr große Einheit, ist ein eher kleiner Lizenzsatz anzunehmen.[9]

Bei der Ermittlung des Lizenzsatzes kann berücksichtigt werden, ob es sich bei der Diensterfindung um eine Pioniererfindung oder um eine Detailverbesserung handelt, die Umgehungslösungen Raum lässt. In der Variation des branchenüblichen Lizenzsatzes kann sich daher die Qualität der erfinderischen Tätigkeit bei der Schöpfung der Erfindung niederschlagen.[10]

---

[8] BGH, 30.05.1995 – X ZR 54/93 – Gewerblicher Rechtsschutz und Urheberrecht, 1995, 578, 580 – Steuereinrichtung II; Schiedsstelle, 21.11.2017 – Arb.Erf. 06/15 – https://www.dpma.de/dpma/ wir_ueber_uns/weitere_aufgaben/schiedsstelle_arbnerfg/suche_einigungsvorschlaege/index.html; Schiedsstelle, 30.04.2019 – Arb.Erf. 39/17 – https://www.dpma.de/dpma/wir_ueber_uns/weitere_ aufgaben/schiedsstelle_arbnerfg/suche_einigungsvorschlaege/index.html.

[9] Schiedsstelle, 10.10.2013 – Arb.Erf. 22/12 – https://www.dpma.de/dpma/wir_ueber_uns/ weitere_aufgaben/schiedsstelle_arbnerfg/suche_einigungsvorschlaege/index.html; Schiedsstelle, 06.04.2016 – Arb.Erf. 13/14 – https://www.dpma.de/dpma/wir_ueber_uns/weitere_aufgaben/ schiedsstelle_arbnerfg/suche_einigungsvorschlaege/index.html.

[10] Schiedsstelle, 06.04.2016 – Arb.Erf. 13/14 – https://www.dpma.de/dpma/wir_ueber_uns/ weitere_aufgaben/schiedsstelle_arbnerfg/suche_einigungsvorschlaege/index.html; Schiedsstelle, 21.11.2017 – Arb.Erf. 06/15 – https://www.dpma.de/dpma/wir_ueber_uns/weitere_aufgaben/ schiedsstelle_arbnerfg/suche_einigungsvorschlaege/index.html; BPatG, 21.11.2017 – 3 Li 1/16 (EP) – Gewerblicher Rechtsschutz und Urheberrecht, 2018, 803 – Isentress II.

Tab. 5.1 Lizenzsätze der Elektroindustrie

Lizenzsätze in der Elektroindustrie	
Unterhaltungselektronik	kleiner als 1 %
Computer und Monitore	0,15 % bis 0,5 %
Spezialvorrichtungen	1,5 % bis 3 %
Autoelektrik	0,5 % bis 1,5 %
Haushalts-Elektrogeräte	0,5 % bis 2 %

Tab. 5.2 Lizenzsätze der Computerbranche

Lizenzsätze in der Computer-Branche	
grundsätzlicher Lizenzsatzbereich	1 % bis 3 %
Software für die Industrie	2,5 % bis 3 %

Tab. 5.3 Lizenzsätze der Maschinen- und Werkzeugindustrie

Lizenzsätze in der Maschinen- und Werkzeugindustrie	
grundsätzlicher Lizenzsatzbereich	2 % bis 4 %
technisches Know-How	5 % bis 6 %
Anlagenbau	2,5 %
Massenartikel	0,5 % bis 1,5 %
Spezialmaschinenbau	3 % bis 5 %
Landmaschinen	1,5 % bis 5 %
Medizintechnik	2 % bis 5 %

Tab. 5.4 Lizenzsätze in der chemischen Industrie

Lizenzsätze in der chemischen Industrie	
Massenprodukte	0,5 %
Spezialschaumstoffe	1 %
chemische Verfahrenspatente	0,5 % bis 1 %
Stoffpatente	1 % bis 2,5 %
hochwertige Produkte	4 % bis 5 %

Tab. 5.5 Lizenzsätze in der pharmazeutischen Industrie

Lizenzsätze in der pharmazeutischen Industrie	
Wirkstofferfindung	3,0 %
zugelassene Arzneimittel	4,0 %

Tab. 5.6 Lizenzsätze in der Automobil- und Automobilzulieferindustrie

Lizenzsätze in der Automobil- und Automobilzulieferindustrie	
grundsätzlicher Lizenzsatzbereich	0,5 % bis 1 %
Massenartikel	0,5 %
wertvolle Pionier-Erfindung	2,0 %

Tab. 5.7 Lizenzsätze einzelner Branchen

Lizenzsätze einzelner Branchen	
Medizintechnik	1 % bis 7 %
optische Industrie	0,5 % bis 2,5 %
Bauindustrie	0,6 %

5.4.2 Bezugsgröße

Die Bezugsgröße entspricht dem Anteil an einem hergestellten und verkauften Produkt, der sich durch die Erfindung ergibt. Es ist daher festzustellen, in welchem Umfang die Erfindung einen „Einfluss" auf das verkaufte Produkt hat.

Ist die Diensterfindung nicht für ein komplettes Produkt oder ein ganzes Verfahren verantwortlich, muss der Teil des Produkts oder des Verfahrens bestimmt werden, dem die Erfindung das kennzeichnende Gepräge gibt.[11] Dieser Teil des Produkts oder Verfahrens wird als die Bezugsgröße bezeichnet und stellt die Basisgröße für die Berechnung des Umsatzes dar.

Die Bezugsgröße ist der Teil eines Produkts oder Verfahrens, dessen technische Eigenschaften durch die Diensterfindung in kennzeichnender Weise verbessert oder verändert werden. Hierbei kann auch die Patentanmeldung oder das Patent zu Rate gezogen werden, um festzustellen, was mit der Erfindung bezweckt war und auf welche technischen Einheiten sich die Erfindung bezieht.[12]

---

[11] BGH, 13.03.1962 – I ZR 18/61 – Gewerblicher Rechtsschutz und Urheberrecht, 1962, 401, 402 f. – Kreuzbodenventilsäcke III; BGH, 17.11.2009 – X ZR 137/07 – Gewerblicher Rechtsschutz und Urheberrecht, 2010, 223 – Türinnenverstärkung.

[12] Schiedsstelle, 21.11.2017 – Arb.Erf. 06/15 – https://www.dpma.de/dpma/wir_ueber_uns/weitere_aufgaben/schiedsstelle_arbnerfg/suche_einigungsvorschlaege/index.html; Schiedsstelle, 11.04.2018 – Arb.Erf. 27/16 – https://www.dpma.de/dpma/wir_ueber_uns/weitere_aufgaben/schiedsstelle_arbnerfg/suche_einigungsvorschlaege/index.html.

5.4.3 Höchstlizenzgrenze

Realisiert ein Produkt oder ein Verfahren mehrere Diensterfindungen, wäre ein Auf-
addieren von mehreren Lizenzsätzen nicht sachgerecht. Ein entsprechender aufaddierter
Lizenzsatz wäre mit der ökonomischen Realität nicht vereinbar. In einem derartigen Fall
ist daher von einem Höchstlizenzsatz auszugehen und entsprechend der Wertigkeit der
einzelnen Erfindungen, diesen Lizenzsatz auf die Erfindungen aufzuteilen.[13]

Ein aufzuteilender Höchstlizenzsatz ist als oberes Ende des Lizenzsatzbereichs der
entsprechenden Branche anzusetzen.[14] Kann kein Höchstlizenzsatz ermittelt werden,
kann ein fiktiver Höchstlizenzsatz durch Verdoppelung eines Einzelschutzrechtslizenz-
satzes definiert werden. Analog kann ein Einzelschutzrechtslizenzsatz durch Halbierung
eines Höchstlizenzsatzes bestimmt werden.[15] Ein Höchstlizenzsatz kann als ein Anteil
von 20 % bis 25 % vom Gewinn angesetzt werden.

Die Aufteilung eines Höchstlizenzsatzes auf verschiedene Komponenten eines
Produkts sollte sich an der Bedeutung der jeweiligen Komponente für das Produkt
orientieren. Handelt es sich um eine Komponente, die eine Hauptfunktion des Produkts
bedient, ist dieser Komponente ein höherer Anteil des Höchstlizenzsatzes zuzuordnen.
Andererseits sollten Komponenten, die nur eine Nebenfunktion erfüllen, einen kleineren
Anteil des Höchstlizenzsatzes ausmachen.[16] Außerdem ist zu bestimmen, in welchem
Ausmaß die Komponenten eine Modifikation durch die Diensterfindung erfahren
haben.[17]

Der Erfindungswert berechnet sich als:

Erfindungswert = Gesamtumsatz (abgestaffelt) x Höchstlizenzsatz x Komponenten-
anteil.

---

[13] Schiedsstelle, 12.05.2016 – Arb.Erf. 41/13 – https://www.dpma.de/dpma/wir_ueber_uns/
weitere_aufgaben/schiedsstelle_arbnerfg/suche_einigungsvorschlaege/index.html.

[14] Schiedsstelle, 19.04.2012 – Arb.Erf. 23/10 – https://www.dpma.de/dpma/wir_ueber_uns/
weitere_aufgaben/schiedsstelle_arbnerfg/suche_einigungsvorschlaege/index.html; Schiedsstelle,
12.05.2016 – Arb.Erf. 41/13 – https://www.dpma.de/dpma/wir_ueber_uns/weitere_aufgaben/
schiedsstelle_arbnerfg/suche_einigungsvorschlaege/index.html.

[15] Schiedsstelle, 30.04.2019 – Arb.Erf. 39/17 – https://www.dpma.de/dpma/wir_ueber_uns/
weitere_aufgaben/schiedsstelle_arbnerfg/suche_einigungsvorschlaege/index.html.

[16] Schiedsstelle, 26.11.2018 – Arb.Erf. 12/17 – https://www.dpma.de/dpma/wir_ueber_uns/
weitere_aufgaben/schiedsstelle_arbnerfg/suche_einigungsvorschlaege/index.html.

[17] BGH, 30.05.1995 – X ZR 54/93 – Gewerblicher Rechtsschutz und Urheberrecht, 1995, 578, 580
– Steuereinrichtung II.

Tab. 5.8 Umsatzabstaffelung

Umsatzabstaffelung				
erfindungsgemäßer Umsatz in Euro			ermäßigt um	kumulierter Umsatz in Euro
1	bis	1.533.876	0 %	1.533.876
1.533.876	bis	2.556.459	10 %	2.454.201
2.556.459	bis	5.112.919	20 %	4.499.369
5.112.919	bis	10.225.838	30 %	8.078.412
10.225.838	bis	15.338.756	40 %	11.146.163
15.338.756	bis	20.451.675	50 %	13.702.622
20.451.675	bis	25.564.594	60 %	15.747.790
25.564.594	bis	30.677.513	65 %	17.537.312
30.677.513	bis	40.903.350	70 %	20.605.063
40.903.350	bis	51.129.188	75 %	23.161.522
51.129.188	bis	…	80 %	…

5.4.4 Abstaffelung

Bei hohen Umsätzen, die mit der Diensterfindung erzielt werden, ist eine sogenannte Abstaffelung des Umsatzes vorzunehmen. Abgestaffelt wird dabei nicht jeweils der jährlich anfallende Umsatz, sondern der gesamte Umsatz, der über die ganze Nutzungsdauer der Diensterfindung erreicht wird.[18] Die Tab. 5.8 stellt eine schrittweise Abstaffelung der Umsätze dar, die den Aussagen der Richtlinie Nr. 11 entspricht.[19] Es erfolgte eine Umrechnung in Euro-Werte. Eine inflationsbedingte Anhebung der Beträge ist nicht vorzunehmen.[20]

Rechenbeispiel 1 Über die komplette Nutzungsdauer der Erfindung wird ein Umsatz von 17 Millionen Euro erzielt. Der Lizenzsatz wird mit 2% festgestellt. Es ist eine Abstaffelung erforderlich, deswegen ergibt sich die Bezugsgröße der Erfindung nicht als der Umsatz von 17 Millionen Euro, sondern als der abgestaffelte Umsatz. Zur

---

[18] BGH, 31.01.1978 – X ZR 55/75 – Gewerblicher Rechtsschutz und Urheberrecht, 1978, 430, 433 – Absorberstabantrieb I; Schiedsstelle, 19.03.2013 – Arb.Erf. 55/12 – https://www.dpma.de/dpma/ wir_ueber_uns/weitere_aufgaben/schiedsstelle_arbnerfg/suche_einigungsvorschlaege/index.html; Schiedsstelle, 09.12.2016 – Arb.Erf. 73/13 – https://www.dpma.de/dpma/wir_ueber_uns/weitere_ aufgaben/schiedsstelle_arbnerfg/suche_einigungsvorschlaege/index.html.

[19] Kaube, Gewerblicher Rechtsschutz und Urheberrecht, 1986, 572, 573.

[20] Schiedsstelle, 19.03.2013 – Arb.Erf. 55/12 – https://www.dpma.de/dpma/wir_ueber_uns/ weitere_aufgaben/schiedsstelle_arbnerfg/suche_einigungsvorschlaege/index.html.

Berechnung des abgestaffelten Umsatzes nach der Tab. 5.8 wird der Umsatz in zwei Beträge unterteilt, nämlich in einen Betrag, der dem oberen Ende eines Umsatzbereichs entspricht und einem Restbetrag, der in den nächsten Umsatzbereich fällt. Der Betrag von 17 Millionen Euro kann in folgende Beträge aufgeteilt werden: 17 Millionen Euro = 15.338.756 € + 1.661.244 €. Für den Betrag von 15.338.756 € kann aus der Abb. 5.1 ein kumulierter Umsatz von 11.146.163 € entnommen werden. Für den Restbetrag ist ein Abschlag von 50% vorzunehmen. Es ergibt sich daher als Bezugsgröße:

Bezugsgröße = 11.146.163 + 1.661.244 x 0,5 = 11.976.785 €

Der Erfindungswert ergibt sich daher als:

Erfindungswert = 11.976.785 € x 0,02 = 239.536 €

Rechenbeispiel 2

Es wird von einem abzustaffelndem Umsatz von 240 Millionen Euro ausgegangen. Der Umsatz kann in folgende Beträge unterteilt werden:

240 Millionen Euro = 51.129.188 € + 188.870.812 €. Nach der Tab. 5.8 ergibt sich für den Betrag 51.129.188 € ein abgestaffelter Betrag von 23.161.522. Für den Betrag von 188.870.812 € ist eine Ermäßigung um 80% vorzunehmen, sodass dieser Betrag mit einem Faktor 0,2 zu multiplizieren ist. Die Bezugsgröße ergibt sich daher als:

Bezugsgröße = 23.161.522 € + 188.870.812 × 0,2 € = 60.935.684 €

Eine Abstaffelung ist nicht obligatorisch. Ist die Erfindung gerade dafür verantwortlich, dass eine hohe Stückzahl und ein hoher Umsatz ermöglicht wird, verbietet sich eine Abstaffelung. Andererseits ist eine Abstaffelung geboten, falls die hohe Stückzahl und der hohe Umsatz auf die Bekanntheit und die Marktdominanz des Arbeitgebers zurückzuführen ist.[21] Bei Massenartikeln ist eine Abstaffelung grundsätzlich durchzuführen.

5.5   Berechnung des erfassbaren betrieblichen Nutzens

Die Berechnung des erfassbaren betrieblichen Nutzens ist in der Richtlinie Nr. 12 der Amtlichen Vergütungsrichtlinien geregelt. Dieser Berechnungsmethode kommt eine nur geringe praktische Bedeutung im Vergleich zur Methode der Lizenzanalogie zu.

Die Berechnung des erfassbaren betrieblichen Nutzens kann sinnvoll sein, falls ausschließlich eine innerbetriebliche Nutzung der Diensterfindung erfolgt und deshalb kein Umsatz erzeugt wird.[22] Eine ausschließlich innerbetriebliche Nutzung kann sich beispielsweise durch eine Diensterfindung ergeben, die eine Ersparnis oder eine

---

[21] Hellebrand, Gewerblicher Rechtsschutz und Urheberrecht, 1993, 449 ff.; Kleinheyer/Hartwig, Gewerblicher Rechtsschutz und Urheberrecht, 2013, 683 ff.; BGH, 24.07.2012 – X ZR 51/11 – Gewerblicher Rechtsschutz und Urheberrecht, 2012, 1226 – Flaschenträger.

[22] Schiedsstelle, 26.01.2006 – Arb.Erf. 15/05 – https://www.dpma.de/dpma/wir_ueber_uns/ weitere_aufgaben/schiedsstelle_arbnerfg/suche_einigungsvorschlaege/index.html.

Verbesserung ermöglicht. Eine Ersparnis kann sich durch das Einsparen von Material, Vermeiden von Ausschuss, Minderung von Personalkosten, kürzeren Produktionszeiten oder einem geringeren Energieaufwand beim Betrieb des Arbeitgebers ergeben.

Der betriebliche Nutzen einer Erfindung kann mit einem Kosten- und Ertragsvergleich bestimmt werden. Hierbei wird eine Situation ohne Anwendung der Erfindung einer Situation bei Anwendung der Erfindung gegenübergestellt. Aus dem Vergleich ergibt sich der betriebliche Nutzen aufgrund der Diensterfindung. Außerdem ist das in Abzug zu bringen, das sich durch das Know-How des Betriebs ergibt und dasjenige, das sich der Betrieb aus dem Stand der Technik erschließen kann.

Die Methode des erfassbaren betrieblichen Nutzens erfordert zahlreiche Schätzungen und Annahmen. Es handelt sich daher bei der Methode der Erfassung des betrieblichen Nutzens um ein sehr ungenaues Berechnungsmodell.[23]

Ist in einem Kosten- und Ertragsvergleich der betriebliche Nutzen erfasst worden, ist dieser Nutzen um einen Umrechnungsfaktor zu verkleinern, denn es kann dem Arbeitgeber nicht zugemutet werden, dass er den kompletten Nutzen seinem Arbeitnehmer überträgt. Im Regelfall wird dem erfinderischen Arbeitnehmer ein Anteil von 20 % des erfassten betrieblichen Nutzens zugerechnet.[24] Der Umrechnungsfaktor wird daher regelmäßig mit 0,2 angesetzt.

Ergibt sich ein großer betrieblicher Nutzen, so ist dieser abzustaffeln. Die Tab. 5.9 stellt eine entsprechende Abstaffelung vor.[25]

Rechenbeispiel 1 Die durch die Diensterfindung erreichte Ersparnis wird mit einem Betrag von 5.400.000 € beziffert. Dieser Wert kann in zwei Teilbeträge aufgeteilt werden: 5.400.000 € = 5.112.919 € + 287.081 €. Für den Teilbetrag von 5.112.919 € ergibt sich ein kumulierter Nutzen von 3.149.558 €. Für den restlichen Teilbetrag von 287.081 € ist eine Ermäßigung um 65% anzusetzen. Das bedeutet, dass dieser Teilbetrag mit einem Faktor 0,35 zu multiplizieren ist. Der abgestaffelte Nutzen ist daher: Abgestaffelter Nutzen = 3.149.558 € + 287.081 x 0,35 = 3.250.036 €. Der Erfindungswert ergibt sich mit dem regelmäßigen Umrechnungsfaktor von 0,2 als:

Erfindungswert = 3.250.036 € x 0,2 = 650.007 €.

---

[23] Schiedsstelle, 27.11.2018 – Arb.Erf. 44/17 – https://www.dpma.de/dpma/wir_ueber_uns/weitere_aufgaben/schiedsstelle_arbnerfg/suche_einigungsvorschlaege/index.html.

[24] Schiedsstelle, 08.05.1961 – Arb.Erf. 22/60 – Gewerblicher Rechtsschutz und Urheberrecht, 1962, 192 – Stickstoff; Schiedsstelle, 14.10.2015 – Arb.Erf. 25/13 – https://www.dpma.de/dpma/wir_ueber_uns/weitere_aufgaben/schiedsstelle_arbnerfg/suche_einigungsvorschlaege/index.html; Schiedsstelle, 04.07.2016 – Arb.Erf. 03/14 – https://www.dpma.de/dpma/wir_ueber_uns/weitere_aufgaben/schiedsstelle_arbnerfg/suche_einigungsvorschlaege/index.html; Schiedsstelle, 22.05.2017 – Arb.Erf. 21/15 – https://www.dpma.de/dpma/wir_ueber_uns/weitere_aufgaben/schiedsstelle_arbnerfg/suche_einigungsvorschlaege/index.html.

[25] Kaube, Gewerblicher Rechtsschutz und Urheberrecht, 1986, 572, 573 f.

Tab. 5.9 Nutzenabstaffelung

Nutzenabstaffelung				
erfindungsgemäßer Nutzen in Euro			ermäßigt um	kumulierter Nutzen in Euro
1	bis	306.775	0 %	306.775
306.775	bis	511.292	10 %	490.840
511.292	bis	1.022.584	20 %	899.874
1.022.584	bis	2.045.168	30 %	1.615.682
2.045.168	bis	3.067.751	40 %	2.229.233
3.067.751	bis	4.090.335	50 %	2.740.524
4.090.335	bis	5.112.919	60 %	3.149.558
5.112.919	bis	6.135.503	65 %	3.507.462
6.135.503	bis	8.180.670	70 %	4.121.013
8.180.670	bis	10.225.838	75 %	4.632.304
10.225.838	bis	…	80 %	…

Rechenbeispiel 2 Es wird ein betrieblicher Nutzen von 25 Millionen Euro errechnet. Der Betrag von 25 Millionen Euro kann in folgende Teilbeträge unterteilt werden: 25.000.000 € = 10.225.838 € + 14.774.162 €. Der Teilbetrag 14.774.162 € wird um 80% ermäßigt. Dieser Teilbetrag ist also mit einem Faktor von 0,2 zu multiplizieren. Daraus ergibt sich der abgestaffelte Nutzen als: Abgestaffelter Nutzen = 4.632.304 + 14.774.162 x 0,2 = 7.587.136 €. Der Erfindungswert ergibt sich mit dem regelmäßigen Umrechnungsfaktor von 0,2 als: Erfindungswert = 7.587.136 x 0,2 = 1.517.427 €.

5.6   Schätzen des Erfindungswerts

Die Methode der Schätzung des Erfindungswerts wird nur verwendet, falls die beiden anderen Verfahren nicht anwendbar sind.[26]

---

[26] Schiedsstelle, 09.10.2012 – Arb.Erf. 39/11 – https://www.dpma.de/dpma/wir_ueber_uns/weitere_aufgaben/schiedsstelle_arbnerfg/suche_einigungsvorschlaege/index.html; Schiedsstelle, 05.08.2015 – Arb.Erf. 26/12 – https://www.dpma.de/dpma/wir_ueber_uns/weitere_aufgaben/schiedsstelle_arbnerfg/suche_einigungsvorschlaege/index.html; Schiedsstelle, 25.01.2018 – Arb. Erf. 66/16 – https://www.dpma.de/dpma/wir_ueber_uns/weitere_aufgaben/schiedsstelle_arbnerfg/suche_einigungsvorschlaege/index.html.

Typische Anwendungsbereiche sind Diensterfindungen, die dem Arbeitsschutz oder der Qualitätsprüfung dienen. Als Grundlage der Schätzung des Erfindungswerts kann der Preis genutzt werden, den der Arbeitgeber für die Diensterfindung einem externen Dienstleister gezahlt hätte.

Eine Abstaffelung ist vorzunehmen, falls bei einem hohen Preis für den Nutzen davon auszugehen ist, dass diese auf die Bekanntheit des Unternehmens, auf die Größe des Unternehmens oder auf dessen Marktstellung zurückzuführen sind und nicht aufgrund der Innovationsstärke der Diensterfindung.[27] Zur Abstaffelung kann die Nutzenabstaffelung der Tab. 5.9 verwendet werden.

Bei der Schätzung des Erfindungswert kann nicht der komplette Nutzen dem Arbeitnehmer zugerechnet werden, denn der Arbeitgeber hätte sonst keine Veranlassung, die Diensterfindung zu realisieren. Es wird daher der Nutzen mit einem Umrechnungsfaktor multipliziert, um den Erfindungswert zu erhalten. In aller Regel wird ein Umrechnungsfaktor von 0,2 verwendet.[28]

5.7 Erfindungswert bei Lizenzeinnahmen

Lizenzeinnahmen führen zu einem Vergütungsanspruch des erfinderischen Arbeitnehmers.[29] Es ist dabei gleichgültig, ob es sich um Einnahmen aus einfachen oder exklusiven Lizenzen handelt. Die Nutzungen des Lizenznehmers stellen keine Grundlage einer Vergütungsberechnung dar. Kosten, die für die Bereitstellung der Lizenz anfallen, beispielsweise Rückstellungen für Haftungsrisiken oder Aufrechterhaltungsgebühren, können abgezogen werden.[30]

---

[27] Schiedsstelle, 25.07.2013 – Arb.Erf. 39/12 – https://www.dpma.de/dpma/wir_ueber_uns/weitere_aufgaben/schiedsstelle_arbnerfg/suche_einigungsvorschlaege/index.html.

[28] Schiedsstelle, 31.01.2008 – Arb.Erf. 01/07 – https://www.dpma.de/dpma/wir_ueber_uns/weitere_aufgaben/schiedsstelle_arbnerfg/suche_einigungsvorschlaege/index.html; Schiedsstelle, 25.07.2013 – Arb.Erf. 39/12 – https://www.dpma.de/dpma/wir_ueber_uns/weitere_aufgaben/schiedsstelle_arbnerfg/suche_einigungsvorschlaege/index.html; Schiedsstelle, 05.08.2015 – Arb.Erf. 26/12 – https://www.dpma.de/dpma/wir_ueber_uns/weitere_aufgaben/schiedsstelle_arbnerfg/suche_einigungsvorschlaege/index.html; Schiedsstelle, 25.01.2018 – Arb.Erf. 66/16 – https://www.dpma.de/dpma/wir_ueber_uns/weitere_aufgaben/schiedsstelle_arbnerfg/suche_einigungsvorschlaege/index.html; Schiedsstelle, 15.05.2019 – Arb.Erf. 38/18 – https://www.dpma.de/dpma/wir_ueber_uns/weitere_aufgaben/schiedsstelle_arbnerfg/suche_einigungsvorschlaege/index.html.

[29] BGH, 04.12.2007 – X ZR 102/06 – Gewerblicher Rechtsschutz und Urheberrecht, 2008, 606 – Ramipril I.

[30] Schiedsstelle, 16.07.2015 – Arb.Erf. 20/13 – https://www.dpma.de/dpma/wir_ueber_uns/weitere_aufgaben/schiedsstelle_arbnerfg/suche_einigungsvorschlaege/index.html.

Schadensersatzleistungen, die sich aufgrund einer Schutzrechtsverletzung ergeben, werden wie Lizenzeinnahmen behandelt und erhöhen den Vergütungsanspruch des Arbeitnehmers.[31]

Bei der Berechnung des Erfindungswerts werden von den Lizenzeinnahmen alle Kosten, die zur Realisierung der Diensterfindung dienen, abgezogen. Diese abzugsfähigen Kosten sind die Entwicklungskosten, Kosten der Schutzrechtsverwaltung und Kosten zur Abwicklung der Lizenzvereinbarung. Nachdem diese Kosten von den Lizenzeinnahmen abgezogen wurden, erhält man die Netto-Lizenzeinnahmen. Außerdem ist von den Lizenzeinnahmen noch derjenige Anteil abzuziehen, der das betriebliche Know-How honoriert, das neben der Diensterfindung mitlizenziert wird.

Es ist dem Arbeitgeber nicht zuzumuten, dass der komplette Ertrag seiner unternehmerischen Tätigkeit mit der Diensterfindung dem erfinderischen Arbeitnehmer übertragen wird. Es werden daher die Netto-Lizenzeinnahmen mit einem Umrechnungsfaktor von 20 % multipliziert.[32]

Eine Abstaffelung findet nicht statt. Allerdings kann ein Abschlag vorgenommen werden, falls das Patent noch nicht erteilt wurde und dieser Umstand nicht im Lizenzsatz bereits Berücksichtigung gefunden hat.

5.8   Erfindungswert bei einem Verkauf der Erfindung

Die Grundlage zur Berechnung des Erfindungswerts nach einem Verkauf einer Erfindung ist der Verkaufspreis, der um die zugehörigen Kosten zu verringern ist. Diese Kosten umfassen Aufwendungen zur Erlangung des Schutzrechts, die Kosten zur Entwicklung der Erfindung bis zur Verkaufsreife, Kosten, die durch den Verkaufsvertrag entstehen, und anteilige Gemeinkosten des Betriebs. Wird zusammen mit der Erfindung betriebliches Know-How verkauft, ist dieses anteilig vom Verkaufspreis in Abzug zu bringen. Typischerweise ergibt sich durch das betriebliche Know-How eine Minderung des Verkaufspreises um 60 %. Hierdurch ergibt sich der Netto-Verkaufspreis.

Dem Arbeitgeber ist nicht zuzumuten, dass der komplette Erlös aus dem Verkauf der Erfindung dem Arbeitnehmer übertragen wird. Es ist ein Abschlag vorzunehmen, der typischerweise einen Anteil von 60 % ausmacht. Der Netto-Verkaufspreis ist daher mit einem Umrechnungsfaktor von 0,4 zu multiplizieren, um zum Erfindungswert zu gelangen.

---

[31] Schiedsstelle, 14.02.2012 – Arb.Erf. 02/11 – https://www.dpma.de/dpma/wir_ueber_uns/weitere_aufgaben/schiedsstelle_arbnerfg/suche_einigungsvorschlaege/index.html.

[32] Schiedsstelle, 14.02.2012 – Arb.Erf. 02/11 – https://www.dpma.de/dpma/wir_ueber_uns/weitere_aufgaben/schiedsstelle_arbnerfg/suche_einigungsvorschlaege/index.html; Schiedsstelle, 04.07.2013 – Arb.Erf. 46/12 – https://www.dpma.de/dpma/wir_ueber_uns/weitere_aufgaben/schiedsstelle_arbnerfg/suche_einigungsvorschlaege/index.html.

5.9   Erfindungswert bei nicht verwerteter Erfindung

Der Arbeitgeber entscheidet allein darüber, welche Erfindungen er realisiert. Es bleibt ihm unbenommen, eine Diensterfindung nicht zu verwerten. Allerdings muss der erfinderische Arbeitnehmer bei einer entsprechenden unternehmerischen Entscheidung gegen dessen Erfindung entschädigt werden.

Eine Vergütung kommt frühestens nach der Patenterteilung infrage. Regelmäßig wird eine Vergütungspflicht erst ab dem achten Jahr nach Anmeldung des Patents bejaht.[33]

Vorratspatenten wird ein jährlicher Erfindungswert von 640 € zugeordnet.[34] Dieser Wert erhöht sich auf 770 €, falls Auslandsschutzrechte vorhanden sind. Dieser Betrag wird auf die komplette Dauer der Aufrechterhaltung des Patents angesetzt.[35]

5.10   Erfindungswert bei Sperrpatenten

Ein Sperrpatent dient der Absicherung eines anderen Produkts. Mit einem Sperrpatent soll vermieden werden, dass es zu dem abzusichernden Produkt Alternativlösungen gibt, die den Umsatz des Produkts schmälern.

Ein Sperrpatent kann nur für die Zeit ab der Patenterteilung einen Vergütungs-anspruch begründen. Außerdem muss eine Sperrabsicht des Arbeitgebers vor-liegen, die Erfindung muss zusätzlich zur Sperrung geeignet sein, die Erfindung muss produktionsreif sein, die Erfindung muss zur Stärkung eines Monopols führen und

---

[33] Schiedsstelle, 07.04.2017 – Arb.Erf. 05/15 – https://www.dpma.de/dpma/wir_ueber_uns/weitere_aufgaben/schiedsstelle_arbnerfg/suche_einigungsvorschlaege/index.html; Schiedsstelle, 11.01.2018 – Arb.Erf. 41/16 – https://www.dpma.de/dpma/wir_ueber_uns/weitere_aufgaben/schiedsstelle_arbnerfg/suche_einigungsvorschlaege/index.html.

[34] Schiedsstelle, 23.06.2015 – Arb.Erf. 42/12 – https://www.dpma.de/dpma/wir_ueber_uns/weitere_aufgaben/schiedsstelle_arbnerfg/suche_einigungsvorschlaege/index.html; Schieds-stelle, 15.09.2016 – Arb.Erf. 63/14 – https://www.dpma.de/dpma/wir_ueber_uns/weitere_auf-gaben/schiedsstelle_arbnerfg/suche_einigungsvorschlaege/index.html; Schiedsstelle, 18.01.2017 – Arb.Erf. 67/14 – https://www.dpma.de/dpma/wir_ueber_uns/weitere_aufgaben/schiedsstelle_arbnerfg/suche_einigungsvorschlaege/index.html; Schiedsstelle, 20.11.2018 – Arb.Erf. 35/17 – https://www.dpma.de/dpma/wir_ueber_uns/weitere_aufgaben/schiedsstelle_arbnerfg/suche_einigungsvorschlaege/index.html.

[35] Schiedsstelle, 01.12.2015 – Arb.Erf. 44/13 – https://www.dpma.de/dpma/wir_ueber_uns/weitere_aufgaben/schiedsstelle_arbnerfg/suche_einigungsvorschlaege/index.html; Schiedsstelle, 18.01.2017 – Arb.Erf. 67/14 – https://www.dpma.de/dpma/wir_ueber_uns/weitere_aufgaben/schiedsstelle_arbnerfg/suche_einigungsvorschlaege/index.html; Schiedsstelle, 07.04.2017 – Arb. Erf. 05/15 – https://www.dpma.de/dpma/wir_ueber_uns/weitere_aufgaben/schiedsstelle_arbnerfg/suche_einigungsvorschlaege/index.html.

es gibt eine monopolartige Erzeugung eines Produkts, das durch das Sperrpatent abgesichert wird.[36]

Es ist daher zu prüfen, ob die patentierte Erfindung zum Sperrpatent taugt, da die Erfindung produktionsreif ist und eine Alternativlösung zur Verfügung stellt. Außerdem muss es die Absicht des Arbeitgebers sein, die Alternativlösung nicht zu benutzen, sondern nur deren Benutzung durch Dritte zu verhindern. Eine entsprechende Eignung der Erfindung ist nicht gegeben, falls es gleichwertige weitere Alternativlösungen gibt, die nicht vom Sperrpatent abgedeckt werden.[37]

Die Wirkung eines Schutzrechts ist es, eine ökonomische Monopolstellung zu erhalten. Mit einem Sperrpatent soll die Monopolwirkung erweitert werden. Ein Sperrpatent liegt daher nur vor, falls eine Steigerung der bereits bestehenden Monopolwirkung feststellbar ist.[38]

Eine Vergütung eines Sperrpatents ist in aller Regel erst nach der Patenterteilung möglich. Eine Vergütung orientiert sich nach der Nutzung des zu schützenden Produkts. Hierbei ist der zusätzliche Umsatz einer Berechnung des Erfindungswerts zugrunde zu legen, der auf die Sperrwirkung zurückzuführen ist.

5.11 Erfindungswert bei einem Gebrauchsmuster

Der Erfindungswert einer durch ein Gebrauchsmuster geschützten Erfindung wird analog zu dem einer patentgeschützten Erfindung berechnet. Allerdings wird der Erfindungswert auf Basis eines Gebrauchsmusters im Vergleich zu dem eines Patents in aller Regel halbiert. Es kann auch ein Umrechnungsfaktor von 2/3 angesetzt werden.[39] Es kann grundsätzlich eine Tendenz zu einer Gleichstellung des Gebrauchsmusters mit einem

---

[36] Schiedsstelle, 01.12.2015 – Arb.Erf. 44/13 – https://www.dpma.de/dpma/wir_ueber_uns/weitere_aufgaben/schiedsstelle_arbnerfg/suche_einigungsvorschlaege/index.html; Schiedsstelle, 15.09.2016 – Arb.Erf. 63/14 – https://www.dpma.de/dpma/wir_ueber_uns/weitere_aufgaben/schiedsstelle_arbnerfg/suche_einigungsvorschlaege/index.html; Schiedsstelle, 11.01.2018 – Arb.Erf. 41/16 – https://www.dpma.de/dpma/wir_ueber_uns/weitere_aufgaben/schiedsstelle_arbnerfg/suche_einigungsvorschlaege/index.html.

[37] Schiedsstelle, 01.12.2015 – Arb.Erf. 44/13 – https://www.dpma.de/dpma/wir_ueber_uns/weitere_aufgaben/schiedsstelle_arbnerfg/suche_einigungsvorschlaege/index.html.

[38] Schiedsstelle, 15.09.2016 – Arb.Erf. 63/14 – https://www.dpma.de/dpma/wir_ueber_uns/weitere_aufgaben/schiedsstelle_arbnerfg/suche_einigungsvorschlaege/index.html.

[39] Schiedsstelle, 24.01.2008 – Arb.Erf. 12/07 – https://www.dpma.de/dpma/wir_ueber_uns/weitere_aufgaben/schiedsstelle_arbnerfg/suche_einigungsvorschlaege/index.html.

Patent festgestellt werden, sodass zunehmend von einem Umrechnungsfaktor von 2/3 ausgegangen wird.[40]

Ein eingetragenes Gebrauchsmuster stellt ein durchsetzbares Schutzrecht dar und weist dieselben Wirkungsmöglichkeiten auf wie ein erteiltes Patent. Es wird daher bei einem eingetragenen Gebrauchsmuster kein Risikoabschlag angesetzt, obwohl es sich bei einem Gebrauchsmuster um ein ungeprüftes Schutzrecht handelt.[41]

5.12   Erfindungswert bei Auslandsnutzungen

Wird eine Erfindung im Inland benutzt und erfolgt zusätzlich eine Verwertung im Ausland, wird der Erfindungswert entsprechend der Auslandsbenutzung erhöht.

Es ist strittig, was bei einer ausschließlich im Ausland erfolgten Benutzung der Erfindung gilt. Es ist wohl herrschende Meinung, dass eine ausschließlich im Ausland erfolgte Nutzung ebenfalls einen Vergütungsanspruch begründet. Eine Mindermeinung geht davon aus, dass allein eine Auslandsbenutzung zu keinem eigenständigen Vergütungsanspruch führt.

5.13   Erfindungswert bei betriebsgeheimen Erfindungen

Es gelten für betriebsgeheime Erfindungen dieselben Regeln wie bei einer zum Patent angemeldeten Diensterfindung.

Ist die Schutzfähigkeit der betriebsgeheimen Erfindung unstrittig, kann kein Risikoabschlag vorgenommen werden.[42]

5.14   Anteilsfaktor

Der Anteilsfaktor berücksichtigt, dass es sich bei einem Arbeitnehmer nicht um einen freien Erfinder handelt. Ein freier Erfinder trägt ein unternehmerisches Risiko, muss seine Entwicklungstätigkeit vorfinanzieren und hat in aller Regel keinen Rückgriff auf

---

[40] Schiedsstelle, 23.02.2011 – Arb.Erf. 45/08 – https://www.dpma.de/dpma/wir_ueber_uns/ weitere_aufgaben/schiedsstelle_arbnerfg/suche_einigungsvorschlaege/index.html; Schiedsstelle, 15.09.2016 – Arb.Erf. 63/14 – https://www.dpma.de/dpma/wir_ueber_uns/weitere_aufgaben/ schiedsstelle_arbnerfg/suche_einigungsvorschlaege/index.html.

[41] Schiedsstelle, 10.10.2013 – Arb.Erf. 22/12 – https://www.dpma.de/dpma/wir_ueber_uns/ weitere_aufgaben/schiedsstelle_arbnerfg/suche_einigungsvorschlaege/index.html.

[42] Schiedsstelle, 11.05.2006 – Arb.Erf. 93/04 – https://www.dpma.de/dpma/wir_ueber_uns/ weitere_aufgaben/schiedsstelle_arbnerfg/suche_einigungsvorschlaege/index.html.

Tab. 5.10 Durchschnittliche Anteilsfaktoren

Bereiche durchschnittlicher Anteilsfaktoren	
allgemeiner durchschnittlicher Anteilsfaktor	10 % bis 25 %
Führungskräfte im Forschungs- und Entwicklungsbereich	5 % bis 10 %
einfache Ingenieure im Forschungs- und Entwicklungsbereich	10 % bis 17 %
oberes Limit	30 %

ein betriebliches Know-How oder die Unterstützung eines Betriebs, wie dies bei einem Arbeitnehmer gegeben ist. Der Anteilsfaktor stellt ein Korrektiv dar, das die Leistungen des Betriebs des Arbeitnehmers in die Vergütungsberechnung einfließen lässt.[43]

Durch den Anteilsfaktor wird der Erfindungswert entsprechend verringert. Der erfinderische Arbeitnehmer erhält nur einen Bruchteil von dem, was einem freien Erfinder zusteht. Der Anteilsfaktor setzt sich aus drei Wertzahlen a, b und c zusammen. Die Wertzahl a berücksichtigt die Stellung der Aufgabe, die Wertzahl b die Lösung der Aufgabe und die Wertzahl c die Aufgaben und die Stellung des Arbeitnehmers im Betrieb.

War der Einfluss des Betriebs bei der Aufgabenstellung und der Schaffung der Erfindung gering, ist der Anteilsfaktor groß. Ist die Stellung und Vorbildung des Erfinders nicht dazu geeignet, eine Erfindung zu schaffen, ist der Anteilsfaktor hoch. Ist der Arbeitnehmer andererseits in einer Position, in der das Schaffen von technischen Lösungen als Teil seiner betrieblichen Aufgaben erwartet wird und stellt der Betrieb die entsprechenden Umstände dazu bereit, ist der Anteilsfaktor gering anzusetzen.

Die überwiegende Mehrheit der Diensterfindungen werden von technisch vorgebildeten Arbeitnehmern geschaffen. In aller Regel ist daher von einem Anteilsfaktor zwischen 10 % und 25 % auszugehen.[44] Die Tab. 5.10 zeigt die Bereiche von durchschnittlichen Anteilsfaktoren.[45]

---

[43] Schiedsstelle, 18.01.2017 – Arb.Erf. 67/14 – https://www.dpma.de/dpma/wir_ueber_uns/weitere_aufgaben/schiedsstelle_arbnerfg/suche_einigungsvorschlaege/index.html.

[44] Schiedsstelle, 06.07.2016 – Arb.Erf. 23/13 – https://www.dpma.de/dpma/wir_ueber_uns/weitere_aufgaben/schiedsstelle_arbnerfg/suche_einigungsvorschlaege/index.html.

[45] Schiedsstelle, 22.10.2018 – Arb.Erf. 04/16 – https://www.dpma.de/dpma/wir_ueber_uns/weitere_aufgaben/schiedsstelle_arbnerfg/suche_einigungsvorschlaege/index.html; Schiedsstelle, 06.07.2016 – Arb.Erf. 23/13 – https://www.dpma.de/dpma/wir_ueber_uns/weitere_aufgaben/schiedsstelle_arbnerfg/suche_einigungsvorschlaege/index.html; Schiedsstelle, 06.08.2014 – Arb.Erf. 41/12 – https://www.dpma.de/dpma/wir_ueber_uns/weitere_aufgaben/schiedsstelle_arbnerfg/suche_einigungsvorschlaege/index.html; Schiedsstelle, 24.01.2018 – Arb.Erf. 39/16 – https://www.dpma.de/dpma/wir_ueber_uns/weitere_aufgaben/schiedsstelle_arbnerfg/suche_einigungsvorschlaege/index.html; Schiedsstelle, 25.07.2017 – Arb.Erf. 13/16 – https://www.dpma.de/dpma/wir_ueber_uns/weitere_aufgaben/schiedsstelle_arbnerfg/suche_einigungsvorschlaege/index.html; Schiedsstelle, 07.03.2016 – Arb.Erf. 09/14 – https://www.dpma.de/dpma/wir_ueber_uns/weitere_aufgaben/schiedsstelle_arbnerfg/suche_einigungsvorschlaege/index.html.

5.14.1 Wertzahl a – Stellung der Aufgabe

Mit der Wertzahl a wird bestimmt, in welchem Ausmaß der Betrieb den Erfinder an die Diensterfindung herangeführt hat. Es wird ermittelt, welche Anstöße und Beweggründe der Erfinder aus dem Betriebsgeschehen gezogen hat, um zu der Erfindung zu gelangen.[46] Nachfolgend ist ein Teil der Richtlinie 31 abgebildet, die die unterschiedlichen Kategorien der Wertzahl a beschreibt.

> *„Der Arbeitnehmer ist zu der Erfindung veranlasst worden:*
> *1. weil der Betrieb ihm eine Aufgabe unter unmittelbarer Angabe des beschrittenen Lösungsweges gestellt hat (1);*
> *2. weil der Betrieb ihm eine Aufgabe ohne unmittelbare Angabe des beschrittenen Lösungsweges gestellt hat (2);*
> *3. ohne daß der Betrieb ihm eine Aufgabe gestellt hat, jedoch durch die infolge der Betriebszugehörigkeit erlangte Kenntnis von Mängeln und Bedürfnissen, wenn der Erfinder diese Mängel und Bedürfnisse nicht selbst festgestellt hat (3);*
> *4. ohne daß der Betrieb ihm eine Aufgabe gestellt hat, jedoch durch die infolge der Betriebszugehörigkeit erlangte Kenntnis von Mängeln und Bedürfnissen, wenn der Erfinder diese Mängel und Bedürfnisse selbst festgestellt hat (4);*
> *5. weil er sich innerhalb seines Aufgabenbereichs eine Aufgabe gestellt hat (5);*
> *6. weil er sich außerhalb seines Aufgabenbereichs eine Aufgabe gestellt hat (6). "*[47]

Zu 1.: Diese Kategorie ist nahezu ausgeschlossen, da bei „Angabe des beschrittenen Lösungswegs" eine erfinderische Tätigkeit in aller Regel auszuschließen ist.[48]

Zu 2.: Diese Kategorie ist erfüllt, falls dem Arbeitnehmer ein konkreter Auftrag zur Lösung eines Problems erteilt wurde.[49] Diese Kategorie ist in aller Regel zutreffend für Arbeitnehmer im Forschungs-, Entwicklungs- und Konstruktionsbereich. Dies gilt auch dann, falls kein spezifischer Auftrag erteilt wurde, die Erfindung aber in das Aufgabengebiet des Arbeitnehmers fällt.[50] Personen, deren Aufgabe es ist, technische Lösungen zu finden, werden dieser Kategorie zugeordnet.

---

[46] Schiedsstelle, 10.03.2016 – Arb.Erf. 23/12 – https://www.dpma.de/dpma/wir_ueber_uns/ weitere_aufgaben/schiedsstelle_arbnerfg/suche_einigungsvorschlaege/index.html.

[47] Amtliche Vergütungsrichtlinien, Richtlinie Nr. 31.

[48] Schiedsstelle, 06.06.2014 – Arb.Erf. 54/12 – https://www.dpma.de/dpma/wir_ueber_uns/ weitere_aufgaben/schiedsstelle_arbnerfg/suche_einigungsvorschlaege/index.html.

[49] Schiedsstelle, 12.04.2019 – Arb.Erf. 36/17 – https://www.dpma.de/dpma/wir_ueber_uns/ weitere_aufgaben/schiedsstelle_arbnerfg/suche_einigungsvorschlaege/index.html.

[50] Schiedsstelle, 06.03.2015 – Arb.Erf. 09/13 – https://www.dpma.de/dpma/wir_ueber_uns/ weitere_aufgaben/schiedsstelle_arbnerfg/suche_einigungsvorschlaege/index.html; Schiedsstelle, 24.02.2016 – Arb.Erf. 02/14 – https://www.dpma.de/dpma/wir_ueber_uns/weitere_aufgaben/ schiedsstelle_arbnerfg/suche_einigungsvorschlaege/index.html; Schiedsstelle, 24.01.2018 – Arb. Erf. 39/16 – https://www.dpma.de/dpma/wir_ueber_uns/weitere_aufgaben/schiedsstelle_arbnerfg/ suche_einigungsvorschlaege/index.html.

Zu 3.: Voraussetzung hierbei ist, dass eine betriebliche Aufgabenstellung nicht vorhanden ist. Der Arbeitnehmer hat sich die technische Aufgabe selbst gestellt, wobei er von Mängeln und Bedürfnissen ausgegangen ist, die er nicht selbst erkannt hat. Die Kategorie 3 kann ausnahmsweise für einen Mitarbeiter einer Forschungs- und Entwicklungsabteilung angesetzt werden, falls der Mitarbeiter gegen betriebliche Widerstände die Erfindung geschaffen hat.[51]

Der Arbeitnehmer kann durch Kunden oder Lieferanten auf die Mängel oder Bedürfnisse aufmerksam gemacht worden sein. Gehört die Suche nach technischen Lösungen zum Aufgabenbereich des Arbeitnehmers, ist der erfinderische Arbeitnehmer der Kategorie 2 zuzuordnen. Andernfalls der Kategorie 3.[52]

Zu 4.: Der Arbeitnehmer hat die Mängel und Bedürfnisse selbst erkannt. Diese Kategorie ist insbesondere anzunehmen, wenn die Beschäftigung mit den Mängeln und technischen Problemen nicht in den Arbeitsbereich des Erfinders fallen.

Zu 5.: Der Arbeitnehmer hat sich eine Aufgabenstellung gegeben, die vollständig außerhalb des betrieblichen Geschehens liegt. Die Aufgabenstellung muss als betriebsfremd angesehen werden können. Liegt eine längere Betriebszugehörigkeit des Erfinders vor, kann er nicht der Kategorie 5 zugeordnet werden.

Zu 6.: Die Erfindung liegt außerhalb des Arbeitsbereichs des Betriebs und die Aufgabe, die zur Erfindung geführt hat, hat nichts mit der betrieblichen Aufgabenstellung des Erfinders zu tun.

In aller Regel wird der erfinderische Arbeitnehmer in die Kategorien 2, 3 oder 4 eingeordnet. Ist der Arbeitnehmer technisch vorgebildet, ist zumeist die Kategorie 2 einschlägig. Andernfalls wird der Erfinder der Kategorie 3 zugeordnet, falls er nicht selbst auf das zu lösende Problem gestoßen ist, oder in die Kategorie 4, falls er selbsttätig die zu lösende Aufgabe gefunden hat. Der Erfinder ist durch den Betrieb auf das technische Problem aufmerksam geworden, falls er die Mängel im Betrieb erkannt hat oder ein Arbeitskollege, ein Kunde oder ein Lieferant ihn darauf hingewiesen haben.

---

[51] Schiedsstelle, 17.04.2013 – Arb.Erf. 11/11 – https://www.dpma.de/dpma/wir_ueber_uns/weitere_aufgaben/schiedsstelle_arbnerfg/suche_einigungsvorschlaege/index.html.

[52] Schiedsstelle, 06.03.2015 – Arb.Erf. 09/13 – https://www.dpma.de/dpma/wir_ueber_uns/weitere_aufgaben/schiedsstelle_arbnerfg/suche_einigungsvorschlaege/index.html; Schiedsstelle, 30.04.2019 – Arb.Erf. 39/17 – https://www.dpma.de/dpma/wir_ueber_uns/weitere_aufgaben/schiedsstelle_arbnerfg/suche_einigungsvorschlaege/index.html.

5.14.2 Wertzahl b – Lösung der Aufgabe

In der Wertzahl b spiegelt sich der Umfang der Unterstützung des Arbeitnehmers durch seinen Betrieb bei der Schaffung der Erfindung wider.

Ein Teil der Richtlinie 32 der Amtlichen Vergütungsrichtlinien lautet:

> *„Bei der Ermittlung der Wertzahlen für die Lösung der Aufgabe sind folgende Gesichtspunkte zu beachten:*
> *1. Die Lösung wird mithilfe der dem Erfinder beruflich geläufigen Überlegungen gefunden;*
> *2. sie wird aufgrund betrieblicher Arbeiten oder Kenntnisse gefunden;*
> *3. der Betrieb unterstützt den Erfinder mit technischen Hilfsmitteln. "*[53]

Zu 1.: **„beruflich geläufigen Überlegungen":** Dieses Merkmal ist nicht zu verwechseln mit dem patentrechtlichen Naheliegen.[54] Das Merkmal ist erfüllt, falls der Erfinder die Kenntnisse verwendet hat, die ihm seine Ausbildung vermittelt hat, um zur Erfindung zu gelangen. Waren jedoch berufsfremde Überlegungen erforderlich, um die Erfindung zu schaffen, ist dieses Merkmal zu verneinen. Das Merkmal ist ebenso erfüllt, falls zwar die erforderlichen Überlegungen nicht der Ausbildung des Erfinders zuzuordnen sind, sich jedoch dem Erfinder durch seine Berufspraxis erschlossen haben. Ein gegensätzlicher Fall ist gegeben, falls ein Chemiker eine elektrotechnische Aufgabe löst oder ein Softwareprogramm entwickelt. In diesem Fall ist das Merkmal zu verneinen.

Zu 2.: **„betriebliche Arbeiten oder Kenntnisse":** Dieses Merkmal ist erfüllt, falls der Erfinder auf Know-How oder Vorarbeiten des Betriebs zurückgreifen konnte, das ihm die Schaffung der Erfindung wesentlich erleichtert hat. Hierbei wird dem Arbeitnehmer eine vorteilhafte Ausgangsstellung verschafft, die der Schöpfung der Erfindung förderlich war, und die einem freien Erfinder nicht zugänglich war.[55] Dieses Merkmal ist zu bejahen, falls die Erfindung in das spezielle Aufgabengebiet des Betriebs fällt oder der Betrieb in dem technischen Bereich der Erfindung zumindest langjährige Erfahrungen aufweist.[56]

Zu 3.: **„technische Hilfsmittel":** Der Betrieb kann durch einen Prototypenbau, das Bereitstellen von Versuchsmaterialien oder durch Laboruntersuchungen dem Erfinder

---

[53] Amtliche Vergütungsrichtlinien, Richtlinie Nr. 32.

[54] § 4 Satz 1 Patentgesetz.

[55] Schiedsstelle, 27.11.2018 – Arb.Erf. 44/17 – https://www.dpma.de/dpma/wir_ueber_uns/weitere_aufgaben/schiedsstelle_arbnerfg/suche_einigungsvorschlaege/index.html.

[56] BGH, 26.09.2006 – X ZR 181/03 – Gewerblicher Rechtsschutz und Urheberrecht, 2007, 52 – Rollenantriebseinheit II; Schiedsstelle, 06.03.2015 – Arb.Erf. 09/13 – https://www.dpma.de/dpma/wir_ueber_uns/weitere_aufgaben/schiedsstelle_arbnerfg/suche_einigungsvorschlaege/index.html.

Tab. 5.11 Ermittlung der Wertzahl b

Wertzahl b	Merkmale der Richtlinie Nr. 32
6	kein Merkmal ist erfüllt
5	ein Merkmal ist teilweise erfüllt
4,5	(ein Merkmal ist erfüllt) oder (zwei Merkmale sind teilweise erfüllt)
3,5	(ein Merkmal ist erfüllt und ein Merkmal ist teilweise erfüllt) oder (drei Merkmale sind teilweise erfüllt)
2,5	(zwei Merkmale sind erfüllt) oder (ein Merkmal ist erfüllt und zwei Merkmale sind teilweise erfüllt)
2	zwei Merkmale sind erfüllt und ein Merkmal ist teilweise erfüllt
1	alle drei Merkmale sind erfüllt

Hilfestellung leisten. Außerdem ist dieses Merkmal erfüllt, falls Mitarbeiter, die nicht Miterfinder sind, unterstützende Arbeiten bei der Schaffung der Erfindung erbringen.[57] Die Benutzung eines Computers fällt nicht unter dieses Merkmal.

Anhand der nachfolgenden Tab. 5.11 kann die Wertzahl b aufgrund der Erfüllung der einzelnen Merkmale ermittelt werden.

5.14.3 Wertzahl c – Aufgaben und Stellung des Arbeitnehmers im Betrieb

Die Richtlinie Nr. 34 der Amtlichen Vergütungsrichtlinien definiert acht Gruppen von Arbeitnehmern. Nachfolgend ist ein Teil der Richtlinie abgebildet.

„Man kann folgende Gruppen von Arbeitnehmern unterscheiden, wobei die Wertzahl umso höher ist, je geringer die Leistungserwartung ist:

8. Gruppe: Hierzu gehören Arbeitnehmer, die im Wesentlichen ohne Vorbildung für die im Betrieb ausgeübte Tätigkeit sind (z. B. ungelernte Arbeiter, Hilfsarbeiter, Angelernte, Lehrlinge) (8).

7. Gruppe: Zu dieser Gruppe sind die Arbeitnehmer zu rechnen, die eine handwerklich – technische Ausbildung erhalten haben (z. B. Facharbeiter, Laboranten, Monteure, einfache Zeichner), auch wenn sie schon mit kleineren Aufsichtspflichten betraut sind (z. B. Vorarbeiter, Untermeister, Schichtmeister, Kolonnenführer). Von diesen Personen wird

---

[57] Schiedsstelle, 5.12.2007 – Arb.Erf. 35/06 – https://www.dpma.de/dpma/wir_ueber_uns/ weitere_aufgaben/schiedsstelle_arbnerfg/suche_einigungsvorschlaege/index.html; Schiedsstelle, 05.03.2009 – Arb.Erf. 26/08 – https://www.dpma.de/dpma/wir_ueber_uns/weitere_aufgaben/ schiedsstelle_arbnerfg/suche_einigungsvorschlaege/index.html; Schiedsstelle, 23.04.2009 – Arb. Erf. 51/06 – https://www.dpma.de/dpma/wir_ueber_uns/weitere_aufgaben/schiedsstelle_arbnerfg/ suche_einigungsvorschlaege/index.html.

im Allgemeinen erwartet, dass sie die ihnen übertragenen Aufgaben mit einem gewissen technischen Verständnis ausführen. Andererseits ist zu berücksichtigen, daß von dieser Berufsgruppe in der Regel die Lösung konstruktiver oder verfahrensmäßiger technischer Aufgaben nicht erwartet wird (7).

6. Gruppe: Hierher gehören die Personen, die als untere betriebliche Führungskräfte eingesetzt werden (z. B. Meister, Obermeister, Werkmeister) oder eine etwas gründlichere technische Ausbildung erhalten haben (z. B. Chemotechniker, Techniker). Von diesen Arbeitnehmern wird in der Regel schon erwartet, dass sie Vorschläge zur Rationalisierung innerhalb der ihnen obliegenden Tätigkeit machen und auf einfache technische Neuerungen bedacht sind (6).

5. Gruppe: Zu dieser Gruppe sind die Arbeitnehmer zu rechnen, die eine gehobene technische Ausbildung erhalten haben, sei es auf Universitäten oder technischen Hochschulen, sei es auf höheren technischen Lehranstalten oder in Ingenieur- oder entsprechenden Fachschulen, wenn sie in der Fertigung tätig sind. Von diesen Arbeitnehmern wird ein reges technisches Interesse sowie die Fähigkeit erwartet, gewisse konstruktive oder verfahrensmäßige Aufgaben zu lösen (5).

4. Gruppe: Hierher gehören die in der Fertigung leitend Tätigen (Gruppenleiter, d.h. Ingenieure und Chemiker, denen andere Ingenieure oder Chemiker unterstellt sind) und die in der Entwicklung tätigen Ingenieure und Chemiker (4).

3. Gruppe: Zu dieser Gruppe sind in der Fertigung der Leiter einer ganzen Fertigungsgruppe (z. B. technischer Abteilungsleiter und Werkleiter) zu zählen, in der Entwicklung die Gruppenleiter von Konstruktionsbüros und Entwicklungslaboratorien und in der Forschung die Ingenieure und Chemiker (3).

2. Gruppe: Hier sind die Leiter der Entwicklungsabteilungen einzuordnen sowie die Gruppenleiter in der Forschung (2).

1. Gruppe: Zur Spitzengruppe gehören die Leiter der gesamten Forschungsabteilung eines Unternehmens und die technischen Leiter größerer Betriebe (1). "[58]

Die dritte Wertzahl c ergibt sich aus der arbeitsvertraglichen Position des Arbeitnehmers und die daraus zu erwartende Arbeitsleistung. Es ist dabei auf die tatsächliche Tätigkeit und nicht auf die nominelle Arbeitsbeschreibung abzustellen.[59] Je näher der Arbeitnehmer an der betrieblichen Innovationstätigkeit angesiedelt ist und je mehr Informationen er durch seine herausgehobene Stellung erhalten kann, umso eher sind von dem Arbeitnehmer Erfindungen zu erwarten bzw. wurde ihm das Schöpfen einer Erfindung von dem Betrieb erleichtert.[60] Ist andererseits die Arbeitstätigkeit des Arbeitnehmers eher fern der allgemeinen Innovationstätigkeiten des Betriebs angeordnet und steht dem Arbeitnehmer ein zum Schaffen einer Erfindung nicht geeigneter Informationsfluss zur Verfügung, ist von einer hohen Wertzahl c auszugehen.

---

[58] Amtliche Vergütungsrichtlinien, Richtlinie Nr. 34.

[59] Schiedsstelle, 17.06.2016 – Arb.Erf. 57/13 – https://www.dpma.de/dpma/wir_ueber_uns/ weitere_aufgaben/schiedsstelle_arbnerfg/suche_einigungsvorschlaege/index.html.

[60] Schiedsstelle, 22.05.2017 – Arb.Erf. 21/15 – https://www.dpma.de/dpma/wir_ueber_uns/ weitere_aufgaben/schiedsstelle_arbnerfg/suche_einigungsvorschlaege/index.html.

Die Gruppen 8 bis 5 spiegeln vorrangig die Ausbildung des Arbeitnehmers wider. Die Gruppen 4 bis 1 entsprechen einer betrieblichen Hierarchie.

5.14.4 Berechnung des Anteilsfaktors

Die Wertzahlen a, b und c werden addiert und anhand der nachfolgenden Tab. 5.12 kann der Anteilsfaktor ermittelt werden.[61]

Rechenbeispiel

Ein Entwicklungsingenieur ohne Leitungsfunktion erhält den Auftrag zur Verbesserung der Funktion eines Motors. Der Ingenieur nutzt hierzu technisches Know-How des Betriebs. Außerdem wird er durch eine mechanische Werkstatt des Betriebs unterstützt, die Prototypen herstellt.

Wertzahl a = 2: Der Ingenieur entwickelt den Motor selbstständig. Die Entwicklungstätigkeit fällt in dessen Aufgabenbereich.

Wertzahl b = 1: Die Motorenentwicklung entspricht der Ausbildung des Ingenieurs. Außerdem werden Kenntnisse des Betriebs genutzt und der Betrieb erstellt Prototypen.

Wertzahl c = 4: Der Ingenieur gehört der vierten Gruppe an.

Anteilsfaktor (aus a+b+c=7) = 0,13
Der Ingenieur erhält daher eine Vergütung nach der Formel:
Vergütung = Erfindungswert x 0,13 (Anteilsfaktor)

5.15 Vergütung Null

Wird eine Erfindung benutzt, ist eine Vergütung von Null ausgeschlossen. Selbst verlustträchtige Geschäfte mit der Diensterfindung können das Ausbleiben einer Vergütungszahlung nicht rechtfertigen.

Liegen jedoch eindeutige Dokumente des Stands der Technik vor, die eine Patenterteilung aussichtslos erscheinen lassen, kann es sachgerecht erscheinen, keine Vergütung zu entrichten.[62]

---

[61] Amtliche Vergütungsrichtlinien, Richtlinie Nr. 37.

[62] OLG München, 14.09.2017 – 6 U 3838/16 – Gewerblicher Rechtsschutz und Urheberrecht-RR, 2018, 137 – Spantenmontagevorrichtung; BGH, 30.03.1971 – X ZR 8/68 – Gewerblicher Rechtsschutz und Urheberrecht, 1971, 475, 477 – Gleichrichter.

Tab. 5.12 Ermittlung des Anteilsfaktors

a+b+c	3	4	5	6	7	8	9	10	11	12	13	14	15	16	17	18	19	(20)
Anteilsfaktor	0,02	0,04	0,07	0,1	0,13	0,15	0,18	0,21	0,25	0,32	0,39	0,47	0,55	0,63	0,72	0,81	0,9	(1)

Amtliche Vergütungsrichtlinien mit Kommentaren

Die Amtlichen Vergütungsrichtlinien werden vorgestellt und in ihren wesentlichen Aspekten beschrieben.

Richtlinie Nr. 1 (Zweck der Amtlichen Vergütungsrichtlinien)
Die Richtlinien sollen dazu dienen, die angemessene Vergütung zu ermitteln, die dem Arbeitnehmer für unbeschränkt oder beschränkt in Anspruch genommene Diensterfindungen (§ 9 Abs. 1 und § 10 Abs. 1 des Gesetzes) und für technische Verbesserungsvorschläge im Sinne des § 20 Abs. 1 des Gesetzes zusteht; sie sind keine verbindlichen Vorschriften, sondern geben nur Anhaltspunkte für die Vergütung. Wenn im Einzelfall die bisherige betriebliche Praxis für die Arbeitnehmer günstiger war, sollen die Richtlinien nicht zum Anlass für eine Verschlechterung genommen werden.

Die Richtlinie Nr. 1 bringt zum Ausdruck, dass es sich bei den Amtlichen Vergütungsrichtlinien nur um Empfehlungen handelt, die durch im Einzelfall sachgerechtere Vorgehensweisen zu ersetzen sind. Ein Rechtsnormcharakter ist den Richtlinien keinesfalls zuzubilligen.

Die Richtlinien können insbesondere durch arbeitnehmerfreundlichere betriebliche Regelungen ersetzt oder ergänzt werden.

Die Amtlichen Vergütungsrichtlinien sind als Hilfsmittel und Angebot des Gesetzgebers anzusehen, die je nach individuellem Bedarf oder Nutzen angewandt werden können. In der Praxis ist die Bedeutung der Amtlichen Vergütungsrichtlinien groß. Vergütungsansprüche eines erfinderischen Arbeitnehmers werden in aller Regel mittels der Richtlinien bestimmt. Dies gilt trotz des offensichtlichen Aktualisierungsbedarfs.

© Der/die Autor(en), exklusiv lizenziert durch Springer-Verlag GmbH, DE, ein Teil von Springer Nature 2022
T. Meitinger, *Ratgeber für Arbeitnehmererfinder,*
https://doi.org/10.1007/978-3-662-64817-9_6

Der Gesetzgeber gibt vor, dass die Amtlichen Vergütungsrichtlinien nicht zur Schlechterstellung des Arbeitnehmers führen dürfen, falls die geübte betriebliche Praxis vorteilhaftere Regelungen der Vergütung vorsieht.

Der sachliche Anwendungsbereich der Amtlichen Vergütungsrichtlinien ist die Vergütung von Diensterfindungen und technischen Verbesserungsvorschlägen. Hierbei sind nur die Erfindungen oder Neuerungen von Arbeitnehmern umfasst.

Die Amtlichen Vergütungsrichtlinien sollen dazu dienen, angemessene Vergütungen zu ermitteln. Außerdem ist eine Aufgabe der Richtlinien, die richtige Dauer und Art der Vergütungszahlungen zu bestimmen.

Richtlinie Nr. 2 (Prozedere der Berechnung der Vergütung)

(1) **Nach § 9 Abs. 2 des Gesetzes sind für die Bemessung der Vergütung insbesondere die wirtschaftliche Verwertbarkeit der Diensterfindung, die Aufgaben und die Stellung des Arbeitnehmers im Betrieb sowie der Anteil des Betriebes am Zustandekommen der Diensterfindung maßgebend. Hiernach wird bei der Ermittlung der Vergütung in der Regel so zu verfahren sein, dass zunächst die wirtschaftliche Verwertbarkeit der Erfindung ermittelt wird. Die wirtschaftliche Verwertbarkeit (im Folgenden als Erfindungswert bezeichnet) wird im ersten Teil der Richtlinien behandelt). Da es sich hier jedoch nicht um eine freie Erfindung handelt, sondern um eine Erfindung, die entweder aus der dem Arbeitnehmer im Betrieb obliegenden Tätigkeit entstanden ist oder maßgeblich auf Erfahrungen oder Arbeiten des Betriebes beruht, ist ein Abzug zu machen, der den Aufgaben und der Stellung des Arbeitnehmers im Betrieb sowie dem Anteil des Betriebes am Zustandekommen der Diensterfindung entspricht. Dieser Abzug wird im Zweiten Teil der Richtlinien behandelt; der Anteil am Erfindungswert, der sich für den Arbeitnehmer unter Berücksichtigung des Abzugs ergibt, wird hierbei in Form eines in Prozenten ausgedrückten Anteilsfaktors ermittelt. Der dritte Teil der Richtlinien behandelt die rechnerische Ermittlung der Vergütung sowie Fragen der Zahlungsart und Zahlungsdauer.**

(2) **Bei jeder Vergütungsberechnung ist darauf zu achten, dass derselbe Gesichtspunkt für eine Erhöhung oder Ermäßigung der Vergütung nicht mehrfach berücksichtigt werden darf.**

(3) **Die einzelnen Absätze der Richtlinien sind mit Randnummern versehen, um die Zitierung zu erleichtern.**

Die Richtlinie Nr. 2 zeigt den grundsätzlichen Ablauf der Berechnung der Vergütung. Der zentrale Punkt ist der Erfindungswert. Der Erfindungswert bezieht sich auf die wirtschaftliche Verwertung der Erfindung. Der Erfindungswert kann als fiktiver Preis angesehen werden, den ein vernünftig handelnder Marktteilnehmer für den Erwerb der Erfindung ausgeben würde.

Außer dem Erfindungswert ist der Anteilsfaktor ein maßgeblicher Begriff der Amtlichen Vergütungsrichtlinien. Diese beiden Begriffe sind nicht zu vermengen und es ist sicherzustellen, dass ein Faktor, der auf einen dieser Begriffe Einfluss nimmt, nicht auch auf den zweiten Begriff einwirkt. Eine doppelte Berücksichtigung eines wirtschaftlichen Aspekts der Erfindung ist auszuschließen.

Richtlinie Nr. 3 (Berechnungsmethoden des Erfindungswerts bei eigener Verwertung)
Bei betrieblich benutzten Erfindungen kann der Erfindungswert in der Regel (über Ausnahmen vgl. Nummer 4) nach drei verschiedenen Methoden ermittelt werden:
    a) Ermittlung des Erfindungswerts nach der Lizenzanalogie (Nummer 6 ff.)
    Bei dieser Methode wird der Lizenzsatz, der für vergleichbare Fälle bei freien Erfindungen in der Praxis üblich ist, der Ermittlung des Erfindungswertes zugrunde gelegt. Der in Prozenten oder als bestimmter Geldbetrag je Stück oder Gewichtseinheit (vgl. Nummer 39) ausgedrückte Lizenzsatz wird auf eine bestimmte Bezugsgröße (Umsatz oder Erzeugung) bezogen. Dann ist der Erfindungswert die mit dem Lizenzsatz multiplizierte Bezugsgröße.
    b) Ermittlung des Erfindungswertes nach dem erfassbaren betrieblichen Nutzen (Nummer 12).
    Der Erfindungswert kann ferner nach dem erfassbaren Nutzen ermittelt werden, der dem Betrieb aus der Benutzung der Erfindung erwachsen ist.
    c) Schätzung des Erfindungswertes (Nummer 13).
Schließlich kann der Erfindungswert geschätzt werden.

Es werden die drei möglichen Varianten zur Ermittlung des Erfindungswerts erläutert, die für betrieblich genutzte Erfindungen vorgesehen sind. Die wichtigste Variante ist die Lizenzanalogie. Außerdem kann der betriebliche Nutzen festgestellt werden, falls eine Erfindung ausschließlich im eigenen Betrieb genutzt wird. Versagen die beiden ersten Methoden kann der Erfindungswert nur noch geschätzt werden.

Bei den Methoden handelt es sich um Alternativen zur Ermittlung des Erfindungswerts, die eventuell auch nebeneinander angewendet werden können, um dadurch das Ergebnis zu verifizieren.

Richtlinie Nr. 4 (Analogie zum Kaufpreis)
Neben der Methode der Lizenzanalogie nach Nummer 3 a kommen im Einzel-
fall auch andere Analogiemethoden in Betracht. So kann anstatt von dem ana-
logen Lizenzsatz von der Analogie zum Kaufpreis ausgegangen werden, wenn eine
Gesamtabfindung (vgl. Nummer 40) angezeigt ist und der Kaufpreis bekannt ist,
der in vergleichbaren Fällen mit freien Erfindern üblicherweise vereinbart wird.
Für die Vergleichbarkeit und die Notwendigkeit, den Kaufpreis auf das Maß
zu bringen, das für die zu beurteilende Diensterfindung richtig ist, gilt das unter
Nummer 9 Gesagte entsprechend.

Ist bekannt, zu welchem Preis eine vergleichbare Erfindung verkauft wurde, kann dieser
Verkaufspreis im Zuge einer Kaufpreisanalogie genutzt werden, um den Erfindungswert
der vorliegenden Erfindung zu berechnen.

Es wird eine Ausnahme darstellen, dass ein Verkaufspreis für eine vergleichbare
Erfindung bekannt ist. Typischerweise werden die Verkaufsbedingungen geheim
gehalten. Es soll Wettbewerbsunternehmen keine Möglichkeit gegeben werden, die
eigene Kalkulation nachzuvollziehen. Zur Anwendung der Kaufpreisanalogie wird der
Arbeitgeber daher in aller Regel auf eigene Zahlen angewiesen sein.

Eine alternative Anwendung der Kaufpreisanalogie ist die Verwendung eines
angenommenen, fiktiven Verkaufspreises. Der fiktive Verkaufspreis stellt dabei das
Ergebnis einer Berechnung anhand mehrerer Einflussfaktoren dar. Die Einflussfaktoren
beziehen sich insbesondere auf die wirtschaftliche Bedeutung der Erfindung und können
die eingesparten Kosten bei der Herstellung eines Produkts, den Umsatz oder die Marktposition aufgrund der Verwertung der Erfindung berücksichtigen.

Die Kaufpreisanalogie wird zumeist in Großunternehmen angewandt, da diese Vergleichsdaten zu ähnlichen Erfindungen haben bzw. zumindest die relevanten Einflussfaktoren zur Bestimmung eines fiktiven Verkaufspreises ermitteln können.

Richtlinie Nr. 5 (Auswahlkriterien der Berechnungsmethode)
Welche der unter Nummer 3 und 4 aufgeführten Methoden anzuwenden ist, hängt
von den Umständen des einzelnen Falles ab. Wenn der Industriezweig mit Lizenz-
sätzen oder Kaufpreisen vertraut ist, die für die Übernahme eines ähnlichen Erzeug-
nisses oder Verfahrens üblicherweise vereinbart wird, kann von der Lizenzanalogie
ausgegangen werden. Die Ermittlung des Erfindungswertes nach dem erfassbaren
betrieblichen Nutzen kommt vor allem bei Erfindungen in Betracht, mit deren
Hilfe Ersparnisse erzielt werden, sowie bei Verbesserungserfindungen, wenn die
Verbesserung nicht derart ist, dass der mit dem verbesserten Gegenstand erzielte
Umsatz als Bewertungsgrundlage dienen kann; sie kann ferner bei Erfindungen
angewandt werden, die nur innerbetrieblich verwendete Erzeugnisse, Maschinen

oder Vorrichtungen betreffen, und bei Erfindungen, die nur innerbetrieblich verwendete Verfahren betreffen, bei denen der Umsatz keine genügende Bewertungsgrundlage darstellt. Die Methode der Ermittlung des Erfindungswertes nach dem erfassbaren betrieblichen Nutzen hat den Nachteil, dass der Nutzen oft schwer zu ermitteln ist und die Berechnungen des Nutzens schwer überprüfbar sind. In manchen Fällen wird sich allerdings der Nutzen aus einer Verbilligung des Ausgangsmaterials, aus einer Senkung der Lohn-, Energie- oder Instandsetzungskosten oder aus einer Erhöhung der Ausbeute errechnen lassen. Bei der Wahl dieser Methode ist ferner zu berücksichtigen, dass sich für den Arbeitgeber aufgrund der Auskunfts- und Rechnungslegungspflichten, die ihm nach § 242 des Bürgerlichen Gesetzbuches obliegen können, eine Pflicht zu einer weitergehenden Darlegung betrieblicher Rechnungsvorgänge ergeben kann als bei der Ermittlung des Erfindungswertes nach der Lizenzanalogie. Der Erfindungswert wird nur dann zu schätzen sein, wenn er mithilfe der Methoden unter Nummer 3 a und b oder Nummer 4 nicht oder nur mit unverhältnismäßig hohen Aufwendungen ermittelt werden kann (z. B. bei Arbeitsschutzmitteln und -vorrichtungen, sofern sie nicht allgemein verwertbar sind). Es kann ferner ratsam sein, eine der Berechnungsmethoden zur Überprüfung des Ergebnisses heranzuziehen, das mithilfe der anderen Methoden gefunden ist.

Die Richtlinie Nr. 5 gibt Hinweise, welche der drei Verfahren in einer konkreten Situation anzuwenden ist. Außerdem wird empfohlen, mehrere Verfahren parallel anzuwenden, um das Ergebnis der Berechnungen zu verifizieren. Das Ergebnis einer Berechnung des Erfindungswerts ist daher grundsätzlich unabhängig von dem Berechnungsverfahren.

Ein Verifizieren einer ersten Berechnungsmethode durch ein alternatives Verfahren wird jedoch zumeist an der mangelnden Anwendbarkeit einer weiteren Methode scheitern.

Die Methode des Schätzens des Erfindungswerts sollte nur gewählt werden, falls die beiden anderen Methoden nicht anwendbar sind.

Die Methode der Lizenzanalogie erfolgt auf Basis eines angenommenen Lizenzsatzes. Es ist zu ermitteln, was einem freien Erfinder für dieselbe Erfindung als Lizenzgebühr zugestanden worden wäre. Typischerweise würde man mit dem freien Erfinder einen branchenüblichen Lizenzsatz vereinbaren. Der Erfindungswert ergäbe sich dann als der Lizenzsatz multipliziert mit der Bezugsgröße. Die Bezugsgröße ist insbesondere der Umsatz durch ein Produkt, der mit der Erfindung zusätzlich erzeugt wird.

Der betriebliche Nutzen ist die zusätzliche Differenz von Erträgen und Kosten, die sich durch die Erfindung ergibt. Der Erfindungswert wird bei der Methode nach dem erfassbaren betrieblichen Nutzen dadurch bestimmt, dass der betriebliche Nutzen mit einem Umrechnungsfaktor multipliziert wird.

Die Methode der Lizenzanalogie ist grundsätzlich zu präferieren. Die Lizenzanalogie ist die übliche Methode zur Berechnung des Erfindungswerts. Aus dieser überragenden Bedeutung der Lizenzanalogie folgt ein grundsätzlicher Anspruch der Arbeitsvertragsparteien, den Erfindungswert nach dieser Methode zu berechnen.

Wird die Lizenzanalogie zur Berechnung des Erfindungswerts gewählt, ist keine Begründung erforderlich. Andererseits sind die Gründe für die Wahl einer anderen Berechnungsmethode zu erläutern. Der Arbeitgeber ist grundsätzlich verpflichtet, die Auskünfte zu erteilen, um die Berechnungsmethode der Lizenzanalogie einsetzen zu können. Darüberhinausgehende Auskünfte sind nicht zu erteilen.

Die Arbeitsvertragsparteien haben ein grundsätzliches Wahlrecht der Berechnungsmethode. Allerdings besteht ein Anspruch auf eine Berechnung nach der Lizenzanalogie, falls nicht erhebliche Gründe dagegen sprechen. In besonderen Ausnahmefällen kann eine Anwendung der Lizenzanalogie grundsätzlich ausscheiden. Es bleibt jeder Arbeitsvertragspartei unbenommen, zusätzlich den Erfindungswert nach einer anderen Methode zu ermitteln. Grundsätzlich sollte jede Berechnungsweise denselben Erfindungswert ergeben.

Richtlinie Nr. 6 (Lizenzanalogie: Vergleich der Merkmale)
Bei dieser Methode ist zu prüfen, wieweit man einen Vergleich ziehen kann. Dabei ist zu beachten, ob und wieweit in den Merkmalen, die die Höhe des Lizenzsatzes beeinflussen, Übereinstimmung besteht. In Betracht zu ziehen sind insbesondere die Verbesserung oder Verschlechterung der Wirkungsweise, der Bauform, des Gewichts, des Raumbedarfs, der Genauigkeit, der Betriebssicherheit, die Verbilligung oder Verteuerung der Herstellung, vor allem der Werkstoffe und der Arbeitsstunden; die Erweiterung oder Beschränkung der Verwendbarkeit; die Frage, ob sich die Erfindung ohne weiteres in die laufende Fertigung einreihen läßt oder ob Herstellungs- und Konstruktionsänderungen notwendig sind, ob eine sofortige Verwertung möglich ist oder ob noch umfangreiche Versuche vorgenommen werden müssen; die erwartete Umsatzsteigerung, die Möglichkeit des Übergangs von Einzelanfertigung zur Serienherstellung, zusätzliche oder vereinfachte Werbungsmöglichkeiten, günstige Preisgestaltung. Es ist ferner zu prüfen, welcher Schutzumfang dem Schutzrecht zukommt, das auf den Gegenstand der Erfindung erteilt ist, und ob sich der Besitz des Schutzrechts für den Betrieb technisch und wirtschaftlich auswirkt. Vielfach wird auch beim Abschluss eines Lizenzvertrages mit einem kleinen Unternehmen ein höherer Lizenzsatz vereinbart als beim Abschluss mit einer gut eingeführten Großfirma, weil bei dieser im Allgemeinen ein höherer Umsatz erwartet wird als bei kleineren Unternehmen. Außerdem ist bei dem Vergleich zu berücksichtigen, wer in den ähnlichen Fällen, die zum Vergleich herangezogen werden, die Kosten des Schutzrechts trägt.

Das zentrale Problem der Lizenzanalogie ist das Bestimmen des Lizenzsatzes. Einen Lizenzsatz für eine ähnliche Erfindung in derselben Branche kann gefunden werden. Es ist dann jedoch immer noch erforderlich, diesen Lizenzsatz an die tatsächliche Situation anzupassen. Hierbei ist die Bedeutung der Erfindung, der besondere betreffende Markt für das Produkt und die Besonderheiten des Betriebs zu beachten.

Die Methode der Lizenzanalogie ist marktorientiert. Das Ziel ist es, einen marktgerechten Erfindungswert zu bestimmen. Der Erfindungswert kann als der Preis betrachtet werden, den ein vernünftig handelnder Marktteilnehmer bereit wäre, für den Erwerb der Diensterfindung zu bezahlen. Es ist offensichtlich, dass hierbei die jeweiligen besonderen Marktgegebenheiten eine dominante Rolle spielen. Bei den besonderen Marktgegebenheiten sind die Besonderheiten des jeweiligen Marktes, der Wettbewerbssituation, der Kundschaft, der Lieferanten und die Besonderheiten des eigenen Betriebs zu berücksichtigen.

Die Lizenzanalogie ist besonders zur Berechnung von erfinderischen Produkten geeignet, da hierbei der Umsatz einfach zugewiesen werden kann. Allerdings ist auch eine Anwendung bei Herstell- oder Anwendungsverfahren möglich.

Das Verfahren zur Berechnung des Erfindungswerts nach der Lizenzanalogie erfolgt in drei Stufen. Zunächst ist ein sachgerechter Lizenzsatz zu bestimmen. In einem zweiten Schritt ist der Umsatz festzustellen, der auf die Erfindung zurückzuführen ist. Der Erfindungswert ergibt sich als Multiplikation des Lizenzsatzes mit dem erzeugten Umsatz.

Die Bestimmung des Lizenzsatzes kann aufgrund eines firmenüblichen Lizenzvergleichs erfolgen. In kleinen oder mittleren Unternehmen liegen jedoch typischerweise keine Vergleichszahlen vor. In diesem Fall muss auf branchenübliche Lizenzsätze zurückgegriffen werden.

Der Lizenzsatz ist auf die korrekte Bezugsgröße, eventuell als Teil eines verkaufsfähigen Produkts, zu beziehen. Es kann der Fall eintreten, dass sich mehrere vergütungspflichtige Erfindungen auf dieselbe Bezugsgröße beziehen. In diesem Fall ist die Höchstbelastungsgrenze zu beachten. Einem Produkt kann nur ein maximaler Lizenzsatz auferlegt werden, weswegen es auch für den Lizenzsatz zur Berechnung der Vergütung einen Maximalwert gibt. Gegebenenfalls ist der maximal mögliche Lizenzsatz auf mehrere Erfindungen aufzuteilen, falls mehrere vergütungspflichtige Erfindungen in ein Produkt einfließen.

Wichtige Einflussfaktoren zur Ermittlung des angemessenen Lizenzsatzes sind die Einflüsse der Erfindung auf das erfindungsgemäße Produkt, das zum Beispiel wesentlich bessere Eigenschaften im Vergleich zu Konkurrenzprodukten aufweist. Außerdem kann die Erfindung auf die Bauform, das Design, das Gewicht, die Qualität, die Betriebssicherheit oder die Kundenzufriedenheit Einfluss nehmen. Bei der Festsetzung des Lizenzsatzes ist außerdem zu berücksichtigen, ob und dann in welchem Ausmaß die Herstellung eines Produktes von der Erfindung beeinflusst wird. Es kann ebenso relevant sein, welches Material zur Herstellung eines Produkts dank der Erfindung verwendet werden kann oder dass die Herstellung erheblich beschleunigt oder kostengünstiger wird.

Der Lizenzsatz richtet sich zusätzlich danach, wie das wirtschaftliche Monopol einzuschätzen ist, das sich durch die Erfindung ergibt. Ergeben sich Umgehungslösungen der Erfindung ist der Lizenzsatz entsprechend geringer einzuschätzen im Vergleich zu einem umfassenden ökonomischen Monopolrecht. Eine eventuell mangelnde Rechtsbeständigkeit bzw. ein anhängiges Einspruchs- oder Nichtigkeitsverfahren wirken sich betragsmindernd auf den Lizenzsatz aus. Dasselbe gilt für ein laufendes Prüfungsverfahren vor einem Patentamt, bei dem ein erdrückender Stand der Technik vorliegt.

Richtlinie Nr. 7 (Bezugsgröße)

Wenn man mit dem einem freien Erfinder üblicherweise gezahlten Lizenzsatz vergleicht, so muss von derselben Bezugsgröße ausgegangen werden; als Bezugsgrößen kommen Umsatz oder Erzeugung in Betracht. Ferner ist zu berücksichtigen, ob im Analogiefall der Rechnungswert des das Werk verlassenden Erzeugnisses oder der betriebsinterne Verrechnungswert von Zwischenerzeugnissen der Ermittlung des Umsatzwertes zugrunde gelegt worden ist. Bei der Berechnung des Erfindungswertes mithilfe des Umsatzes oder der Erzeugung wird im Allgemeinen von dem tatsächlich erzielten Umsatz oder der tatsächlich erzielten Erzeugung auszugehen sein. Mitunter wird jedoch auch von einem vereinbarten Mindestumsatz oder aber von der Umsatzsteigerung ausgegangen werden können, die durch die Erfindung erzielt worden ist.

Die Richtlinie Nr. 7 beschreibt die Bezugsgröße. Eine Bezugsgröße kann ein Umsatz sein, der sich durch die Erfindung ergibt oder ein erfinderisches Herstellungsverfahren, ohne dass sich durch das Herstellverfahren zwingend ein besonderes Produkt ergeben muss.

Als Umsatz wird die Anzahl der verkauften Produkte multipliziert mit dem Verkaufspreis des Produktes bezeichnet. Allerdings ist dieser Brutto-Umsatz um Beträge zu mindern, die vor dem Eingang beim Arbeitgeber bereits abgezogen werden. Derartige abzugsfähige Beträge sind beispielsweise Provisionen an Handelsvertreter, Rabatte und Skonti. Weitere Abzüge folgen aus Warenrücknahmen und Rückrufaktionen. Hierbei sollte bedacht werden, dass ausbezahlte Vergütungen vom Arbeitgeber nicht mehr zurückgefordert werden können. Ergibt sich daher eine umfangreiche Rückrufaktion, die zu einem Schmälern eines bereits ausbezahlten Vergütungsanspruchs führt, ist eine Rückforderung ausgeschlossen.

In aller Regel wird als Grundlage der Berechnung des Erfindungswerts der Nettoverkaufspreis ab Werk vereinbart. Der Nettoverkaufspreis enthält keine Vertriebskosten,
keine Umsatzsteuer, keine steuerlichen Abgaben oder Zölle. Vergünstigungen für den
Kunden sind ebenfalls abzuziehen, sodass Preisnachlässe, Rabatte, Skonti, Zugaben
oder Boni zu berücksichtigen sind. Die Verpackung kann ebenfalls von dem zugrunde zu
legendem Umsatz abgezogen werden.

Es ist nicht zulässig, Forschungs- und Entwicklungskosten oder Kosten der Patenterteilung von dem relevanten Umsatz abzuziehen.

Die Methode der Lizenzanalogie kann auf ein erfinderisches Herstellverfahren
angewandt werden. Allerdings ist dies vor allem sinnvoll, falls das Herstellverfahren eine
besondere wirtschaftliche Bedeutung einnimmt und daher in der Rechnungslegung des
Arbeitgebers separat berücksichtigt wird.

Umsatzsteigerungen können nicht automatisch einer Diensterfindung zugeordnet
werden. Hierbei ist außerdem zu bewerten, ob für die Umsatzerhöhung etwa erfindungs-
fremde Einflussfaktoren verantwortlich sind. Durch eine starke Marktposition oder ein
gutes Firmenimage können sich Umsatzsteigerungen ergeben. Bei Umsatzsteigerungen
ist daher immer die Kausalität mit der Erfindung zu prüfen.

Werden durch die Diensterfindung nur geringe oder keine Gewinne erzeugt, entfällt
deswegen nicht grundsätzlich der Vergütungsanspruch. Allerdings kann sich dies beim
anzusetzenden Lizenzsatz mindernd auswirken. Dies ist damit zu rechtfertigen, dass der
erfinderische Arbeitnehmer an dem wirtschaftlichen Erfolg partizipieren soll. Eine, aber
nicht die einzige, Kenngröße des wirtschaftlichen Erfolgs ist der Gewinn. Bleibt dieser
aus, muss dies Auswirkungen auf die Vergütung haben. In der Praxis wird von einer
Minderung um 33 % bis 75 % der Vergütung ausgegangen.

Verluste können nur berücksichtigt werden, wenn diese auf die Erfindung bzw. das
erfinderische Produkt zurückzuführen sind. Sind die Verluste auf andere Gründe zurückzuführen, kommt eine Reduzierung des Lizenzsatzes nicht in Betracht. Der erfinderische
Arbeitnehmer hat das unternehmerische Risiko des Arbeitgebers nicht mitzutragen.

In der Praxis des Marketings kann es erforderlich sein, zu sehr niedrigen Verkaufspreisen
eine Markteinführung eines neuen Produkts durchzuführen. Derartige niedrige Verkaufspreise, die marketingbedingt sind, sind bei der Berechnung des Erfindungswerts zu
berücksichtigen. Die Verwendung fiktiver Verkaufspreise, die marktgerecht sein könnten,
zur Berechnung des Erfindungswerts ist unzulässig.

Umsätze mit Ersatzteilen, die der Bezugsgröße zuzuordnen sind, sind in die Berechnung
des Erfindungswerts einzubeziehen.

Richtlinie Nr. 8 (Ermittlung der Bezugsgröße)
Beeinflusst eine Erfindung eine Vorrichtung, die aus verschiedenen Teilen zusammengesetzt ist, so kann der Ermittlung des Erfindungswertes entweder der Wert der ganzen Vorrichtung oder nur der wertbeeinflusste Teil zugrunde gelegt werden. Es ist hierbei zu berücksichtigen, auf welcher Grundlage die Lizenz in dem betreffenden Industriezweig üblicherweise vereinbart wird, und ob üblicherweise der patentierte Teil allein oder nur in Verbindung mit der Gesamtvorrichtung bewertet wird. Dies wird häufig davon abhängen, ob durch die Benutzung der Erfindung nur der Teil oder die Gesamtvorrichtung im Wert gestiegen ist.

Es ist sachgerecht, die richtige Bezugsgröße festzustellen. Andernfalls partizipiert der Arbeitnehmer an technischen Produkten oder Teilen von Produkten, die nicht durch seine Erfindung ihre kennzeichnenden Eigenschaften erhalten haben. Andererseits hat die Bezugsgröße sämtliche Anteile eines Produkts abzudecken, die von der Erfindung betroffen sind.

Voraussetzung für die Charakterisierung als Bezugsgröße ist, dass die Bezugsgröße ihr kennzeichnendes Gepräge durch die Erfindung erhalten hat. Ein Produkt oder ein Teil eines Produktes hat ein kennzeichnendes Gepräge durch eine Erfindung erhalten, falls deren wesentliche Eigenschaften oder Funktionen durch die Erfindung verbessert bzw. verändert wurden.

Bei der Bestimmung der Bezugsgröße ist die Patentanmeldung, falls vorhanden, heranzuziehen. Führte die Anmeldung bereits zu einem Patent, wird vorzugsweise das Patent zur Ermittlung der Bezugsgröße genutzt.

Eine Bezugsgröße ist eine Einheit, auf die sich die Erfindung technisch und wirtschaftlich auswirkt. Zusätzlich muss die Auswirkung der Erfindung auf die technisch-wirtschaftliche Einheit wesentlich sein bzw. die Erfindung beeinflusst grundlegend deren Funktion. Diese kleinste technisch-wirtschaftliche Einheit stellt die anzusetzende Bezugsgröße bei der Berechnung des Erfindungswerts dar.

Richtlinie Nr. 9 (Anpassung des Lizenzsatzes)
Stellt sich bei dem Vergleich heraus, dass sich die Diensterfindung und die zum Vergleich herangezogenen freien Erfindungen nicht in den genannten Gesichtspunkten entsprechen, so ist der Lizenzsatz entsprechend zu erhöhen oder zu ermäßigen. Es ist jedoch nicht gerechtfertigt, den Lizenzsatz mit der Begründung zu ermäßigen, es handele sich um eine Diensterfindung; dieser Gesichtspunkt wird erst bei der Ermittlung des Anteilsfaktors berücksichtigt.

Die Richtlinie Nr. 9 stellt klar, dass der Lizenzsatz nicht deswegen erniedrigt werden darf, weil er zur Berechnung der Vergütung einer Diensterfindung und nicht einer freien Erfindung dient. Dieser Aspekt ist ausschließlich beim Anteilsfaktor zu berücksichtigen.

Werden Vergleichsdaten zur Ermittlung des Lizenzsatzes genutzt, so ist der Lizenzsatz entsprechend einem technischen und wirtschaftlichen Vergleich der jeweiligen Situationen zu erhöhen oder zu erniedrigen.

Richtlinie Nr. 10 (Branchenübliche Lizenzsätze)
Anhaltspunkte für die Bestimmung des Lizenzsatzes in den einzelnen Industriezweigen können daraus entnommen werden, dass z. B. im Allgemeinen

- **in der Elektroindustrie ein Lizenzsatz von 1/2–5 %,**
- **in der Maschinen- und Werkzeugindustrie ein Lizenzsatz von 1/3–10 %,**
- **in der chemischen Industrie ein Lizenzsatz von 2–5 %,**
- **auf pharmazeutischem Gebiet ein Lizenzsatz von 2–10 % vom Umsatz üblich ist.**

Die Richtlinie Nr. 10 gibt für einzelne Branchen einen Bereich an, in dem sich typischerweise Lizenzsätze bewegen. Bedauerlicherweise sind die Werte veraltet. Außerdem gibt die Richtlinie keinen Bezug zur wirtschaftlich-technischen Bezugsgröße an. Die Lizenzsätze stehen isoliert dar, weswegen regelmäßig der Einfachheit halber das arithmetische Mittel der Endpunkte der Intervalle als Lizenzsatz verwendet wird. Die Richtlinie Nr. 10 verleitet daher dazu, keine substanzielle Begründung für den gewählten Lizenzsatz zu liefern.

In aller Regel ist davon auszugehen, dass aktuelle Lizenzsätze im Vergleich zu denen der Richtlinie Nr. 10 niedriger sind.

Der anzuwendende Lizenzsatz richtet sich auch nach der Erfindungshöhe. Stellt die Erfindung eine inkrementelle Erfindung dar, werden die Gewinne voraussichtlich gering ausfallen. Es ist dann ein kleiner Lizenzsatz zu wählen. Liegt hingegen eine disruptive bzw. radikale Erfindung vor, wird mit dem erfinderischen Produkt ein großer Gewinn zu erzielen sein. Es ist ein höherer Lizenzsatz gerechtfertigt.

Bei Massenartikeln wird eher ein kleiner Lizenzsatz anzusetzen sein. Ist bekannt, dass das erfinderische Produkt für einen Markt mit einem scharfen Wettbewerb vorgesehen ist, ist ebenfalls von einem kleinen Lizenzsatz auszugehen, da mit dem erfinderischen Produkt nur geringe Margen erreichbar sind.

Aktuell kann in der Elektroindustrie von Lizenzsätzen zwischen 1 % und 2,5 % ausgegangen werden. In der Maschinen- und Werkzeugindustrie sind Lizenzsätze zwischen 3 % und 5 % üblich. In der chemischen Industrie ist von einem Lizenzsatz zwischen

0,5 % und 1 % auszugehen. Für die pharmazeutische Industrie können Lizenzsätze zwischen 3 % und 5 % als angemessen angesehen werden. In der Automobil- und Zulieferindustrie sind Lizenzsätze zwischen 0,5 % und 1 % üblich.

Richtlinie Nr. 11 (Abstaffelung)

Für den Fall besonders hoher Umsätze kann die nachfolgende, bei Umsätzen über 3 Mio. DM einsetzende Staffel als Anhalt für eine Ermäßigung des Lizenzsatzes dienen, wobei jedoch im Einzelfall zu berücksichtigen ist, ob und in welcher Höhe in den verschiedenen Industriezweigen solche Ermäßigungen des Lizenzsatzes bei freien Erfindungen üblich sind:

Bei einem Gesamtumsatz:
von 0–3 Mio. DM: keine Ermäßigung des Lizenzsatzes,
von 3–5 Mio. DM: 10 % ige Ermäßigung des Lizenzsatzes für den 3 Mio. DM übersteigenden Umsatz,
von 5–10 Mio. DM: 20 % ige Ermäßigung des Lizenzsatzes für den 5 Mio. DM übersteigenden Umsatz,
von 10–20 Mio. DM: 30 % ige Ermäßigung des Lizenzsatzes für den 10 Mio. DM übersteigenden Umsatz,
von 20–30 Mio. DM: 40 % ige Ermäßigung des Lizenzsatzes für den 20 Mio. DM übersteigenden Umsatz,
von 30–40 Mio. DM: 50 % ige Ermäßigung des Lizenzsatzes für den 30 Mio. DM übersteigenden Umsatz,
von 40–50 Mio. DM: 60 % ige Ermäßigung des Lizenzsatzes für den 40 Mio. DM übersteigenden Umsatz,
von 50–60 Mio. DM: 65 % ige Ermäßigung des Lizenzsatzes für den 50 Mio. DM übersteigenden Umsatz,
von 60–80 Mio. DM: 70 % ige Ermäßigung des Lizenzsatzes für den 60 Mio. DM übersteigenden Umsatz,
von 80–100 Mio. DM: 75 % ige Ermäßigung des Lizenzsatzes für den 80 Mio. DM übersteigenden Umsatz,
von 100 Mio. DM: 80 % ige Ermäßigung des Lizenzsatzes für den 100 Mio. DM übersteigenden Umsatz.

Beispiel: Bei einem Umsatz von 10 Mio. DM ist der Lizenzsatz wie folgt zu ermäßigen: Bis 3 Mio. DM keine Ermäßigung, für den 3 Mio. DM übersteigenden Umsatz von 2 Mio. um 10 %, für den 5 Mio. DM übersteigenden Umsatz von 5 Mio. um 20 %. Da bei Einzelstücken mit sehr hohem Wert in aller Regel bereits der Lizenzsatz herabgesetzt wird, ist in derartigen Fällen der Lizenzsatz nicht nach der vorstehenden Staffel zu ermäßigen, wenn schon ein einziges unter Verwendung der Erfindung hergestelltes Erzeugnis oder, sofern dem Erfindungswert nur der von der Erfindung wertbeeinflusste Teil des Erzeugnisses zugrunde gelegt wird, dieser

Teil einen Wert von mehr als 3 Mio. DM hat. Dasselbe gilt, wenn wenige solcher Erzeugnisse oder nur wenige solcher Teile des Erzeugnisses einen Wert von mehr als 3 Mio. DM haben.

Eine Abstaffelung ist nicht zulässig, falls durch ein einzelnes Produkt der Schwellwert zur Abstaffelung überschritten wird oder falls es sich bei der Diensterfindung um eine Pioniererfindung handelt.

Bei der Abstaffelung ist auf den Gesamtumsatz abzustellen, der für die gesamte Nutzungszeit anfällt, und nicht nur auf den jeweiligen jährlichen Umsatz.

Eine Abstaffelung ist nicht nur auf Diensterfindungen, sondern auch auf betriebsgeheime Erfindungen und technische Verbesserungsvorschläge anzuwenden.

Eine Abstaffelung ist grundsätzlich abzulehnen, falls hohe Umsätze auf die Qualität der Erfindung und nicht auf die betrieblichen Umstände zurückzuführen sind. Liegt eine Pioniererfindung vor, kann sich eine dominante Marktposition des Arbeitgebers ergeben und die hohen Umsätze sind kausal durch die Diensterfindung bedingt. Eine entsprechende Kausalität verbietet eine Abstaffelung.

Nachfolgend ist die Abstaffelung von Umsätzen dargestellt, die sich durch die Verwertung einer Diensterfindung ergeben (siehe Tab. 6.1).[1]

Tab. 6.1 Umsatzabstaffelung

Umsatzabstaffelung				
erfindungsgemäßer Umsatz in Euro			ermäßigt um	kumulierter Umsatz in Euro
1	bis	1.533.876	0 %	1.533.876
1.533.876	bis	2.556.459	10 %	2.454.201
2.556.459	bis	5.112.919	20 %	4.499.369
5.112.919	bis	10.225.838	30 %	8.078.412
10.225.838	bis	15.338.756	40 %	11.146.163
15.338.756	bis	20.451.675	50 %	13.702.622
20.451.675	bis	25.564.594	60 %	15.747.790
25.564.594	bis	30.677.513	65 %	17.537.312
30.677.513	bis	40.903.350	70 %	20.605.063
40.903.350	bis	51.129.188	75 %	23.161.522
51.129.188	bis	…	80 %	…

---

[1] Kaube, Gewerblicher Rechtsschutz und Urheberrecht, 1986, 572, 573.

Rechenbeispiel 1 Über die komplette Nutzungsdauer der Erfindung wird ein Umsatz von 20 Millionen Euro erzielt. Der Lizenzsatz wird mit 1% festgestellt. Es ist eine Abstaffelung erforderlich, deswegen ergibt sich die Bezugsgröße der Erfindung nicht als der Umsatz von 20 Millionen Euro, sondern als der abgestaffelte Umsatz. Zur Berechnung des abgestaffelten Umsatzes nach der Tab. 6.1 wird der Umsatz in zwei Beträge unterteilt, nämlich in einen Betrag, der dem oberen Ende eines Umsatzbereichs entspricht und einem Restbetrag, der in einen darauffolgenden Umsatzbereich fällt. Der Betrag von 20 Millionen Euro kann in folgende Beträge aufgeteilt werden:

20 Millionen Euro = 15.338.756 € + 4.661.244 €. Für den Betrag von 15.338.756 € kann aus der Abb. 6.1 ein kumulierter Umsatz von 11.146.163 € entnommen werden. Für den Restbetrag ist ein Abschlag von 50% vorzunehmen. Es ergibt sich daher als Bezugsgröße:

Bezugsgröße = 11.146.163 + 4.661.244 x 0,5 = 13.476.785 €

Der Erfindungswert ergibt sich daher als:

Erfindungswert = 13.476.785 € x 0,01 = 134.768 €

Rechenbeispiel 2 Es wird von einem abzustaffelndem Umsatz von 200 Millionen Euro ausgegangen. Der Umsatz kann in folgende Beträge unterteilt werden:

200 Millionen Euro = 51.129.188 € + 148.870.812 €. Nach der Tab. 6.1 ergibt sich für den Betrag 51.129.188 € ein abgestaffelter Betrag von 23.161.522. Für den Betrag von 148.870.812 € ist eine Ermäßigung um 80% vorzunehmen, sodass dieser Betrag mit einem Faktor 0,2 zu multiplizieren ist. Die Bezugsgröße ergibt sich daher als:

Bezugsgröße = 23.161.522 € + 148.870.812 x 0,2 € = 52.935.684 €

Nachfolgend ist die Abstaffelung eines betrieblichen Nutzens einer Diensterfindung dargestellt (siehe Tab. 6.2).[2]

Rechenbeispiel 1 Die durch die Diensterfindung erreichte Ersparnis wird mit einem Betrag von 2.200.000 € beziffert. Dieser Wert kann in zwei Teilbeträge aufgeteilt werden: 2.200.000 € = 2.045.168 € + 154.832 €. Für den Teilbetrag von 2.045.168 € ergibt sich ein kumulierter Nutzen von 1.615.682 €. Für den restlichen Teilbetrag von 154.832 € ist eine Ermäßigung um 40% anzusetzen. Das bedeutet, dass dieser Teilbetrag mit einem Faktor 0,6 zu multiplizieren ist. Der abgestaffelte Nutzen ist daher: Abgestaffelter Nutzen = 1.615.682 € + 154.832 x 0,6 = 1.708.581 €. Der Erfindungswert ergibt sich mit dem regelmäßigen Umrechnungsfaktor von 0,2 als: Erfindungswert = 1.708.581 € x 0,2 = 341.716 €.

Rechenbeispiel 2 Es wird ein betrieblicher Nutzen von 22 Millionen Euro errechnet. Der Betrag von 22 Millionen Euro kann in folgende Teilbeträge unterteilt werden: 22.000.000 € = 10.225.838 € + 11.774.162 €. Der Teilbetrag 11.774.162 € wird um 80%

---

[2] Kaube, Gewerblicher Rechtsschutz und Urheberrecht, 1986, 572, 573 f.

Tab. 6.2 Nutzenabstaffelung

Nutzenabstaffelung				
erfindungsgemäßer Nutzen in Euro			ermäßigt um	kumulierter Nutzen in Euro
1	bis	306.775	0 %	306.775
306.775	bis	511.292	10 %	490.840
511.292	bis	1.022.584	20 %	899.874
1.022.584	bis	2.045.168	30 %	1.615.682
2.045.168	bis	3.067.751	40 %	2.229.233
3.067.751	bis	4.090.335	50 %	2.740.524
4.090.335	bis	5.112.919	60 %	3.149.558
5.112.919	bis	6.135.503	65 %	3.507.462
6.135.503	bis	8.180.670	70 %	4.121.013
8.180.670	bis	10.225.838	75 %	4.632.304
10.225.838	bis	…	80 %	…

ermäßigt. Dieser Teilbetrag ist also mit einem Faktor 0,2 zu multiplizieren. Daraus ergibt sich der abgestaffelte Nutzen als: Abgestaffelter Nutzen = 4.632.304 + 11.774.162 x 0,2 = 6.987.136 €. Der Erfindungswert ergibt sich mit dem regelmäßigen Umrechnungsfaktor von 0,2 als: Erfindungswert = 6.987.136 x 0,2 = 1.397.427 €.

Richtlinie Nr. 12 (Erfassbarer betrieblicher Nutzen als Differenz von Kosten und Erträgen)

Unter dem erfassbaren betrieblichen Nutzen (vgl. zur Anwendung dieser Methode Nummer 5) ist die durch den Einsatz der Erfindung verursachte Differenz zwischen Kosten und Erträgen zu verstehen. Die Ermittlung dieses Betrages ist durch Kosten- und Ertragsvergleich nach betriebswirtschaftlichen Grundsätzen vorzunehmen. Hierbei sind die Grundsätze für die Preisbildung bei öffentlichen Aufträgen anzuwenden (vgl. die Verordnung PR Nr. 30/53 über die Preise bei öffentlichen Aufträgen vom 21. November 1953 und die Leitsätze für die Preisermittlung aufgrund von Selbstkosten), sodass also auch kalkulatorische Zinsen und Einzelwagnisse, ein betriebsnotwendiger Gewinn und gegebenenfalls ein kalkulatorischer Unternehmerlohn zu berücksichtigen sind. Der so ermittelte Betrag stellt den Erfindungswert dar. Kosten, die vor der Fertigstellung der Erfindung auf die Erfindung verwandt worden sind, sind bei der Ermittlung des Erfindungswertes nicht abzusetzen. Sie sind vielmehr bei der Ermittlung des Anteilsfaktors im Zweiten Teil der Richtlinien zu berücksichtigen, und zwar, soweit es sich um die Kosten für die Arbeitskraft des Erfinders selbst handelt, entsprechend der Tabelle c in Nummer 34, soweit es sich um sonstige Kosten vor der Fertigstellung der Erfindung handelt, entsprechend der Tabelle b in Nummer 32 (technische Hilfsmittel).

Die Ermittlung des Erfindungswerts nach dem erfassbaren betrieblichen Nutzen scheint eine exakte Berechnungsmethode zu sein. Allerdings liegt das Problem bei dieser Methode bei der Bestimmung des betrieblichen Nutzens. Der betriebliche Nutzen ergibt sich als verursachte Differenz zwischen Kosten und Erträgen. Es ist das Problem dieser Methode, die der Erfindung zuzurechnenden Kosten und Erträge von den Kosten und Erträgen der restlichen geschäftlichen Tätigkeit des Betriebs abzugrenzen. Die Methode ist daher nur mit Schätzungen durchführbar, die zu erheblichen Ungenauigkeiten führen.

Eine weitere Problematik dieser Methode ergibt sich, falls die Differenz zwischen Erträgen und Kosten Null ist. In diesem Fall trägt der Erfinder das unternehmerische Risiko des Arbeitgebers mit und der Erfinder geht leer aus. Ein Grundsatz bei der Berechnung des Erfindungswerts soll sein, dass der Erfinder nicht am unternehmerischen Risiko beteiligt wird. Aus diesem Grund setzt die Methode nach der Lizenzanalogie an dem Umsatz an und nicht am Gewinn des Arbeitgebers. Dieser Grundsatz wird durch die Methode der Berechnung des erfassbaren betrieblichen Nutzens von vorneherein verletzt.

Wird die Erfindung des Arbeitnehmers benutzt und führt sie mit dem Berechnungsverfahren nach dem erfassbaren betrieblichen Nutzen zu einem Ergebnis Null oder einem negativen Nutzen, so ist dieses Berechnungsverfahren für diese Erfindung abzulehnen. In diesem Fall führte die Benutzung zu keinem Vorteil, denn das unternehmerische Risiko des Arbeitgebers trat ein. Der Arbeitnehmer soll aber gerade nicht das unternehmerische Risiko mittragen, da er es auch nicht beeinflussen kann.

Der erfassbare betriebliche Nutzen ist die Differenz zwischen Kosten und Erträgen, die der Erfindung zuzurechnen sind. Die Kosten und Erträge sind gemäß den betriebswirtschaftlichen Berechnungsweisen des betrieblichen Rechnungswesens zu ermitteln. Die Kosten ergeben sich als der Wert der aufgrund der Erfindung verbrauchten Güter und Dienstleistungen. Hierzu zählen beispielsweise die Preise für verbrauchte Materialien, Löhne, Einsatz von Werkzeugmaschinen, Energieverbrauch und Fremdleistungen, beispielsweise Zwischenerzeugnisse oder Beratungsdienstleistungen. Zu berücksichtigen sind auch Kosten zur Erlangung eines Schutzrechts.

Ein Problem stellen Gemeinkosten dar, da sie definitionsgemäß keinem Produkt oder Verfahren direkt zurechenbar sind. Gemeinkosten sind Verwaltungs- und Vertriebskosten, Mieten und Abschreibungen. Die Gemeinkosten betreffen den gesamten Betrieb und können nur durch Schlüsselung, die auf Vermutungen basiert, einzelnen Produkten zugeordnet werden.

Die Methode der Berechnung des erfassbaren betrieblichen Nutzens wird bevorzugt bei technischen Verbesserungsvorschlägen genutzt. Eine Anwendung bei Patenten, Gebrauchsmustern und betriebsgeheimen Erfindungen ist ebenfalls möglich.

Die Richtlinie bestimmt, dass der erfassbare betriebliche Nutzen dem Erfindungswert entsprechen soll. Wäre der Erfinder nicht ein Arbeitnehmer, sondern ein freier Erfinder, würde dem freien Erfinder demnach der komplette erfassbare betriebliche Nutzen zustehen. In diesem Fall jedoch würde kein Arbeitgeber die Erfindung anwenden, da ihm nur Mühen und keine Vorteile entstehen würden. Es ist dem Arbeitgeber daher auch ein Anteil an dem erfassbaren betrieblichen Nutzen zuzugestehen.

Zur Aufteilung des erfassbaren betrieblichen Nutzens zwischen dem Arbeitgeber und dem erfinderischen Arbeitnehmer wird ein Umrechnungsfaktor angesetzt. Der Umrechnungsfaktor wird mit dem erfassbaren betrieblichen Nutzen multipliziert, um den Erfindungswert zu erhalten. Der Umrechnungsfaktor liegt in aller Regel zwischen 1/8 und 1/3, wobei die untere Grenze nicht zu unterschreiten ist. Bei Gebrauchsmustern werden geringere Umrechnungsfaktoren angesetzt. Für Gebrauchsmuster kann von einem Bereich zwischen 1/12 und 2/10 ausgegangen werden.

Ein kleiner Umrechnungsfaktor ist bei Erfindungen, die nicht erprobt sind oder noch nicht einsatzfähig sind, sachgerecht. Weitere Gründe für einen geringen Umrechnungs-faktor können die Nähe zum Stand der Technik, ein erdrückender Stand der Technik in einem Prüfungsverfahren vor einem Patentamt oder ein anhängiges Einspruchs- oder Nichtigkeitsverfahren sein. Führt das Erteilungsverfahren zum Patent oder sind das Einspruchs- oder Nichtigkeitsverfahren erfolglos, hat der Arbeitgeber das wegen dem Erteilungs-, Einspruchs- oder Nichtigkeitsverfahren eingesparte dem Arbeitnehmer nach-träglich ohne Abzug zu übertragen.

Richtlinie Nr. 13 (Erfindungswert durch Schätzung)
In einer Reihe von Fällen versagen die dargestellten Methoden zur Ermittlung des Erfindungswertes, weil keine ähnlichen Fälle vorliegen oder weil ein Nutzen nicht erfasst werden kann. In solchen oder ähnlichen Fällen muss der Erfindungswert geschätzt werden (vgl. zur Anwendung der Schätzungsmethode den letzten Absatz der Nummer 5). Hierbei kann von dem Preis ausgegangen werden, den der Betrieb hätte aufwenden müssen, wenn er die Erfindung von einem freien Erfinder hätte erwerben wollen.

Eine Vergütung einer Erfindung darf nicht deshalb verweigert werden, weil die Berechnung der Höhe der Vergütung nicht möglich erscheint. Kommen die Methoden der Lizenzanalogie und der Berechnung des erfassbaren betrieblichen Nutzens nicht in Betracht, ist die Methode der Schätzung anzuwenden. Hierbei sollte nicht ver-gessen werden, dass die anderen beiden Methoden zumindest zum Teil ebenfalls auf Schätzungen beruhen. Die Methode der Schätzung des Erfindungswerts arbeitet durch-gängig mit Schätzungen, wobei die beiden anderen Methoden zumindest in Teilaspekten auf Basis von Schätzungen zu einem Erfindungswert gelangen.

Die Methode der Schätzung ist insbesondere bei Erfindungen sinnvoll, die sich mit der Qualitätssteigerung und der Verbesserung von Analyse-, Prüf- und Messverfahren befassen.

Eine Abstaffelung hoher Erfindungswerte ist grundsätzlich möglich. Es gelten dieselben Grundsätze wie bei den anderen Berechnungsmethoden, weswegen bei hohen Erfindungswerten, die kausal mit der Erfindung in Verbindung stehen, keine Abstaffelung vorzunehmen ist. Dies gilt insbesondere für Pioniererfindungen.

Eine Schätzung des Erfindungswerts kann beispielsweise anhand von Pauschalabgeltungen oder Prämien erfolgen, die für ähnliche Erfindungen gezahlt wurden.

Richtlinie Nr. 14 (Erfindungswert bei einem Lizenzvertrag)
Wird die Erfindung nicht betrieblich benutzt, sondern durch Vergabe von Lizenzen verwertet, so ist der Erfindungswert gleich der Nettolizenzeinnahme. Um den Nettobetrag festzustellen, sind von der Bruttolizenzeinnahme die Kosten der Entwicklung nach Fertigstellung der Erfindung abzuziehen sowie die Kosten, die aufgewandt wurden, um die Erfindung betriebsreif zu machen; ferner sind die auf die Lizenzvergabe im Einzelfall entfallenden Kosten der Patent- und Lizenzverwaltung, der Schutzrechtsübertragung, sowie die mit der Lizenzvergabe zusammenhängenden Aufwendungen (z. B. Steuern, mit Ausnahme der inländischen reinen Ertragssteuern, Verhandlungskosten) abzuziehen. Soweit solche Kosten entstanden sind, wird außerdem ein entsprechender Anteil an den Gemeinkosten des Arbeitgebers zu berücksichtigen sein, soweit die Gemeinkosten nicht schon in den vorgenannten Kosten enthalten sind. Ferner ist bei der Ermittlung der Nettolizenzeinnahme darauf zu achten, ob im Einzelfall der Arbeitgeber als Lizenzgeber ein Risiko insofern eingeht, als er auch in der Zukunft Aufwendungen durch die Verteidigung der Schutzrechte, durch die Verfolgung von Verletzungen und aus der Einhaltung von Gewährleistungen haben kann. Soweit die Einnahmen nicht auf der Lizenzvergabe, sondern auf der Übermittlung besonderer Erfahrungen (know how) beruht, sind diese Einnahmen bei der Berechnung des Erfindungswertes von der Bruttolizenzeinnahme ebenfalls abzuziehen, wenn diese Erfahrungen nicht als technische Verbesserungsvorschläge im Sinne des § 20 Abs. 1 des Gesetzes anzusehen sind. Bei der Beurteilung der Frage, ob und wieweit die Einnahme auf der Übermittlung besonderer Erfahrungen beruht, ist nicht allein auf den Inhalt des Lizenzvertrages abzustellen; vielmehr ist das tatsächliche Verhältnis des Wertes der Lizenz zu dem der Übermittlung besonderer Erfahrungen zu berücksichtigen. Eine Ermäßigung nach der Staffel in Nummer 11 ist nur insoweit angemessen, als sie auch dem Lizenznehmer des Arbeitgebers eingeräumt worden ist.

Bei der Berechnung des Erfindungswerts anhand einer Lizenzvergabe, ist zu berücksichtigen, ob zusammen mit der Erfindung zusätzliches Know-How des Betriebs lizenziert wird. Entsprechend ist der Wert des Know-Hows in Abzug zu bringen.

Dem Arbeitgeber ist unbenommen, eine Freilizenz, also eine Lizenz ohne Gegenleistung, zu vergeben. Der Arbeitgeber ist in seinem unternehmerischen Handeln nicht beschränkt. Allerdings bedeutet eine Freilizenz nicht, dass die Vergütung entfällt. Vielmehr ist nach dem Gegenwert zu fahnden, der sich für den Arbeitgeber aus der Freilizenz ergibt. Eventuell wird hierdurch ein Patent vor einem Angriff bewahrt, wodurch die Umsätze mit diesem Patent verteidigt werden.

In der Praxis nimmt die Bedeutung von Negativ-Lizenzen zu. Hierbei erwirbt der Lizenznehmer kein Recht zur Nutzung, sondern der Lizenzgeber verpflichtet sich, das zugrunde liegende Patent nicht für ein Verletzungsverfahren gegen den Lizenznehmer zu verwenden. Die Einnahmen aus einer Negativ-Lizenz dienen der Berechnung des Erfindungswerts wie gewöhnliche Lizenzeinnahmen.

Eine Gegenleistung eines Lizenzvertrags können geldwerte Leistungen sein. Geldwerte Leistungen oder andere Kompensationsgeschäfte stellen in diesem Fall die Berechnungsgrundlage des Erfindungswerts dar.

Der Arbeitgeber kann von den Lizenzeinnahmen die zuordenbaren Kosten abziehen. Außerdem sind die kalkulatorischen Kosten abzuziehen. Die kalkulatorischen Kosten umfassen insbesondere eine Einrechnung des unternehmerischen Risikos und den kalkulatorischen Gewinn, also den Gewinn, der sich für den Arbeitgeber aufgrund seiner Bemühungen ergeben soll.

Die Berücksichtigung der kalkulatorischen Kosten erfolgt durch einen Umrechnungsfaktor. Typischerweise wird ein Umrechnungsfaktor zwischen 1/8 und 1/3 gewählt.

In aller Regel wird ein Umrechnungsfaktor von 1/3 gewählt, wobei zuvor von den Lizenzeinnahmen sämtliche Entwicklungs- und Patenterteilungskosten abgezogen werden. Außerdem sind die Lizenzeinnahmen um den Anteil zu bereinigen, der sich aufgrund eines Know-How-Transfers ergibt.

Richtlinie Nr. 15 (Pauschale Abgeltung des Erfinders bei einem Lizenzvertrag)
Macht die Berechnung dieser Unkosten und Aufgaben große Schwierigkeiten, so kann es zweckmäßig sein, in Analogie zu den üblichen Arten der vertraglichen Ausgestaltung zwischen einem freien Erfinder als Lizenzgeber und dem Arbeitgeber als Lizenznehmer zu verfahren. In der Praxis wird ein freier Erfinder wegen der bezeichneten Kosten und Aufgaben eines Generallizenznehmers (Lizenznehmer einer ausschließlichen unbeschränkten Lizenz) mit etwa 20 bis 50 %, in besonderen Fällen auch mit mehr als 50 % und in Ausnahmefällen sogar mit über 75 % der Bruttolizenzeinnahme beteiligt, die durch die Verwertung einer Erfindung erzielt wird. Zu berücksichtigen ist im Einzelnen, ob bei der Lizenzvergabe ausschließliche unbeschränkte Lizenzen oder einfache oder beschränkte

Lizenzen erteilt werden. Bei der Vergabe einer ausschließlichen unbeschränkten Lizenz behält der Arbeitgeber kein eigenes Benutzungsrecht, wird im Allgemeinen auch keine eigenen weiteren Erfahrungen laufend zu übermitteln haben. Hier wird daher der Erfindungswert eher bei 50 % und mehr anzusetzen sein. Bei der Vergabe einer einfachen oder beschränkten Lizenz wird bei gleichzeitiger Benutzung der Erfindung durch den Arbeitgeber, wenn damit die laufende Übermittlung von eigenen Erfahrungen verbunden ist, der Erfindungswert eher an der unteren Grenze liegen.

In der Praxis wird die Möglichkeit einer Pauschalabgeltung gerne genutzt. Üblicherweise wird ein Umrechnungsfaktor von 20 % der Lizenzeinnahmen dem Erfinder zuerkannt, wobei ein Abzug eines Know-How-Transfers nicht vorgenommen wird.

Ist jedoch der Know-How-Anteil der überragende Faktor des Lizenzvertrags, ist eine Vernachlässigung des Know-How-Transfers nicht zulässig und der Umrechnungsfaktor ist geringer anzusetzen. Umfasst die Lizenzvereinbarung andererseits kein Know-How-Transfer wird der Umrechnungsfaktor höher angenommen. Höhere Umrechnungsfaktoren können zwischen 25 % und 30 % liegen.

Richtlinie Nr. 16 (Erfindungswert bei Verkauf einer Erfindung)

Wird die Erfindung verkauft, so ist der Erfindungswert ebenfalls durch Verminderung des Bruttoertrages auf den Nettoertrag zu ermitteln. Im Gegensatz zur Lizenzvergabe wird hierbei jedoch in den meisten Fällen nicht damit zu rechnen sein, daß noch zukünftige Aufgaben und Belastungen des Arbeitgebers als Verkäufer zu berücksichtigen sind. Bei der Ermittlung des Nettoertrages sind alle Aufwendungen für die Entwicklung der Erfindung, nachdem sie fertiggestellt worden ist, für ihre Betriebsreifmachung, die Kosten der Schutzrechtserlangung und -übertragung, die mit dem Verkauf zusammenhängenden Aufwendungen (z. B. Steuern, mit Ausnahme der inländischen reinen Ertragssteuern, Verhandlungskosten) sowie ein entsprechender Anteil an den Gemeinkosten des Arbeitgebers, soweit sie nicht schon in den vorgenannten Kosten enthalten sind, zu berücksichtigen. Soweit der Kaufpreis nicht auf der Übertragung des Schutzrechts, sondern auf der Übermittlung besonderer Erfahrungen (Know-How) beruht, sind diese Einnahmen bei der Berechnung des Erfindungswertes ebenfalls von dem Bruttoertrag abzuziehen, wenn diese Erfahrungen nicht als technische Verbesserungsvorschläge im Sinne des § 20 Abs. 1 des Gesetzes anzusehen sind. Bei der Beurteilung der Frage, ob und wieweit der Kaufpreis auf der Übermittlung besonderer Erfahrungen beruht, ist nicht allein auf den Inhalt des Kaufvertrages abzustellen; vielmehr ist das tatsächliche Verhältnis des Wertes des Schutzrechts zu dem der Übermittlung besonderer Erfahrungen zu berücksichtigen.

Ein Verkauf einer Erfindung kann sich beispielsweise durch einen Betriebsübergang ergeben. Tritt jedoch der Erwerber des Betriebs in das Arbeitsverhältnis des erfinderischen Arbeitnehmers ein, ergibt sich keine Vergütungspflicht aufgrund des Betriebsübergangs. Widerspricht der Arbeitnehmer dem Übergang seines Arbeitsverhältnisses, bleibt sein bisheriger Arbeitgeber der Schuldner der Vergütungspflicht.

Wird eine Erfindung bzw. das Patent, das die Erfindung umfasst, verkauft, ergibt sich als Fälligkeit des Vergütungsanspruchs der Zeitpunkt des Eingangs des Kaufpreises beim Arbeitgeber. Der Abschluss des Kaufvertrags oder der Zeitpunkt des Rechtsübergangs definieren nicht den Tag der Fälligkeit. Spätestens drei Monate nach Eingang des Kaufpreiserlöses ist der Vergütungsanspruch des erfinderischen Arbeitnehmers zu entrichten.

Abschläge zum bezahlten Kaufpreis sind nicht vorzunehmen. Eine Ausnahme kann sich ergeben, falls der Arbeitgeber Haftungsrisiken zu gewärtigen hat und hierfür Rückstellungen bildet.

Der Erfindungswert ergibt sich als der erzielte Kaufpreis multipliziert mit einem Umrechnungsfaktor. Der Umrechnungsfaktor berücksichtigt die Honorierung der geschäftlichen Aktivitäten des Arbeitgebers und das unternehmerische Risiko.

Der anzusetzende Umrechnungsfaktor für die Berechnung des Erfindungswerts bei einem Verkauf der Erfindung liegt in der Regel in einem Bereich zwischen 1/5 und 1/2. Ein in der Praxis häufig verwendeter Umrechnungsfaktor ist 40 %.

Richtlinie Nr. 17 (Kreuzlizenzierung – Cross-Licensing)
Wird die Erfindung durch einen Austauschvertrag verwertet, so kann versucht werden, zunächst den Gesamtnutzen des Vertrages für den Arbeitgeber zu ermitteln, um sodann durch Abschätzung der Quote, die auf die in Anspruch genommene Diensterfindung entfällt, ihren Anteil am Gesamtnutzen zu ermitteln. Ist dies untunlich, so wird der Erfindungswert nach Nummer 13 geschätzt werden müssen. Soweit Gegenstand des Austauschvertrages nicht die Überlassung von Schutzrechten oder von Benutzungsrechten, sondern die Überlassung besonderer Erfahrungen (Know-How) ist, ist dies bei der Ermittlung des Gesamtnutzens des Vertrages zu berücksichtigen, soweit diese Erfahrungen nicht als technische Verbesserungsvorschläge im Sinne des § 20 Abs. 1 des Gesetzes anzusehen sind. Bei der Beurteilung der Frage, ob und wieweit die Übermittlung besonderer Erfahrungen Gegenstand des Austauschvertrages sind, ist nicht allein auf den Inhalt des Vertrages abzustellen; vielmehr ist das tatsächliche Verhältnis des Wertes der Schutzrechte zu dem der Übermittlung besonderer Erfahrungen zu berücksichtigen.

Eine Kreuzlizenzierung bzw. Cross-Licensing stellt eine wechselseitige Einräumung von Benutzungsrechten aus Patenten dar. Die Gegenleistung für die Verwertung der

Erfindung ist daher keine Geldleistung, sondern das Unterlassen eines Dritten sein Patent gegen den Arbeitgeber einzusetzen.

Zur Berechnung des Erfindungswerts sind die geldwerten wirtschaftlichen Vorteile des Arbeitgebers zu betrachten. Es ist nicht auf die wirtschaftlichen Vorteile des Vertrags-partners abzustellen. Kann der Vertragspartner der Kreuzlizenzierung keine wirtschaft-lichen Vorteile aus dem Kreuzlizenzvertrag ziehen, bleibt das ohne Einfluss auf die Vergütung des Erfinders.

Richtlinie Nr. 18 (Sperrpatent)
Einen besonderen Fall der Verwertung einer Diensterfindung bilden die Sperr-patente. Darunter versteht man im allgemeinen Patente, die nur deshalb angemeldet und aufrechterhalten werden, um zu verhindern, daß ein Wettbewerber die Erfindung verwertet und dadurch die eigene laufende oder bevorstehende Erzeugung beeinträchtigt. Bei diesen Patenten unterbleibt die Benutzung, weil ent-weder ein gleichartiges Patent schon im Betrieb benutzt wird oder ohne Bestehen eines Patentes eine der Erfindung entsprechende Erzeugung schon im Betrieb läuft oder das Anlaufen einer solchen Erzeugung bevorsteht. Wenn schon eine Erfindung im Betrieb benutzt wird, die mithilfe der zweiten Erfindung umgangen werden kann, und wenn die wirtschaftliche Tragweite beider Erfindungen ungefähr gleich ist, werden nach der Verwertung der ersten Erfindung Anhaltspunkte für den Erfindungswert bezüglich der zweiten gefunden werden können. Die Summe der Werte beider Erfindungen kann jedoch höher sein als der Erfindungswert der ersten Erfindung. Durch Schätzung kann ermittelt werden, welcher Anteil des Umsatzes, der Erzeugung oder des Nutzens bei Anwendung der zweiten Erfindung auf diese entfallen würde. Selbst wenn man hierbei zu einer annähernden Gleich-wertigkeit der beiden Erfindungen kommt, ist es angemessen, für die zweite Erfindung weniger als die Hälfte der Summe der Werte beider Erfindungen anzu-setzen, weil es als ein besonderer Vorteil benutzter Erfindungen anzusehen ist, wenn sie sich schon in der Praxis bewährt haben und auf dem Markt eingeführt sind. Eine zweite Erfindung, mit der es möglich ist, die erste zu umgehen, kann für den Schutzumfang der ersten Erfindung eine Schwäche offenbaren, die bei der Fest-stellung des Erfindungswertes für die erste Erfindung nicht immer berücksichtigt worden ist. Deshalb kann der Anlass für eine Neufestsetzung der Vergütung nach § 12 Abs. 6 des Gesetzes vorliegen.

Eine Erfindung, die zu einem Sperrpatent führt, ist vergütungspflichtig, obwohl der Arbeitgeber definitionsgemäß nicht die Absicht hat, die Erfindung zu verwerten. Ein Sperrpatent schließt von vornherein eine eigene betriebliche Verwertung, ein Verkauf oder eine Lizenzierung aus.

Der Schutz einer Erfindung als Sperrpatent stellt eine implizite Verwertung dar, da sich durch das Sperrpatent wirtschaftliche Vorteile für den Arbeitgeber ergeben. Diese wirtschaftlichen Vorteile sind zu ermitteln und dienen als Basis der Berechnung des Erfindungswerts.

Jedes Patent ist ein Verbietungsrecht. Zur Unterscheidung eines gewöhnlichen Patents von einem Sperrpatent ist das Erfüllen weiterer Kriterien erforderlich. Insbesondere ist das Sperrpatent von einem Vorratspatent abzugrenzen, das einen ökonomisch geringeren Wert darstellt.

Zur Qualifizierung als Sperrpatent muss eine explizite Sperrabsicht des Arbeitgebers vorhanden sein. Der Arbeitgeber muss gezielt das Verhindern einer geschäftlichen Tätigkeit von Wettbewerbern beabsichtigen.

Eine weitere Voraussetzung ist, dass die Erfindung, die durch das Sperrpatent beschrieben wird, marktfähig ist. Es muss eine mögliche Alternative zu dem Produkt darstellen, das der Arbeitgeber herstellt und dessen Umsatz er durch das Sperrpatent schützen möchte.

Wird die Erfindung vom Arbeitgeber verwertet, scheidet eine Einstufung eines Patents, das diese Erfindung umfasst, als Sperrpatent aus.

Ist der Arbeitnehmer Erfinder einer ersten Erfindung, die als Sperrpatent geschützt ist, und einer zweiten Erfindung, deren Verwertung durch das Sperrpatent geschützt wird, scheidet eine zusätzliche Vergütung aufgrund des Sperrpatents aus.

Als Grundlage der Berechnung ist der Umsatz des durch das Sperrpatent abgesicherten Produkts heranzuziehen, und zwar der Umsatz, der dank des Sperrpatents zusätzlich ermöglicht wird. Hierbei kann keinesfalls ein jeweils hälftiger Umsatz angesetzt werden, da es sich bei der realisierten Erfindung um die qualitativ wertvollere Erfindung handelt, denn diese hat sich in der Praxis bewährt.

<u>Richtlinie Nr. 19 (Schutzrechtskomplex)</u>
Werden bei einem Verfahren oder Erzeugnis mehrere Erfindungen benutzt, so soll, wenn es sich hierbei um einen einheitlich zu wertenden Gesamtkomplex handelt, zunächst der Wert des Gesamtkomplexes, gegebenenfalls einschließlich nicht benutzter Sperrschutzrechte, bestimmt werden. Der so bestimmte Gesamterfindungswert ist auf die einzelnen Erfindungen aufzuteilen. Dabei ist zu berücksichtigen, welchen Einfluss die einzelnen Erfindungen auf die Gesamtgestaltung des mit dem Schutzrechtskomplex belasteten Gegenstandes haben.

Fließen mehrere patentierte Erfindungen von Arbeitnehmern in ein Produkt oder ein Verfahren ein, kann es sein, dass eine Abgrenzung des Einflusses der einzelnen Erfindungen nur durch eine Schätzung möglich ist. In diesem Fall liegt ein Schutzrechtskomplex vor.

Stammen alle, das Produkt bestimmenden Erfindungen, von demselben Erfinder oder zu den jeweils gleichen Anteilen von denselben Miterfindern, können zur einfacheren Berechnung des Erfindungswerts die Erfindungen als eine Erfindung fiktiv zusammengefasst werden. Unter Berücksichtigung eines maximalen Lizenzsatzes, der von dem Produkt gerade noch getragen werden kann, ist dann ein anzusetzender Lizenzsatz abzuleiten.

Richtlinie Nr. 20 (Nicht verwertete Erfindungen)
Nicht verwertete Erfindungen sind Erfindungen, die weder betrieblich benutzt noch als Sperrpatent noch außerbetrieblich durch Vergabe von Lizenzen, Verkauf oder Tausch verwertet werden. Die Frage nach ihrem Wert hängt davon ab, aus welchen Gründen die Verwertung unterbleibt (vgl. Nummer 21–24).

Nicht verwertete Erfindungen werden nicht eingesetzt, um Produkte herzustellen oder ein Herstellverfahren zu verbessern. Sie werden nicht verkauft und nicht auslizenziert und dienen auch nicht als Sperrpatent der Abwehr von Konkurrenten.

Die Berechnung der Vergütung bei nicht benutzten Erfindungen ist schwierig, da es keine Anhaltspunkte zur Bewertung gibt. Eine exakte Berechnung ist daher ausgeschlossen. Daraus kann nicht gefolgert werden, dass ein Vergütungsanspruch nicht bestehen würde.

Bei nicht benutzten Erfindungen ist zu prüfen, ob eine wirtschaftliche Verwertbarkeit besteht. Falls ja, liegt es an dem Arbeitgeber, dass keine Verwertung erfolgt, und eine Vergütung ist grundsätzlich zu bejahen.

Nicht benutzte Erfindungen sind beispielsweise Vorratspatente, die aktuell nicht benutzt werden, bei denen aber eine zukünftige Nutzung vorgesehen ist.

Außerdem gibt es nicht verwertbare Erfindungen. Nicht verwertbare Erfindungen können durchaus patentiert sein, also technisch ausführbar sein. Eine Verwertbarkeit kann dennoch ausgeschlossen sein, da beispielsweise die Herstellung eines erfindungsgemäßen Produkts zu teuer wäre und daher für das Produkt ein Prohibitivpreis gefordert werden müsste.

Eine weitere Kategorie von nicht benutzten Erfindungen sind solche, deren Verwertbarkeit noch ungeklärt ist.

Der Arbeitgeber ist nicht verpflichtet, eine Erfindung zu verwerten. Die unternehmerische Freiheit des Arbeitgebers bleibt unangetastet. Die unternehmerische Freiheit darf jedoch nicht zu Lasten des Arbeitnehmers gehen. Eine Vergütungspflicht ist nur dann zu verneinen, falls nicht aufgrund einer unternehmerischen Entscheidung eine Nutzung der Erfindung unterbleibt, sondern da die Erfindung technisch oder wirtschaftlich nicht verwertbar ist. In diesem Fall liegt die Nutzung nicht innerhalb des wirtschaftlichen Entscheidungsspielraums des Arbeitgebers.

Der Erfindungswert bei nicht genutzten Erfindungen hängt also davon ab, aus welchen Gründen eine Nutzung nicht aufgenommen wird.

Richtlinie Nr. 21 (Vorratspatent)
Vorratspatente sind Patente für Erfindungen, die im Zeitpunkt der Erteilung des Patents noch nicht verwertet werden oder noch nicht verwertbar sind, mit deren späterer Verwertung oder Verwertbarkeit aber zu rechnen ist. Von ihrer Verwertung wird z. B. deshalb abgesehen, weil der Fortschritt der technischen Entwicklung abgewartet werden soll, bis die Verwertung des Patents möglich erscheint. Erfindungen dieser Art werden bis zu ihrer praktischen Verwertung "auf Vorrat" gehalten. Sie haben wegen der begründeten Erwartung ihrer Verwertbarkeit einen Erfindungswert. Vorratspatente, die lediglich bestehende Patente verbessern, werden als Ausbaupatente bezeichnet. Der Wert der Vorrats- und Ausbaupatente wird frei geschätzt werden müssen, wobei die Art der voraussichtlichen späteren Verwertung und die Höhe des alsdann voraussichtlich zu erzielenden Nutzens Anhaltspunkte ergeben können. Bei einer späteren Verwertung wird häufig der Anlaß für eine Neufestsetzung der Vergütung nach § 12 Abs. 6 des Gesetzes gegeben sein. Ob verwertbare Vorratspatente, die nicht verwertet werden, zu vergüten sind, richtet sich nach Nummer 24.

Ein Vorratspatent wird zunächst nicht verwertet. Der Arbeitgeber hat jedoch die begründete Erwartung, das Vorratspatent zukünftig einsetzen zu können. Die begründete Erwartung kann sich darauf stützen, dass in der Zukunft die aktuell nicht verwertbare Erfindung benutzt werden kann oder dass es zukünftig wirtschaftlich sinnvoll ist, die Erfindung des Vorratspatents zu verwerten.

Ein Patent, das nicht benutzt wird, wird in der Praxis sieben Jahre nach Anmeldetag als Vorratspatent eingestuft und ist daher dem erfinderischen Arbeitnehmer zu vergüten.

Die Entscheidung des Arbeitgebers eine Erfindung nicht zu verwerten kann rechtliche, wirtschaftliche oder technische Gründe haben. Ein Vorratspatent kann nicht genutzt werden, falls es rechtliche Bedenken wegen der Produktsicherheit gibt. Ein wirtschaftlicher Grund, eine Erfindung nicht zu benutzen, können hohe Entwicklungskosten zur Erlangung der Marktreife oder hohe zu erwartende Ausgaben für das Marketing sein. Ein technischer Grund kann das Fehlen einer komplementären Technologie sein, die zur Verwertung der Erfindung erforderlich ist, und deren Verfügbarkeit für die Zukunft erwartet wird.

Es ist ohne Belang, welche konkreten Gründe für den Arbeitgeber entscheidend sind, eine Erfindung nicht zu benutzen und als Vorratspatent zu sichern. Grundsätzlich gilt, dass ein Vorratspatent eine vergütungspflichtige Erfindung darstellt.

Der Erfindungswert eines Vorratspatents ist geringer einzuschätzen als der eines Sperrpatents. Der Grund ist darin zu sehen, dass das Sperrpatent tatsächlich eine aktuelle Verwertung aufweist, die beim Vorratspatent noch nicht vorliegt.

Zur Ermittlung des Erfindungswerts kann nur die Methode der Schätzung verwendet werden, da bei einem Vorratspatent keine Zahlen verfügbar sind. Eine Berechnung des Erfindungswerts anhand der Schätzung der zukünftigen Verwertung stellt ein realitätsfernes Unterfangen dar. Die Praxis ist dem Satz 6 der Richtlinie nie gefolgt.

In der Praxis erfolgen Pauschalabgeltungen je nach Stand der Patenterteilung bzw. je nachdem wie viele Jahre seit der Anmeldung der Erfindung zum Patent vergangen sind. Typischerweise werden mittlere dreistellige Eurobeträge nach Erteilung und nach Ablauf von jeweils fünf Jahren, während denen die Erfindung als Patentanmeldung oder als Patent aufrecht gehalten wird, bezahlt. Werden Auslandsanmeldungen vorgenommen, sollte dies ebenso vergütet werden.

Richtlinie Nr. 22 (Nicht verwertbare Erfindung)
Erfindungen, die nicht verwertet werden, weil sie wirtschaftlich nicht verwertbar sind und bei denen auch mit ihrer späteren Verwertbarkeit nicht zu rechnen ist, haben keinen Erfindungswert. Aus der Tatsache, dass ein Schutzrecht erteilt worden ist, ergibt sich nichts Gegenteiliges; denn die Prüfung durch das Patentamt bezieht sich zwar auf Neuheit, Fortschrittlichkeit und Erfindungshöhe, nicht aber darauf, ob die Erfindung mit wirtschaftlichem Erfolg verwertet werden kann. Erfindungen, die betrieblich nicht benutzt, nicht als Sperrpatent oder durch Lizenzvergabe, Verkauf oder Tausch verwertet werden können und auch als Vorratspatent keinen Wert haben, sollten dem Erfinder freigegeben werden.

Ist eine aktuelle und zukünftige Verwertbarkeit auszuschließen, ist von einem Erfindungswert Null auszugehen. Von keinem Erfindungswert ist insbesondere bei einer technischen Nicht-Ausführbarkeit oder einer mangelnden Brauchbarkeit der Erfindung auszugehen. Ist die Erfindung technisch überholt, ist ihr ebenfalls kein Erfindungswert zuzubilligen.

Eine Patenterteilung räumt Bedenken der Ausführbarkeit aus. Allerdings darf nicht vergessen werden, dass insbesondere wirtschaftliche Aspekte bei der Erteilung eines Patents keine Rolle spielen. Aus einer Patenterteilung kann daher die Ausführbarkeit, aber nicht die Verwertbarkeit, gefolgert werden.

Die Prüfung der Verwertbarkeit sollte sich nicht nur auf den aktuellen Zeitpunkt beziehen, sondern auch eine zukünftige Verwertungsmöglichkeit im Blick haben. Insbesondere wenn der Arbeitgeber den Patentschutz über mehrere Jahre hinweg aufrecht hält, sollte genau betrachtet werden, ob tatsächlich eine zukünftige Verwertung grundsätzlich auszuschließen ist.

Konsequenterweise rät die Richtlinie dem Arbeitgeber bei einer für ihn nicht verwertbaren Erfindung zur Freigabe. Allerdings ist der Arbeitgeber in seiner unternehmerischen Entscheidung frei. Gibt er jedoch eine Erfindung nicht frei und hält er über Jahre ein Patent aufrecht, muss er sich gefallen lassen, dass der Erfindung der Erfindungswert eines Sperrpatents oder Vorratspatents zuerkannt wird.

Richtlinie Nr. 23 (Fragliche Verwertbarkeit der Erfindung)

Nicht immer wird sofort festzustellen sein, ob eine Erfindung wirtschaftlich verwertbar ist oder ob mit ihrer späteren Verwertbarkeit zu rechnen ist. Dazu wird es vielmehr in einer Reihe von Fällen einer gewissen Zeit der Prüfung und Erprobung bedürfen. Wenn und solange der Arbeitgeber die Erfindung prüft und erprobt und dabei die wirtschaftliche Verwertbarkeit noch nicht feststeht, ist die Zahlung einer Vergütung in der Regel nicht angemessen. Zwar besteht die Möglichkeit, dass sich eine Verwertbarkeit ergibt. Diese Möglichkeit wird aber dadurch angemessen abgegolten, dass der Arbeitgeber auf seine Kosten die Erfindung überprüft und erprobt und damit seinerseits dem Erfinder die Gelegenheit einräumt, bei günstigem Prüfungsergebnis eine Vergütung zu erhalten. Die Frist, die dem Betrieb zur Feststellung der wirtschaftlichen Verwertbarkeit billigerweise gewährt werden muss, wird von Fall zu Fall verschieden sein, sollte aber drei bis fünf Jahre nach Patenterteilung nur in besonderen Ausnahmefällen überschreiten. Wird die Erfindung nach Ablauf dieser Frist nicht freigegeben, so wird vielfach eine tatsächliche Vermutung dafür sprechen, dass ihr ein Wert zukommt, sei es auch nur als Vorrats- oder Ausbaupatent.

Die Freigabefrist von vier Monaten nach § 6 Absatz 2 Arbeitnehmererfindungsgesetz ist regelmäßig zu kurz, um eine ausreichende Prüfung auf Verwertbarkeit einer Erfindung vornehmen zu können. Der Arbeitgeber wird daher oft eine Erfindung in Anspruch nehmen, von deren Verwertbarkeit er sich noch kein umfassendes Bild verschaffen konnte.

Das Ergebnis der kurzen Freigabefrist sind viele in Anspruch genommene Erfindungen, die für den Arbeitgeber zunächst keine praktische Bedeutung haben. Dem Arbeitgeber ist daher bezüglich seiner Vergütungspflicht eine längere Frist, weit über die viermonatige Freigabefrist, einzuräumen, innerhalb der der Arbeitgeber die Erfindung prüfen und erproben kann.

Das Prüfen und Erproben umfasst auch das Testen und Erforschen der Marktfähigkeit der Erfindung und der Bereitwilligkeit des Marktes, ein Produkt entsprechend der Erfindung aufzunehmen. Das Erforschen des Marktes erfordert Marktanalysen und eventuell ein Anbieten eines erfindungsgemäßen Produkts auf einem Testmarkt, was regelmäßig nicht innerhalb von vier Monaten möglich ist.

Die Markteinführung eines neuen Produkts erfordert zusätzlich eine rechtliche Absicherung. Insbesondere sind umfangreiche Freedom-to-operate-Gutachten zu erstellen und eventuell Lizenzverhandlungen zum Erwerb von Benutzungsrechten an Patenten Dritter zu führen, um ein komplikationsfreies Rollout sicherzustellen. Während der Phase des Prüfens und der Erprobung kommt eine Vergütung der Erfindung nicht infrage.

Eine unbeschränkte Phase des Prüfens und der Erprobung kann dem Arbeitgeber nicht zugestanden werden. Hierdurch wäre es dem Arbeitgeber möglich, dauerhaft seiner Vergütungspflicht auszuweichen. Angesichts möglicher langwieriger Erprobungsphasen gesteht man dem Arbeitgeber in der Praxis einen maximalen Zeitraum von sieben Jahren ab dem Anmeldetag der Erfindung zum Patent zu. Spätestens nach Ende dieses Zeitraums beginnt die Vergütungspflicht. Erfolgt die Erteilung des Patents nicht innerhalb der Frist von sieben Jahren ab Anmeldetag, verlängert sich diese Frist um maximal ein Jahr nach der Patenterteilung.

Wird für die Erfindung ein europäisches Patent nachgesucht, verlängert sich die zugestandene vergütungsfreie Frist nach der Patenterteilung für den Arbeitgeber. Der Grund ist darin zu sehen, dass das europäische Verfahren straffer geführt wird und daher schneller zu einem erteilten Patent führt. In der Regel wird dem Arbeitgeber eine Testphase bis zu vier Jahre nach der Erteilung zugestanden.

Wird eine Erfindung ausnahmsweise zum Gebrauchsmuster statt zum Patent angemeldet, wird nur eine verkürzte Testphase von drei Jahren nach der Eintragung des Gebrauchsmusters in das Register des Patentamts als angemessen angesehen.

Richtlinie Nr. 24 (Verwertbarkeit wird nicht genutzt)
Wird die Erfindung ganz oder teilweise nicht verwertet, obwohl sie verwertbar ist, so sind bei der Ermittlung des Erfindungswertes die unausgenutzten Verwertungsmöglichkeiten im Rahmen der bei verständiger Würdigung bestehenden wirtschaftlichen Möglichkeiten zu berücksichtigen.

Unterlässt ein Arbeitgeber eine umfassende Nutzung einer Erfindung, obwohl dies durch den normalen Betrieb des Arbeitgebers möglich wäre, kann dies nicht zulasten der Vergütung des erfinderischen Arbeitnehmers gehen.

Allerdings ist es dem Arbeitgeber erlaubt, bei begründeten Risiken von einer umfassenden Herstellung eines erfinderischen Produkts abzusehen, falls die Minderverwertung auf diese potenziellen Risiken zurückführbar ist.

Grundsätzlich muss das Interesse der hohen Vergütung des Arbeitnehmers vor den Unternehmensinteressen unter sachgerechter Würdigung der wirtschaftlichen Umstände des Einzelfalls zurücktreten. Allerdings kann es sachgerecht sein, wenigstens teilweise den Arbeitnehmer zu kompensieren.

Eine Kompensation ist insbesondere angemessen, falls der Arbeitgeber mit den vorhandenen Betriebsmitteln eine gesteigerte Verwertung erzielen könnte, dies aber ohne nachvollziehbaren Grund unterlässt. Besteht außerdem eine ausreichende Aufnahmefähigkeit des Marktes und damit einhergehend ausreichende Gewinnmöglichkeiten, spricht dies ebenfalls für eine Kompensation des Arbeitnehmers.

Sind jedoch sehr hohe Investitionen erforderlich oder würde die Ausweitung der Produktion des erfinderischen Produkts zu einer Kannibalisierung anderer Produkte des Arbeitgebers führen, liegen plausible Gründe vor, die eine Kompensation des Arbeitnehmers infrage stellen.

Zu erwartende Rechtsstreitigkeiten, beispielsweise im Ausland, können ebenfalls eine Beschränkung der Produktion begründet erscheinen lassen. Dies gilt im besonderen Maße, falls durch Freedom-to-operate-Gutachten relevante Patente Dritter ermittelt wurden.

Unterlässt der Arbeitgeber eine Verwertung oder verfolgt der Arbeitgeber nur eine Minderverwertung, ohne dass dies ausreichend begründbar ist, ist der Erfindungswert entsprechend anzupassen. Angesichts der Tatsache, dass für die Höhe einer angemessenen Verwertung keine Daten vorliegen, ist eine Schätzung vorzunehmen.

Richtlinie Nr. 25 (beschränkte Inanspruchnahme)
Für die Bewertung des nichtausschließlichen Rechts zur Benutzung der Dienst-erfindung gilt das für die Bewertung der unbeschränkt in Anspruch genommenen Diensterfindung Gesagte entsprechend. Bei der Ermittlung des Erfindungs-wertes ist jedoch allein auf die tatsächliche Verwertung durch den Arbeitgeber abzustellen; die unausgenutzte wirtschaftliche Verwertbarkeit (vgl. Nummer 24) ist nicht zu berücksichtigen. Wird der Erfindungswert mithilfe des erfassbaren betrieblichen Nutzens ermittelt, so unterscheidet sich im Übrigen die Ermittlung des Erfindungswertes bei der beschränkten Inanspruchnahme nicht von der bei

der unbeschränkten Inanspruchnahme. Bei der Ermittlung des Erfindungswertes nach der Lizenzanalogie ist nach Möglichkeit von den für nichtausschließliche Lizenzen mit freien Erfindern üblicherweise vereinbarten Sätzen auszugehen. Sind solche Erfahrungssätze für nichtausschließliche Lizenzen nicht bekannt, so kann auch von einer Erfindung ausgegangen werden, für die eine ausschließliche Lizenz erteilt worden ist; dabei ist jedoch zu beachten, dass die in der Praxis für nichtausschließliche Lizenzen gezahlten Lizenzsätze in der Regel, keinesfalls aber in allen Fällen, etwas niedriger sind als die für ausschließliche Lizenzen gezahlten Sätze. Hat der Arbeitnehmer Lizenzen vergeben, so können die in diesen Lizenzverträgen vereinbarten Lizenzsätze in geeigneten Fällen als Maßstab für den Erfindungswert herangezogen werden. Hat der Arbeitnehmer kein Schutzrecht erwirkt, so wirkt diese Tatsache nicht mindernd auf die Vergütung, jedoch ist eine Vergütung nicht oder nicht mehr zu zahlen, wenn die Erfindung soweit bekannt geworden ist, dass sie infolge des Fehlens eines Schutzrechts auch von Wettbewerbern berechtigterweise benutzt wird.

Durch die letzte Novelle des Arbeitnehmererfindungsgesetzes, die am 1. Oktober 2009 in Kraft getreten ist, entfiel die Möglichkeit der beschränkten Inanspruchnahme. Die beschränkte Inanspruchnahme wurde in der Praxis nur sehr zurückhaltend genutzt. Die mangelnde Akzeptanz führte zum ersatzlosen Streichen dieses Rechtsinstituts.

Richtlinie Nr. 26 (Verwertung im Ausland)
Wird das Ausland vom Inlandsbetrieb aus beliefert, so ist bei der Berechnung des Erfindungswertes nach dem erfassbaren betrieblichen Nutzen der Nutzen wie im Inland zu erfassen. Ebenso ist bei der Berechnung des Erfindungswertes nach der Lizenzanalogie der Umsatz oder die Erzeugung auch insoweit zu berücksichtigen, als das Ausland vom Inland aus beliefert wird. Bei zusätzlicher Verwertung im Ausland (z. B. Erzeugung im Ausland, Lizenzvergaben im Ausland) erhöht sich der Erfindungswert entsprechend, sofern dort ein entsprechendes Schutzrecht besteht. Auch im Ausland ist eine nicht ausgenutzte Verwertbarkeit oder eine unausgenutzte weitere Verwertbarkeit nach den gleichen Grundsätzen wie im Inland zu behandeln (vgl. Nummer 24). Sofern weder der Arbeitgeber noch der Arbeitnehmer Schutzrechte im Ausland erworben haben, handelt es sich um schutzrechtsfreies Gebiet, auf dem Wettbewerber tätig werden können, so daß für eine etwaige Benutzung des Erfindungsgegenstandes in dem schutzrechtsfreien Land sowie für den Vertrieb des in dem schutzrechtsfreien Land hergestellten Erzeugnisses im allgemeinen eine Vergütung nicht verlangt werden kann.

Die Richtlinie Nr. 26 erläutert, dass neben einer inländischen Verwertung auch eine ausländische Verwertung bei der Berechnung des Erfindungswertes zu berücksichtigen ist. Voraussetzung ist allerdings, dass in dem betreffenden ausländischen Land ein Schutzrecht besteht.

Wird in einem ausländischen Land eine Erfindung eines Arbeitnehmers durch dessen Arbeitgeber verwertet, die in diesem Land nicht durch ein gewerbliches Schutzrecht geschützt ist, wird hierfür keine Vergütung fällig. In dem ausländischen Land hat der Arbeitgeber keinen Vorteil durch die Erfindung, da er insbesondere kein Monopolrecht in Form eines Patents geltend machen kann. Es herrscht ein uneingeschränkter Wettbewerb in dem ausländischen Land. Wirtschaftliche Erfolge sind daher nicht der Erfindung, sondern der geschäftlichen Tätigkeit des Arbeitgebers zuzuschreiben.

Wird eine Erfindung zur Verwertung im Ausland verkauft oder ergeben sich Lizenzeinnahmen aufgrund einer Nutzung der Erfindung in einem ausländischen Staat, führt dies zu einer Vergütungspflicht des Arbeitgebers gegenüber seinem Arbeitnehmer.

Werden erfinderische Produkte im Inland hergestellt, die zum Export in ein schutzrechtsfreies Ausland vorgesehen sind, ergibt sich daraus eine Vergütungspflicht, obwohl in dem betreffenden ausländischen Staat kein Monopolrecht des Arbeitgebers besteht. Der Grund ist darin zu sehen, dass die Herstellung des Produkts im Inland bereits eine Benutzung des Patents, das die Erfindung beschreibt, darstellt.

Besteht kein Inlandsschutz, dafür aber ein Auslandsschutz durch ein Schutzrecht, so sind Verwertungshandlungen im Inland ohne Belang für eine Vergütung. Die Nutzung der Erfindung im Ausland führt jedoch zu einer Vergütungspflicht des Arbeitgebers. In der Praxis wird daher kein Unterschied zwischen einem Schutzrecht im Inland oder einem im Ausland gemacht.

Wird ein deutsches Patent durch ein Einspruchs- oder Nichtigkeitsverfahren widerrufen bzw. für nichtig erklärt, entfällt der Vergütungsanspruch. Dasselbe gilt für eine im amtlichen Erteilungsverfahren zurückgewiesene Patentanmeldung. Führt die mangelnde inländische Rechtsbeständigkeit zu einer mangelnden Rechtsbeständigkeit ausländischer Schutzrechte, was regelmäßig der Fall sein wird, ist die Vergütungspflicht des Arbeitgebers aufgrund der ausländischen Schutzrechte zumindest zu reduzieren. Werden die ausländischen Schutzrechte von den Wettbewerbern nicht mehr beachtet, entfällt der Vergütungsanspruch komplett.

Richtlinie Nr. 27 (Betriebsgeheime Erfindungen)
Betriebsgeheime Erfindungen sind ebenso wie geschützte Erfindungen zu vergüten. Dabei sind nach § 17 Abs. 4 des Gesetzes auch die wirtschaftlichen Nachteile zu berücksichtigen, die sich für den Arbeitnehmer dadurch ergeben, dass auf die Diensterfindung kein Schutzrecht erteilt worden ist. Die Beeinträchtigung kann u. a. darin liegen, dass der Erfinder nicht als solcher bekannt wird oder dass die Diensterfindung nur in beschränktem Umfang ausgewertet werden kann. Eine Beeinträchtigung kann auch darin liegen, dass die Diensterfindung vorzeitig

bekannt und mangels Rechtsschutzes durch andere Wettbewerber ausgewertet wird.

Die Richtlinie Nr. 27 stellt klar, dass eine Entscheidung des Arbeitgebers eine patentfähige Erfindung nicht zum Patent anzumelden, nicht zulasten des erfinderischen Arbeitnehmers gehen darf. Die Nachteile aus der unternehmerischen Entscheidung kann durch ein Bekanntwerden der Erfindung eine verkürzte Nutzungsdauer sein, das beschränkte Nutzen der Erfindung, um die Erfindung geheim zu halten, und die fehlende Erfinderberühmung. Der Erfinder muss bei der Vergütung wegen dieser Nachteile kompensiert werden.

Der Erfinder soll nicht schlechter oder besser gestellt werden, wenn sich der Arbeitgeber dafür entscheidet, seine Erfindung als Betriebsgeheimnis zu verwerten und sie nicht zum Patent anmeldet, obwohl die Erfindung schutzfähig ist.

Der Anteil der betriebsgeheimen Erfindungen an den Diensterfindungen nimmt stetig ab. Ein wichtiger Aspekt ist die Geheimhaltung, die bei einer steigenden Mitarbeiterfluktuation nur schwer gewährleistet werden kann.

Ein Problem für den Arbeitgeber stellt das Anerkenntnis der Schutzfähigkeit dar, die eine Voraussetzung zur Nutzung als betriebsgeheime Erfindung ist. Dieses Anerkenntnis der Patentfähigkeit kann nur sehr schwer revidiert werden, weswegen sich Nachteile für den Arbeitgeber ergeben können, falls sich die Qualität der Erfindung später als zweifelhaft erweist.

Außerdem ist eine betriebsgeheime Erfindung bei Nichtnutzung bevorzugt zu honorieren. Hierdurch ergibt sich eine Vergütungsverpflichtung trotz mangelnder Nutzung der Erfindung.

Der Arbeitgeber hat die Möglichkeit, eine Erfindung als betriebsgeheime Erfindung zu nutzen, und gleichzeitig die Schiedsstelle zur Klärung der Schutzfähigkeit anzurufen. In diesem Fall ist die betriebsgeheime Erfindung wie eine Patentanmeldung und nicht wie ein erteiltes Patent zu vergüten.

Der Erfindungswert einer betriebsgeheimen Erfindung richtet sich nach der möglichen wirtschaftlichen Verwertbarkeit und der tatsächlichen Nutzung durch den Arbeitgeber. Ein wirtschaftlicher Vorteil, der sich kausal auf die Erfindung zurückführen lässt, erhöht den Vergütungsanspruch.

Für eine betriebsgeheime Erfindung gilt, dass die Vergütung nach der Lizenzanalogie anhand des zusätzlichen Umsatzes des Arbeitgebers aufgrund der Erfindung oder mittels des erfassbaren betrieblichen Nutzens berechnet wird. Scheitern beide Verfahren ist eine Schätzung vorzunehmen.

Der Ausgleich der Nachteile für den erfinderischen Arbeitnehmer aufgrund der Entscheidung seines Arbeitgebers für eine betriebsgeheime Erfindung ist derart vorzunehmen, dass der Erfinder zur Situation der Anmeldung seiner Erfindung zum Patent gleichgestellt ist. Es soll eine Schlechterstellung vermieden werden.

Wird die betriebsgeheime Erfindung entgegen der Absicht des Arbeitgebers bekannt, so hat sich der Arbeitgeber dies als sein unternehmerisches Risiko zurechnen zu lassen. In diesem Fall kann keine Kürzung der Vergütung in ihrer Höhe oder Dauer im Vergleich zu einer vorhergehenden Planung hingenommen werden.

Das Sparen von Kosten der Verfolgung eines Patents kann nicht die Höhe der Vergütung beeinflussen. Den Kosten der Anmeldung eines Patents stehen die Kosten zur Geheimhaltung gegenüber, sodass sich beide Varianten in der Erhaltung des wirtschaftlichen Monopols die Waage halten.

Richtlinie Nr. 28 (Gebrauchsmusterfähige Erfindung)

Bei der Ermittlung des Erfindungswertes für gebrauchsmusterfähige Diensterfindungen können grundsätzlich dieselben Methoden angewandt werden wie bei patentfähigen Diensterfindungen. Wird der Erfindungswert nach dem erfassbaren betrieblichen Nutzen ermittelt, so ist hierbei nach denselben Grundsätzen wie bei patentfähigen Diensterfindungen zu verfahren. Wird dagegen von der Lizenzanalogie ausgegangen, so ist nach Möglichkeit von den für gebrauchsmusterfähigen Erfindungen in vergleichbaren Fällen üblichen Lizenzen auszugehen. Sind solche Lizenzsätze für gebrauchsmusterfähige Erfindungen freier Erfinder nicht bekannt, so kann bei der Lizenzanalogie auch von den für vergleichbare patentfähige Erfindungen üblichen Lizenzsätzen ausgegangen werden; dabei ist jedoch Folgendes zu beachten: In der Praxis werden vielfach die für Gebrauchsmuster an freie Erfinder üblicherweise gezahlten Lizenzen niedriger sein als die für patentfähige Erfindungen; dies beruht u. a. auf dem im allgemeinen engeren Schutzumfang sowie auf der kürzeren gesetzlichen Schutzdauer des Gebrauchsmusters. Die ungeklärte Schutzfähigkeit des Gebrauchsmusters kann jedoch bei Diensterfindungen nur dann zuungunsten des Arbeitnehmers berücksichtigt werden, wenn im Einzelfall bestimmte Bedenken gegen die Schutzfähigkeit eine Herabsetzung des Analogielizenzsatzes angemessen erscheinen lassen. Wird in diesem Falle das Gebrauchsmuster nicht angegriffen oder erfolgreich verteidigt, so wird im Allgemeinen der Anlass für eine Neufestsetzung der Vergütung nach § 12 Abs. 6 des Gesetzes vorliegen. Wird eine patentfähige Erfindung nach § 13 Abs. 1 Satz 2 des Gesetzes als Gebrauchsmuster angemeldet, so ist der Erfindungswert wie bei einer patentfähigen Erfindung zu bemessen, wobei jedoch die kürzere gesetzliche Schutzdauer des Gebrauchsmusters zu berücksichtigen ist.

Wird eine Erfindung nicht zum Patent angemeldet, sondern als Gebrauchsmuster beim Patentamt eingetragen, gelten dieselben Regeln zur Berechnung des Vergütungsanspruchs des erfinderischen Arbeitnehmers.

Ein Arbeitgeber muss grundsätzlich eine Erfindung zum Patent anmelden. Verletzt er diese Verpflichtung und meldet nur ein Gebrauchsmuster an, so ist der Arbeitnehmer dennoch so zu stellen, als wäre ein Patent angemeldet worden. Eine Differenz der Berechnung des Erfindungswerts schuldet der Arbeitgeber dem Arbeitnehmer als Schadensersatz. Dies gilt nicht, falls eine Anmeldung zum Patent nicht möglich war.

Eine Anmeldung einer Erfindung zum Patent kann ausgeschlossen sein, falls bereits eine mündliche Beschreibung der Erfindung ohne Geheimhaltungsvereinbarung erfolgte. Ein weiterer Ausschlussgrund eines Patents kann eine offenkundige Vorbenutzung im Ausland sein. In diesen Fällen kann dennoch eine Eintragung der Erfindung als rechtsbeständiges Gebrauchsmuster aufgrund des beschränkten Stands der Technik, der beim Gebrauchsmuster zu berücksichtigen ist, möglich sein. Wurde die Erfindung bereits veröffentlicht, kann die sechsmonatige Neuheitsschonfrist des Gebrauchsmusterrechts ein rechtsbeständiges Gebrauchsmuster ermöglichen.

Der Erfindungswert eines Gebrauchsmusters ist im Vergleich zu dem eines Patents grundsätzlich niedriger anzusetzen. Der geringere Erfindungswert ist der Tatsache des ungeprüften Schutzrechts und der kürzeren maximalen Schutzdauer geschuldet.

Der Erfindungswert der Erfindung ist anzuheben, falls das Gebrauchsmuster einen großen Schutzumfang aufweist und falls es sich als rechtsbeständig erwiesen hat. Die Rechtsbeständigkeit kann sich durch ein eigenes Gutachten oder insbesondere durch ein überstandenes Gebrauchsmusterlöschungsverfahren erweisen.

Bei der Anwendung der Lizenzanalogie ist der Lizenzsatz für ein Gebrauchsmuster in aller Regel niedriger anzusetzen als derjenige für ein Patent. In der Praxis wird typischerweise ein Umrechnungsfaktor von 2/3 verwendet.

Allerdings ist eine annähernd gleiche Bewertung einer Erfindung, die durch ein Gebrauchsmuster statt durch ein Patent geschützt ist, nur bei einer Erfindung angemessen, die benutzt wird und daher erwiesenermaßen einen realen Wert für den Arbeitgeber darstellt.

Richtlinie Nr. 29 (Technischer Verbesserungsvorschlag)
Nach § 20 Abs. 1 des Gesetzes hat der Arbeitnehmer für technische Verbesserungsvorschläge, die dem Arbeitgeber eine ähnliche Vorzugsstellung gewähren wie ein gewerbliches Schutzrecht, gegen den Arbeitgeber einen Anspruch auf angemessene Vergütung, sobald dieser sie verwertet. Eine solche Vorzugsstellung gewähren

technische Verbesserungsvorschläge, die von Dritten nicht nachgeahmt werden können (z. B. Anwendung von Geheimverfahren; Verwendung von Erzeugnissen, die nicht analysiert werden können). Der technische Verbesserungsvorschlag als solcher muss die Vorzugsstellung gewähren; wird er an einem Gerät verwandt, das schon eine solche Vorzugsstellung genießt, so ist der Vorschlag nur insoweit vergütungspflichtig, als er für sich betrachtet, also abgesehen von der schon bestehenden Vorzugsstellung, die Vorzugsstellung gewähren würde. Bei der Ermittlung des Wertes des technischen Verbesserungsvorschlages im Sinne des § 20 Abs. 1 des Gesetzes sind dieselben Methoden anzuwenden wie bei der Ermittlung des Erfindungswertes für schutzfähige Erfindungen. Dabei ist jedoch allein auf die tatsächliche Verwertung durch den Arbeitgeber abzustellen; die unausgenutzte wirtschaftliche Verwertbarkeit (Nummer 24) ist nicht zu berücksichtigen. Sobald die Vorzugsstellung wegfällt, weil die technische Neuerung soweit bekannt geworden ist, dass sie auch von Wettbewerbern berechtigterweise benutzt wird, ist eine Vergütung nicht oder nicht mehr zu zahlen.

Relevante technische Verbesserungsvorschläge gemäß dem Arbeitnehmererfindungsgesetz gewähren dem Arbeitgeber eine ähnliche Vorzugsstellung wie ein gewerbliches Schutzrecht. Allerdings ist ein technischer Verbesserungsvorschlag nicht schutzfähig. Ansonsten läge eine betriebsgeheime Erfindung vor.

Ein technischer Verbesserungsvorschlag stellt eine technische Lehre dar, die zumindest für den Betrieb des Arbeitgebers neu ist. Außerdem muss sie zu einem wirtschaftlichen Monopol des Arbeitgebers führen. Es kann sich dabei beispielsweise um eine technische Lehre handeln, die nicht neu und damit nicht patentfähig ist, und die in Vergessenheit geraten ist, sodass der Arbeitgeber auf Basis der Erfindung ein wirtschaftliches Monopol errichten kann.

Ein technischer Verbesserungsvorschlag ist vergütungspflichtig, wobei eine ordnungsgemäße Mitteilung Voraussetzung ist.

Eine Vorzugsstellung ergibt sich nicht, falls die technische Lehre des Verbesserungsvorschlags allgemein bekannt ist. Wurde die technische Lehre in einem Patentdokument beschrieben, kann von einer Bekanntheit ausgegangen werden. Allerdings ist eine Veröffentlichung in einem Dokument, das vom Fachmann nicht berücksichtigt wird, unschädlich. Hierfür spricht insbesondere, falls die Veröffentlichung mehrere Jahrzehnte zurückliegt.

Von einer Vorzugsstellung kann auch ausgegangen werden, wenn es dem Wettbewerb schwerfällt, die technische Lehre anhand der erfinderischen Produkte nachzuvollziehen. Zumindest solange eine Analyse des erfinderischen Produkts nicht gelingt, ist von einer Vergütungsverpflichtung durch die Benutzung des technischen Verbesserungsvorschlags auszugehen.

Bei einem technischen Verbesserungsvorschlag ist keine Inanspruchnahme durch den Arbeitgeber erforderlich. Als Arbeitsergebnis, für das das Patentrecht nicht einschlägig ist, gehört es automatisch dem Arbeitgeber. Allerdings ist der technische Verbesserungsvorschlag dem Arbeitgeber ordnungsgemäß mitzuteilen, um eine Vergütungspflicht des Arbeitgebers auszulösen.

Eine Fälligkeit der Vergütung kann durch Vereinbarung bestimmt werden. Liegt keine Vereinbarung vor, tritt spätestens drei Monate nach Aufnahme der Verwertung Fälligkeit des Vergütungsanspruchs ein. Die Dauer der Vergütungspflicht entspricht der Dauer der Verwertung des technischen Verbesserungsvorschlags, zumindest solange die Vorzugsstellung aufgrund des Verbesserungsvorschlags anhält.

Richtlinie Nr. 30 (Anteilsfaktor)
Von dem im Ersten Teil ermittelten Erfindungswert ist mit Rücksicht darauf, dass es sich nicht um eine freie Erfindung handelt, ein entsprechender Abzug zu machen. Der Anteil, der sich für den Arbeitnehmer unter Berücksichtigung dieses Abzugs an dem Erfindungswert ergibt, wird in Form eines in Prozenten ausgedrückten Anteilsfaktors ermittelt. Der Anteilsfaktor wird bestimmt: a) durch die Stellung der Aufgabe, b) durch die Lösung der Aufgabe, c) durch die Aufgaben und die Stellung des Arbeitnehmers im Betrieb. Die im Folgenden hinter den einzelnen Gruppen der Tabellen a), b) und c) eingefügten Wertzahlen dienen der Berechnung des Anteilsfaktors nach der Tabelle unter Nummer 37. Soweit im Einzelfall eine zwischen den einzelnen Gruppen liegende Bewertung angemessen erscheint, können Zwischenwerte gebildet werden (z. B. 3,5).

Der Anteilsfaktor entspricht dem Umrechnungsfaktor, der den freien Erfinder vom erfinderischen Arbeitnehmer unterscheidet. Zur Berechnung der Vergütung des erfinderischen Arbeitnehmers wird der Erfindungswert der Erfindung mit dem Anteilsfaktor multipliziert.

Der Erfindungswert spiegelt die wirtschaftliche Verwertbarkeit einer Erfindung wider, wobei der Anteilsfaktor der Tatsache Rechnung trägt, dass der erfinderische Arbeitnehmer ohne ein wirtschaftliches Risiko, auf Basis des betrieblichen Know-Hows, die Erfindung geschaffen hat. Je nach der Stellung und des Aufgabenbereichs des Arbeitnehmers ist der Umfang der betrieblichen Unterstützung bei der Schaffung der Erfindung anzusetzen. Entsprechend wird die Stellung und das Aufgabengebiet des Arbeitnehmers und die Frage, von wem die Aufgabe zur Schaffung der Erfindung herrührte, bei der Berechnung des Anteilsfaktors berücksichtigt.

Der Anteilsfaktor nimmt sich daher der Umstände zum Zeitpunkt der Schaffung der Erfindung an, um die erfinderische Leistung vor dem Hintergrund des Arbeitsverhältnisses des Erfinders einordnen zu können. Wurde eine Erfindung von einer Erfindergemeinschaft geschaffen, ist der Anteilsfaktor für jeden einzelnen Erfinder separat zu ermitteln.

Eine Umrechnung der Summe aus drei Wertzahlen ergibt den Anteilsfaktor, wobei beispielsweise eine Summe von 8 dem Anteilsfaktor 0,15 entspricht und bei einer Summe von 6 wird der Anteilsfaktor zu 0,1 gesetzt. Eine Summe der Wertzahlen von 9 ergibt einen Anteilsfaktor von 0,18.

Die drei Wertzahlen ergeben sich aus der „Stellung der Aufgabe", der „Lösung der Aufgabe" und „den Aufgaben und der Stellung des Arbeitnehmers im Betrieb". Je höher der Einfluss des Betriebs bei der Stellung der Aufgabe, je höher die Unterstützung des Betriebs bei der Lösung der Aufgabe und je höher die Stellung des Arbeitnehmers im Betrieb, je niedriger ist der Anteilsfaktor anzusetzen.

In der Praxis führt die Bestimmung des Anteilsfaktors, insbesondere im Vergleich zur Ermittlung des Erfindungswerts, zu weniger Schwierigkeiten zwischen den Arbeitsvertragsparteien.

Der Anteilsfaktor ist der Aspekt bei der Berechnung der Vergütung, bei dem die Person des Erfinders berücksichtigt wird. Der einzige weitere Aspekt ist der Miterfinderanteil, falls die Erfindung durch eine Erfindergemeinschaft geschaffen wurde.

Zumeist werden die Diensterfindungen von Ingenieuren bzw. einschlägig technisch vorgebildeten Arbeitnehmern geschaffen. Für diese Personengruppe ergibt sich üblicherweise ein Anteilsfaktor von 0,15 oder 0,18. Stammt eine Diensterfindung von einem Entwicklungsleiter ergibt sich typischerweise ein Anteilsfaktor von 0,1.

<u>Richtlinie Nr. 31 (Stellung der Aufgabe)</u>
Der Anteil des Arbeitnehmers am Zustandekommen der Diensterfindung ist um so größer, je größer seine Initiative bei der Aufgabenstellung und je größer seine Beteiligung bei der Erkenntnis der betrieblichen Mängel und Bedürfnisse ist. Diese Gesichtspunkte können in folgenden 6 Gruppen berücksichtigt werden:

Der Arbeitnehmer ist zu der Erfindung veranlasst worden:
1. **weil der Betrieb ihm eine Aufgabe unter unmittelbarer Angabe des beschrittenen Lösungsweges gestellt hat (1);**
2. **weil der Betrieb ihm eine Aufgabe ohne unmittelbare Angabe des beschrittenen Lösungsweges gestellt hat (2);**
3. **ohne dass der Betrieb ihm eine Aufgabe gestellt hat, jedoch durch die infolge der Betriebszugehörigkeit erlangte Kenntnis von Mängeln und Bedürfnissen, wenn der Erfinder diese Mängel und Bedürfnisse nicht selbst festgestellt hat (3);**

4. ohne dass der Betrieb ihm eine Aufgabe gestellt hat, jedoch durch die infolge der Betriebszugehörigkeit erlangte Kenntnis von Mängeln und Bedürfnissen, wenn der Erfinder diese Mängel und Bedürfnisse selbst festgestellt hat (4);

5. weil er sich innerhalb seines Aufgabenbereichs eine Aufgabe gestellt hat (5);

6. weil er sich außerhalb seines Aufgabenbereichs eine Aufgabe gestellt hat (6).

Bei Gruppe 1 macht es keinen Unterschied, ob der Betrieb den Erfinder schon bei der Aufgabenstellung oder erst später auf den beschrittenen Lösungsweg unmittelbar hingewiesen hat, es sei denn, dass der Erfinder von sich aus den Lösungsweg bereits beschritten hatte. Ist bei einer Erfindung, die in Gruppe 3 oder 4 einzuordnen ist, der Erfinder vom Betrieb später auf den beschrittenen Lösungsweg hingewiesen worden, so kann es angemessen sein, die Erfindung niedriger einzuordnen, es sei denn, dass der Erfinder von sich aus den Lösungsweg bereits beschritten hatte. Liegt in Gruppe 3 oder 4 die Aufgabe außerhalb des Aufgabenbereichs des Erfinders, so wird es angemessen sein, die Erfindung höher einzuordnen.

Ferner ist zu berücksichtigen, dass auch in der Aufgabenstellung allein schon eine unmittelbare Angabe des beschrittenen Lösungsweges liegen kann, wenn die Aufgabe sehr eng gestellt ist. Andererseits sind ganz allgemeine Anweisungen (z. B. auf Erfindungen bedacht zu sein) noch nicht als Stellung der Aufgabe im Sinne dieser Tabelle anzusehen.

Ein wichtiger Bewertungspunkt ist die Herkunft der Aufgabenstellung bzw. wie das Bedürfnis zur Lösung eines Problems erkannt wurde. Je nachdem, ob die Aufgabe vom Betrieb vorgegeben wurde oder der Betrieb auf Mängel hingewiesen hat oder ob Mängel vom Arbeitnehmer selbst erkannt wurden, wird die Wertzahl a bestimmt. Kam der erfinderische Arbeitnehmer selbstständig zur Aufgabenstellung ist die Wertzahl a hoch.

Die Richtlinie umfasst sechs Auswahlmöglichkeiten, wobei jeweils zwei inhaltlich verwandt sind. Bei den ersten beiden Auswahlmöglichkeiten wird vorausgesetzt, dass der Betrieb die Aufgabe gestellt hat. Bei den beiden nächsten Auswahlmöglichkeiten stellte der Betrieb nicht die Aufgabe, aber der Erfinder erkannte anhand seiner betrieblichen Zugehörigkeit das Bedürfnis einer technischen Lösung bzw. wurde darauf durch den Betrieb hingewiesen.

Bei den letzten beiden Auswahlmöglichkeiten stellte sich der erfinderische Arbeitnehmer die Aufgabe selbsttätig, wobei einmal die Aufgabe in das ihm vom Betrieb zugewiesene Aufgabengebiet fällt und im anderen Fall außerhalb des zugewiesenen Aufgabenfelds liegt.

Die Auswahlmöglichkeiten sollen von oben nach unten geprüft werden. Treffen die Merkmale einer oberen Auswahlmöglichkeit nicht zu, ist die jeweils darunterliegende zu prüfen, bis bei der ersten die Merkmale auf die Umstände der Schaffung der Erfindung zutreffen. Die Zahl in Klammern am Ende der Auswahlmöglichkeit ist dann die ermittelte Wertzahl a.

In der Mehrheit der Fälle ist von einer der ersten vier Auswahlmöglichkeiten auszugehen. In der Praxis wird man als Wertzahl vorwiegend eine 1, 2, 3 oder 4 feststellen. Dies gilt insbesondere für Arbeitnehmer, die in der Forschung, der Entwicklung oder der Konstruktion tätig sind.

Zur Einordnung in das Schema ist es nicht entscheidend, in welcher Form die Aufgabe gestellt wurde oder wie auf Mängel hingewiesen wurde. Dies kann ausdrücklich oder konkludent, also durch schlüssiges Verhalten, erfolgen.

Bei einem Arbeitnehmer, der in der Hierarchie weit oben angesiedelt ist, wird die Lösung von technischen Aufgaben erwartet. Eine technische Aufgabe kann für diese Personengruppe daher stets als vom Betrieb vorgegeben angenommen werden.

Bei Mitarbeitern in Forschungs-, Entwicklungs- und Konstruktionsabteilungen kann ebenfalls davon ausgegangen werden, dass eine Aufgabe als von dem Betrieb gestellt anzunehmen ist, auch falls dies nicht ausdrücklich erfolgte.

Eine Wertzahl $a = 1$ ist anzunehmen, falls dem Arbeitnehmer eine Richtung vorgegeben wurde, um eigene Analysen oder Versuche vorzunehmen, die zur Diensterfindung geführt haben. Wurde dem Arbeitnehmer die Lösungsrichtung in dieser Weise aufgezeigt, stammte die Aufgabenstellung aus der betrieblichen Sphäre.

War die Angabe des Betriebs zur Aufgabe diffus und musste der Arbeitnehmer eine Konkretisierung der Aufgabenstellung vornehmen, kann von der Wertzahl $a = 2$ ausgegangen werden. Diese Auswahlmöglichkeit trifft in der Praxis zumeist zu. Sie ist insbesondere für Mitarbeiter der Entwicklung und Konstruktion typisch. Die Wertzahl $a = 2$ ist nicht zu wählen, falls der Arbeitnehmer von der vom Betrieb vorgegebenen Aufgabe abgewichen ist.

Fehlt eine betriebliche Aufgabenstellung, wurden jedoch Mängel und Bedürfnisse aufgrund der Betriebszugehörigkeit erkannt, kann die Wertzahl zu 3 oder 4 bestimmt werden. Die Aufgabenstellung hat sich dabei aus der betrieblichen Sphäre, und zwar implizit, ergeben.

Den meisten Erfindungen, die nicht aus dem Bereich der Forschungs-, Entwicklungs- oder Konstruktionsabteilungen kommen, wird eine Wertzahl a zu 3 oder 4 zugeordnet.

Eine Wertzahl a von 5 oder 6 ist nur möglich, falls die anderen Auswahlmöglichkeiten ausscheiden. In diesem Fall muss sich der Arbeitnehmer die Aufgabe selbst gestellt haben und der Betrieb hat zur Aufgabenstellung nichts beigesteuert. Ferner darf die Betriebszugehörigkeit zur Aufgabenstellung keinen Beitrag geleistet haben.

Richtlinie Nr. 32 (Lösung der Aufgabe)
Bei der Ermittlung der Wertzahlen für die Lösung der Aufgabe sind folgende Gesichtspunkte zu beachten:

1. **die Lösung wird mithilfe der dem Erfinder beruflich geläufigen Überlegungen gefunden;**
2. **sie wird aufgrund betrieblicher Arbeiten oder Kenntnisse gefunden;**
3. **der Betrieb unterstützt den Erfinder mit technischen Hilfsmitteln.**

Liegen bei einer Erfindung alle diese Merkmale vor, so erhält die Erfindung für die Lösung der Aufgabe die Wertzahl 1; liegt keines dieser Merkmale vor, so erhält sie die Wertzahl 6.

Sind bei einer Erfindung die angeführten drei Merkmale teilweise verwirklicht, so kommt ihr für die Lösung der Aufgabe eine zwischen 1 und 6 liegende Wertzahl zu. Bei der Ermittlung der Wertzahl für die Lösung der Aufgabe sind die Verhältnisse des Einzelfalles auch im Hinblick auf die Bedeutung der angeführten drei Merkmale (z. B. das Ausmaß der Unterstützung mit technischen Hilfsmitteln) zu berücksichtigen.

Beruflich geläufige Überlegungen im Sinne dieser Nummer sind solche, die aus Kenntnissen und Erfahrungen des Arbeitnehmers stammen, die er zur Erfüllung der ihm übertragenen Tätigkeiten haben muss.

Betriebliche Arbeiten oder Kenntnisse im Sinne dieser Nummer sind innerbetriebliche Erkenntnisse, Arbeiten, Anregungen, Erfahrungen, Hinweise usw., die den Erfinder zur Lösung hingeführt oder sie ihm wesentlich erleichtert haben.

Technische Hilfsmittel im Sinne dieser Nummer sind Energien, Rohstoffe und Geräte des Betriebes, deren Bereitstellung wesentlich zum Zustandekommen der Diensterfindung beigetragen hat. Wie technische Hilfsmittel ist auch die Bereitstellung von Arbeitskräften zu werten. Die Arbeitskraft des Erfinders selbst sowie die allgemeinen, ohnehin entstandenen Aufwendungen für Forschung, Laboreinrichtungen und Apparaturen sind nicht als technische Hilfsmittel in diesem Sinne anzusehen.

Die Richtlinie erläutert die Bestimmung der Wertzahl b. Nachdem die Wertzahl a die Aufgabenstellung und das Erkennen von Mängeln und Problemen berücksichtigt hat, bewertet die Wertzahl b den Einfluss des Betriebs beim Vorgang des Schaffens der Erfindung.

Der Arbeitnehmer hat deutliche Vorteile bei der Schaffung der Erfindung im Vergleich zum freien Erfinder. Ihm wird in aller Regel eine Möglichkeit gegeben, Versuche durchzuführen und auf dem betrieblichen Know-How aufzubauen. Nicht zu vergessen ist das Know-How, das sich der erfinderische Arbeitnehmer während der Betriebszugehörigkeit angeeignet hat.

Die Wertzahl b berücksichtigt nur diejenigen Umstände, die während der Schaffung der Erfindung und vor ihrer Fertigstellung vorgelegen haben. Änderungen der Situation, die erst nach der Fertigstellung der Erfindung eintreten, sind ohne Belang.

Beruflich geläufige Überlegungen sind sämtliche Überlegungen, die sich innerhalb der Systematik der Vorgehensweise und des Wissens des Fachmanns bewegen. Erfindet ein Maschinenbauingenieur einen neuen Motor, so sind seine Überlegungen in aller Regel als beruflich geläufig aufzufassen. Entwickelt der Maschinenbauingenieur jedoch einen neuen chemischen Stoff, so bewegte er sich nicht innerhalb dessen, was ihm durch seine ingenieurwissenschaftliche Ausbildung vermittelt wurde.

Beruflich geläufige Überlegungen liegen ebenfalls noch vor, falls zwar der Arbeitnehmer von der Ausbildung keine Hilfestellung zum Erlangen der Erfindung erhalten hat, falls er aber durch seine berufliche Tätigkeit grundlegende Kenntnisse des Fachgebiets erlangt hat, in das die Erfindung fällt. Langjährige Berufserfahrung ermöglicht beruflich geläufige Überlegungen.

Gelangt ein Arbeitnehmer mit beruflich geläufigen Überlegungen zu einer Erfindung, so bedeutet dies nicht, dass patentrechtlich die Erfindung naheliegend und damit nicht patentfähig ist. Es bedeutet vielmehr, dass sich die Überlegungen zur Erfindung innerhalb dessen bewegten, was dem Arbeitnehmer grundsätzlich durch seine Ausbildung vermittelt wurde. Die patentrechtlichen Begriffe des „nicht Naheliegens" und der „erfinderischen Tätigkeit"[3] sind nicht als das Gegenteil von „beruflich geläufigen Überlegungen" der Richtlinie Nr. 32 zu verstehen.

Betriebliche Kenntnisse ergeben sich durch die Betriebszugehörigkeit des erfinderischen Arbeitnehmers. Fällt eine Erfindung in die geschäftliche Tätigkeit des Betriebs, ist regelmäßig davon auszugehen, dass die Erfindung auf Basis von betrieblichen Arbeiten und Kenntnissen entstanden ist. Die Erfindung basiert nicht auf betrieblichen Arbeiten und Kenntnissen, wenn sie dem privaten Bereich bzw. den Hobbies des Arbeitnehmers entstammt.

---

[3] § 4 Satz 1 Patentgesetz

Tab. 6.3 Ermittlung der Wertzahl b

Wertzahl b	erfüllte Kriterien der Richtlinie Nr. 32
6	kein Kriterium ist erfüllt
5	ein Kriterium ist teilweise erfüllt
4,5	(ein Kriterium ist erfüllt) oder (zwei Kriterien sind teilweise erfüllt)
3,5	(ein Kriterium ist erfüllt und ein Kriterium ist teilweise erfüllt) oder (drei Kriterien sind teilweise erfüllt)
2,5	(zwei Kriterien sind erfüllt) oder (ein Kriterium ist erfüllt und zwei Kriterien sind teilweise erfüllt)
2	zwei Kriterien sind erfüllt und ein Kriterium ist teilweise erfüllt
1	alle drei Kriterien sind erfüllt

Damit davon ausgegangen werden kann, dass betriebliche Arbeiten und Kenntnisse zur Erfindung führten, muss eine Kausalität vorliegen. Die betrieblichen Arbeiten und Kenntnisse sind in diesem Fall als ursächlich für die Erfindung zu erkennen.

Die drei Auswahlmöglichkeiten der Richtlinie Nr. 32 sind gleichgewichtig in die Wertzahl b einfließen zu lassen. Die Wertzahl b kann einen Wert im Intervall von 1 bis 6 annehmen. Falls keine der drei Auswahlmöglichkeiten der Richtlinie Nr. 32 zutrifft, wird der Wertzahl b eine 6 zugewiesen. Falls alle drei Kriterien der Richtlinie Nr. 32 erfüllt sind, erhält die Wertzahl b den Wert 1.

Ausgehend von einer 6 wird die Wertzahl erniedrigt, falls ein Kriterium vollständig erfüllt ist. Wird ein Kriterium nur teilweise erfüllt, bedeutet das eine kleinere Verringerung der Wertzahl. Die Tab. 6.3 stellt die Zuordnung von Wertzahl b und Erfüllen der Kriterien der Richtlinie Nr. 32 dar.

Richtlinie Nr. 33 (Grundsätzliches zur Stellung im Betrieb)
Der Anteil des Arbeitnehmers verringert sich umso mehr, je größer der ihm durch seine Stellung ermöglichte Einblick in die Erzeugung und Entwicklung des Betriebes ist und je mehr von ihm angesichts seiner Stellung und des ihm z. Z. der Erfindungsmeldung gezahlten Arbeitsentgelts erwartet werden kann, dass er an der technischen Entwicklung des Betriebes mitarbeitet. Stellung im Betrieb bedeutet nicht die nominelle, sondern die tatsächliche Stellung des Arbeitnehmers, die ihm unter Berücksichtigung der ihm obliegenden Aufgaben und der ihm ermöglichten Einblicke in das Betriebsgeschehen zukommt.

Die Wertzahl c berücksichtigt die Stellung des erfinderischen Arbeitnehmers im Betrieb. Je höher ein Arbeitnehmer in der Hierarchie eines Unternehmens eingeordnet ist und je näher er an der Forschungs-, Entwicklungs- oder Konstruktionsabteilung angesiedelt ist, desto niedriger ist die Wertzahl c.

Richtlinie Nr. 34 (Betriebliche Stellung des Arbeitnehmers)

Man kann folgende Gruppen von Arbeitnehmern unterscheiden, wobei die Wertzahl um so höher ist, je geringer die Leistungserwartung ist:

8. **Gruppe:** Hierzu gehören Arbeitnehmer, die im Wesentlichen ohne Vorbildung für die im Betrieb ausgeübte Tätigkeit sind (z. B. ungelernte Arbeiter, Hilfsarbeiter, Angelernte, Lehrlinge) (8).

7. **Gruppe:** Zu dieser Gruppe sind die Arbeitnehmer zu rechnen, die eine handwerklich – technische Ausbildung erhalten haben (z. B. Facharbeiter, Laboranten, Monteure, einfache Zeichner), auch wenn sie schon mit kleineren Aufsichtspflichten betraut sind (z. B. Vorarbeiter, Untermeister, Schichtmeister, Kolonnenführer). Von diesen Personen wird im Allgemeinen erwartet, dass sie die ihnen übertragenen Aufgaben mit einem gewissen technischen Verständnis ausführen. Andererseits ist zu berücksichtigen, dass von dieser Berufsgruppe in der Regel die Lösung konstruktiver oder verfahrensmäßiger technischer Aufgaben nicht erwartet wird (7).

6. **Gruppe:** Hierher gehören die Personen, die als untere betriebliche Führungskräfte eingesetzt werden (z. B. Meister, Obermeister, Werkmeister) oder eine etwas gründlichere technische Ausbildung erhalten haben (z. B. Chemotechniker, Techniker). Von diesen Arbeitnehmern wird in der Regel schon erwartet, dass sie Vorschläge zur Rationalisierung innerhalb der ihnen obliegenden Tätigkeit machen und auf einfache technische Neuerungen bedacht sind (6).

5. **Gruppe:** Zu dieser Gruppe sind die Arbeitnehmer zu rechnen, die eine gehobene technische Ausbildung erhalten haben, sei es auf Universitäten oder technischen Hochschulen, sei es auf höheren technischen Lehranstalten oder in Ingenieur- oder entsprechenden Fachschulen, wenn sie in der Fertigung tätig sind. Von diesen Arbeitnehmern wird ein reges technisches Interesse sowie die Fähigkeit erwartet, gewisse konstruktive oder verfahrensmäßige Aufgaben zu lösen (5).

4. **Gruppe:** Hierher gehören die in der Fertigung leitend Tätigen (Gruppenleiter, d. h. Ingenieure und Chemiker, denen andere Ingenieure oder Chemiker unterstellt sind) und die in der Entwicklung tätigen Ingenieure und Chemiker (4).

3. **Gruppe:** Zu dieser Gruppe sind in der Fertigung der Leiter einer ganzen Fertigungsgruppe (z. B. technischer Abteilungsleiter und Werkleiter) zu zählen, in der Entwicklung die Gruppenleiter von Konstruktionsbüros und Entwicklungslaboratorien und in der Forschung die Ingenieure und Chemiker (3).

2. **Gruppe:** Hier sind die Leiter der Entwicklungsabteilungen einzuordnen sowie die Gruppenleiter in der Forschung (2).

1. **Gruppe:** Zur Spitzengruppe gehören die Leiter der gesamten Forschungsabteilung eines Unternehmens und die technischen Leiter größerer Betriebe (1).

Die vorstehende Tabelle kann nur Anhaltspunkte geben. Die Einstufung in die einzelnen Gruppen muss jeweils im Einzelfall nach Maßgabe der tatsächlichen Verhältnisse unter Berücksichtigung der Ausführungen in Nummer 33, 35 und 36 vorgenommen werden. In kleineren Betrieben sind z. B. vielfach die Leiter von Forschungsabteilungen nicht in Gruppe 1, sondern – je nach den Umständen des Einzelfalles – in die Gruppen 2, 3 oder 4 einzuordnen. Auch die Abstufung nach der Tätigkeit in Fertigung, Entwicklung oder Forschung ist nicht stets berechtigt, weil z. B. in manchen Betrieben die in der Entwicklung tätigen Arbeitnehmer Erfindungen näherstehen als die in der Forschung tätigen Arbeitnehmer.

Die Wertzahl c ist den Aufgaben und der Stellung des erfinderischen Arbeitnehmers im Betrieb gewidmet. Je eher eine Erfindung von einem Arbeitnehmer aufgrund seiner Stellung in der Hierarchie und seinem Aufgabengebiet zu erwarten ist, umso geringer ist die Wertzahl c.

Im Sinne der Richtlinie Nr. 34 liegt eine Leitungsfunktion nur vor, falls der entsprechende Bereich bzw. die Abteilung nicht nur einige wenige Mitarbeiter umfasst. Ein Gruppenleiter hat typischerweise für technische Mitarbeiter Führungsverantwortung. Steht ein Arbeitnehmer einer Gruppe von Hilfskräften vor, gilt er nicht als Gruppenleiter im Sinne der Richtlinie Nr. 34.

Die 8. Gruppe umfasst Arbeitnehmer ohne abgeschlossene Vorbildung oder Ausbildung. Auszubildende sind dieser Gruppe zuzuordnen.

Arbeitnehmer mit handwerklich-technischer Ausbildung werden durch die Gruppe 7 repräsentiert. In der Gruppe 7 sind Mitarbeiter mit technischem Know-How, von denen jedoch keine schöpferische Leistung oder die Lösung technischer Aufgaben auf Basis konstruktiver verfahrensmäßiger Überlegungen erwartet wird.

Arbeitnehmer der unteren Leitungsebenen, beispielsweise Meister, und technisch besser geschulte Mitarbeiter, insbesondere Techniker, werden der 6. Gruppe zugeordnet. Einfache technische Neuerungen können von dieser Personengruppe erwartet werden.

Mitarbeiter mit einer gehobenen technischen Ausbildung, insbesondere Absolventen von Technischen Hochschulen, Universitäten oder Fachhochschulen, werden der 5. Gruppe zugewiesen. Von den Mitgliedern dieser Gruppe kann die Lösung technischer Probleme durch konstruktive Maßnahmen erwartet werden.

In der Gruppe 4 werden alle Absolventen von Technischen Hochschulen, Universitäten und Fachhochschulen zusammengefasst, die in einer Forschungs-, Entwicklungs- oder Konstruktionsabteilung tätig sind. Außerdem gehören in der Fertigung leitend tätige Arbeitnehmer in diese Gruppe.

Leiter einer ganzen Fertigungsgruppe oder eines Entwicklungsbereichs werden der 3. Gruppe zugewiesen. Nur Mitarbeiter der Fertigung, die eine höhere Leitungsfunktion innehaben, gehören in die Gruppe 3. Eine kleinere Führungsfunktion in der Forschung, der Entwicklung oder der Konstruktion ist bereits ausreichend, um den betreffenden Mitarbeiter der 3. Gruppe zuzuordnen.

Eine höhere Leitungsfunktion im Bereich der Forschung, der Entwicklung oder der Konstruktion ist notwendig, damit ein Mitarbeiter der 2. Gruppe zugewiesen wird. Personen der Gruppe 2 sind Leiter von Entwicklungsabteilungen oder Forschungseinrichtungen.

In die Gruppe 1 werden die Leiter mehrerer Forschungsabteilungen und technische Leiter größerer Betriebe aufgenommen.

Richtlinie Nr. 35 (Korrektur der Eingruppierung wegen der Gehaltshöhe, der Leitungsfunktion und der Vorbildung)
Wenn die Gehaltshöhe gegenüber dem Aufgabengebiet Unterschiede zeigt, kann es berechtigt sein, den Erfinder in eine höhere oder tiefere Gruppe einzustufen, weil Gehaltshöhe und Leistungserwartung miteinander in Verbindung stehen. Dies ist besonders zu berücksichtigen im Verhältnis zwischen jüngeren und älteren Arbeitnehmern der gleichen Gruppe. In der Regel wächst das Gehalt eines Arbeitnehmers mit seinem Alter, wobei weitgehend der Gesichtspunkt maßgebend ist, dass die zunehmende Erfahrung auf Grund langjähriger Tätigkeit eine höhere Leistung erwarten lässt. Hiernach kann also ein höher bezahlter älterer Angestellter einer bestimmten Gruppe eher in die nächstniedrigere einzustufen sein, während ein jüngerer, geringer bezahlter Angestellter der nächsthöheren Gruppe zuzurechnen ist. Es ist weiter zu berücksichtigen, dass zum Teil gerade bei leitenden Angestellten nicht erwartet wird, dass sie sich mit technischen Einzelfragen befassen. Besonders in größeren Firmen stehen leitende Angestellte zum Teil der technischen Entwicklung ferner als Entwicklungs- oder Betriebsingenieure. In solchen Fällen ist daher gleichfalls eine Berichtigung der Gruppeneinteilung angebracht. Auch die Vorbildung wird in der Regel ein Anhaltspunkt für die Einstufung des Arbeitnehmers sein. Sie ist aber hierauf dann ohne Einfluss, wenn der Arbeitnehmer nicht entsprechend seiner Vorbildung im Betrieb eingesetzt wird. Andererseits ist auch zu berücksichtigen, dass Arbeitnehmer, die sich ohne entsprechende Vorbildung eine größere technische Erfahrung zugeeignet haben und demgemäß im Betrieb eingesetzt und bezahlt werden, in eine entsprechend niedrigere Gruppe (also mit niedrigerer Wertzahl, z. B. von Gruppe 6 in Gruppe 5) eingestuft werden müssen.

Die Gehaltshöhe kann in die Gruppierung der Richtlinie Nr. 34 korrigierend einbezogen werden. Eine hohe Gehaltshöhe kann als eine gesteigerte Erwartung außergewöhnlicher Leistungen aufgefasst werden. Allerdings kann eine hohe Gehaltshöhe in die Irre führen, falls sich eine hohe Gehaltshöhe durch jährliche automatische Steigerungen erklären lässt, ohne dass ein Bezug zur Leistungserwartung besteht.

Eine hohe Leitungsfunktion kann zu einer Entwicklungsferne führen, sodass einem leitenden Mitarbeiter korrigierend ein höherer eigener Beitrag zu einer Erfindung zugestanden werden kann.

Eine mangelnde Vorbildung wird durch die tatsächliche Stellung ausgeglichen, sodass eine nur geringe technische Aus- oder Weiterbildung einem erfinderischen Arbeitnehmer keine Vorteile bei der Gruppierung bringen kann, falls dieser in einer entsprechenden Position, beispielsweise als Ingenieur, tätig ist.

Richtlinie Nr. 36 (Kaufmännisch tätige Mitarbeiter)

Von Arbeitnehmern, die kaufmännisch tätig sind und keine technische Vorbildung haben, werden im Allgemeinen keine technischen Leistungen erwartet. Etwas anderes kann mitunter für die sogenannten technischen Kaufleute und die höheren kaufmännischen Angestellten (kaufmännische Abteilungsleiter, Verwaltungs- und kaufmännische Direktoren) gelten. Wie diese Personen einzustufen sind, muss von Fall zu Fall entschieden werden.

Die Richtlinie Nr. 36 Satz 1 gilt nur für solche Arbeitnehmer, die in dem Betrieb ausschließlich kaufmännisch tätig sind und die keine technische Ausbildung aufweisen. Ein technischer Anwendungsberater, der im Betrieb tätig ist, wird daher die Richtlinie Nr. 36 Satz 1 nicht in Anspruch nehmen können.

Zu den Arbeitnehmern der Richtlinie Nr. 36 Satz 1 gehören Mitarbeiter, von denen keine Erfindungen oder technische Verbesserungsvorschläge zu erwarten sind. Dies gilt insbesondere für Betriebswirte, Juristen oder Werksärzte.

Richtlinie Nr. 37 (Tabelle zur Ermittlung des Anteilsfaktors)

Für die Berechnung des Anteilsfaktors gilt folgende Tabelle:

$a+b+c$ =	3	4	5	6	7	8	9	10	11	12	13	14	15	16	17	18	19	(20)
A =	2	4	7	10	13	15	18	21	25	32	39	47	55	63	72	81	90	(100)

In dieser Tabelle bedeuten:
a = Wertzahlen, die sich aus der Stellung der Aufgabe ergeben,
b = Wertzahlen, die sich aus der Lösung der Aufgabe ergeben,
c = Wertzahlen, die sich aus Aufgaben und Stellung im Betrieb ergeben,
A = Anteilsfaktor (Anteil des Arbeitnehmers am Erfindungswert in Prozent).

Die Summe, die sich aus den Wertzahlen a, b und c ergibt, braucht keine ganze Zahl zu sein. Sind als Wertzahlen Zwischenwerte (z. B. 3,5) gebildet worden, so ist als Anteilsfaktor eine Zahl zu ermitteln, die entsprechend zwischen den angegebenen Zahlen liegt. Die Zahlen 20 und 100 sind in Klammern gesetzt, weil zumindest in diesem Fall eine freie Erfindung vorliegt.

Die Richtlinie Nr. 37 beschreibt die Umrechnung der Summe der Wertzahlen a+b+c in den dazugehörenden Anteilsfaktor. Durch den Anteilsfaktor wird der Anteil des Erfindungswerts berechnet, der dem erfinderischen Arbeitnehmer im Vergleich zum freien Erfinder zusteht. Ein weiterer Multiplikator kann der Erfinderanteil darstellen, falls die Erfindung aus einer Erfindergemeinschaft stammt.

Theoretisch ist es möglich, dass der erfinderische Arbeitnehmer dem freien Erfinder gleichgestellt ist. In diesem Fall ist die Summe der Wertzahlen 20 und daraus folgend der Anteilsfaktor 1. Da dies jedoch praktisch auszuschließen ist, ist die Wertzahl 20 und der Anteilsfaktor 1 in der Tabelle der Richtlinie Nr. 37 in Klammern gesetzt.

Zur Ermittlung des Anteilsfaktors wird zunächst die Summe der Wertzahlen gebildet. Die Summen der Wertzahlen sind in der Tabelle in der oberen Zeile abgebildet. Direkt unterhalb können die zugeordneten Anteilsfaktoren entnommen werden.

Richtlinie Nr. 38 (geringer Anteilsfaktor und geringer Erfindungswert)
Ist der Anteilsfaktor sehr niedrig, so kann, wenn der Erfindungswert gleichfalls gering ist, die nach den vorstehenden Richtlinien zu ermittelnde Vergütung bis auf einen Anerkennungsbetrag sinken oder ganz wegfallen.

Die Richtlinie Nr. 38 beschreibt nicht den Fall, dass eine Nutzung der Erfindung noch nicht stattgefunden hat, sondern die Situation, dass über die komplette Nutzungsdauer nur eine sehr geringe Nutzung der Erfindung erfolgen wird. Kommt ein kleiner Anteilsfaktor hinzu, ergibt sich eine kleine Vergütung. Zur Vermeidung eines unökonomischen Verwaltungs- und Berechnungsaufwands kann der Arbeitgeber dem Arbeitnehmer eine Pauschalabgeltung zukommen lassen bzw. komplett auf eine Vergütung verzichten.

Von einem sehr geringen Anteilsfaktor, der im Verbund mit einem geringen Erfindungswert ein Verweigern einer Vergütung rechtfertigt, kann bei Werten von 0,02 % bis 0,04 % ausgegangen werden. Ein Anteilsfaktor von 0.07 % gilt bereits nicht mehr als geringer Anteilsfaktor.

Richtlinie Nr. 39 (Vergütungsformel)
Die Berechnung der Vergütung aus Erfindungswert und Anteilsfaktor kann in folgender Formel ausgedrückt werden:

$$V = E \cdot A$$

Dabei bedeuten:

V = die zu zahlende Vergütung,

E = den Erfindungswert,

A = den Anteilsfaktor in Prozenten.

Die Ermittlung des Erfindungswertes nach der Lizenzanalogie kann in folgender Formel ausgedrückt werden:

$$E = B \cdot L$$

Dabei bedeuten:

E = den Erfindungswert,

B = die Bezugsgröße,

L = Lizenzsatz in Prozenten.

In dieser Formel kann die Bezugsgröße ein Geldbetrag oder eine Stückzahl sein. Ist die Bezugsgröße ein bestimmter Geldbetrag, so ist der Lizenzsatz ein Prozentsatz (z. B. 3 % von 100.000,- DM). Ist die Bezugsgröße dagegen eine Stückzahl oder eine Gewichtseinheit, so ist der Lizenzsatz ein bestimmter Geldbetrag je Stück oder Gewichtseinheit (z. B. 0,10 DM je Stück oder Gewichtseinheit des umgesetzten Erzeugnisses).

Insgesamt ergibt sich hiernach für die Ermittlung der Vergütung bei Anwendung der Lizenzanalogie folgende Formel:

$$V = B \cdot L \cdot A$$

Hierbei ist für B jeweils die entsprechende Bezugsgröße (Umsatz, Erzeugung) einzusetzen. Sie kann sich auf die gesamte Laufdauer des Schutzrechts (oder die gesamte sonst nach Nummer 42 in Betracht kommende Zeit) oder auf einen bestimmten periodisch wiederkehrenden Zeitabschnitt (z. B. 1 Jahr) beziehen; entsprechend ergibt sich aus der Formel die Vergütung für die gesamte Laufdauer (V) oder den bestimmten Zeitabschnitt (bei jährlicher Ermittlung im folgenden Vj bezeichnet). Wird z. B. die Vergütung unter Anwendung der Lizenzanalogie in Verbindung mit dem Umsatz ermittelt, so lautet die Formel für die Berechnung der Vergütung:

$$V = U \cdot L \cdot A$$

oder bei jährlicher Ermittlung.

$$Vj = Uj \cdot L \cdot A$$

Beispiel: Bei einem Jahresumsatz von 400 000.- DM, einem Lizenzsatz von 3 % und einem Anteilsfaktor von (a+b+c=8=) 15 % ergibt sich folgende Rechnung: Vj = 400 000. 3 · 15 100 · 100 Die Vergütung für ein Jahr beträgt in diesem Fall 1800.- DM.

Die Richtlinie Nr. 39 beschreibt das allgemein akzeptierte Verfahren zur Berechnung der Vergütung. Nach diesem Verfahren ermitteln die Schiedsstelle und die Gerichte die Höhe der Vergütung.

In den Formeln fehlt nur der Faktor eines Miterfinderanteils, falls die Erfindung von einer Erfindergemeinschaft geschaffen wurde. In diesem Fall ist die jeweilige Formel mit dem Anteil zu multiplizieren, der dem betreffenden Erfinder zusteht.

Richtlinie Nr. 40 (Regelmäßige Vergütung oder Gesamtabfindung)
Die Vergütung kann in Form einer laufenden Beteiligung bemessen werden. Hängt ihre Höhe von dem Umsatz, der Erzeugung oder dem erfassbaren betrieblichen Nutzen ab, so wird die Vergütung zweckmäßig nachkalkulatorisch errechnet; in diesem Fall empfiehlt sich die jährliche Abrechnung, wobei – soweit dies angemessen erscheint – entsprechende Abschlagszahlungen zu leisten sein werden. Wird die Diensterfindung durch Lizenzvergabe verwertet, so wird die Zahlung der Vergütung im Allgemeinen der Zahlung der Lizenzen anzupassen sein.
Manchmal wird die Zahlung einer einmaligen oder mehrmaligen festen Summe (Gesamtabfindung) als angemessen anzusehen sein. Dies gilt insbesondere für folgende Fälle:

a) **Wenn es sich um kleinere Erfindungen handelt, für die eine jährliche Abrechnung wegen des dadurch entstehenden Aufwandes nicht angemessen erscheint,**
b) **wenn die Diensterfindung als Vorrats- oder Ausbaupatent verwertet wird.**
c) **Ist der Diensterfinder in einer Stellung, in der er auf den Einsatz seiner Erfindung oder die Entwicklung weiterer verwandter Erfindungen im Betrieb einen maßgeblichen Einfluss ausüben kann, so ist zur Vermeidung von Interessengegensätzen ebenfalls zu empfehlen, die Vergütung in Form einmaliger oder mehrmaliger fester Beträge zu zahlen.**

In der Praxis findet sich manchmal eine Verbindung beider Zahlungsarten derart, dass der Lizenznehmer eine einmalige Zahlung leistet und der Lizenzgeber im Übrigen laufend an den Erträgen der Erfindung beteiligt wird. Auch eine solche Regelung kann eine angemessene Art der Vergütungsregelung darstellen.

Die Richtlinie Nr. 40 gibt Hinweise zur Zahlung der Vergütung, wobei zwischen einer laufenden bzw. regelmäßigen Zahlweise und einer oder mehreren Abschlagszahlungen unterschieden wird. Die Richtlinie geht dabei grundsätzlich von Geldleistungen aus, die dem erfinderischen Arbeitnehmer zu übertragen sind.

Eine regelmäßige oder laufende Vergütungszahlung erfolgt in der Mehrzahl der Fälle jährlich nach Abschluss des Geschäftsjahrs. Hierbei wird beispielsweise drei Monate nach Abschluss des Geschäftsjahrs die geschuldete Vergütung für das Vorjahr dem Arbeitnehmer überwiesen. Maximal kann eine Frist von sechs Monaten nach Ablauf des Geschäftsjahrs zur Entrichtung der Vergütung hingenommen werden.

Richtlinie Nr. 41 (Ermittlung einer Gesamtabfindung)
Nur ein geringer Teil der Patente wird in der Praxis für die Gesamtlaufdauer von 18 Jahren aufrechterhalten. Bei patentfähigen Erfindungen hat es sich bei der Gesamtabfindung häufig als berechtigt erwiesen, im Allgemeinen eine durchschnittliche Laufdauer des Patents von einem Drittel der Gesamtlaufdauer, also von 6 Jahren, für die Ermittlung der einmaligen festen Vergütung zugrunde zu legen. Bei einer wesentlichen Änderung der Umstände, die für die Feststellung oder Festsetzung der Vergütung maßgebend waren, können nach § 12 Abs. 6 des Gesetzes Arbeitgeber und Arbeitnehmer voneinander die Einwilligung in eine andere Regelung der Vergütung verlangen.

Die Richtlinie Nr. 41 stellt klar, dass es nicht sachgerecht ist, von der maximalen Laufzeit eines Patents als Berechnungsgrundlage für eine Gesamtabfindung auszugehen. In der Praxis werden die wenigsten Patente zwanzig Jahre aufrecht gehalten. Es kann von einer durchschnittlichen Laufzeit eines Patents von zehn Jahren ausgegangen werden. Allerdings sollte dieser Richtwert an die jeweilige Branche angepasst werden, da es Branchen mit sehr kurzen Produktlebenszyklen gibt, beispielsweise Teile der Software- oder Telekommunikationsbranche, und Branchen mit langen Produktlebenszyklen, insbesondere der klassische Werkzeugmaschinenbau.

In der Richtlinie wurde eine Gesamtlaufdauer von 18 Jahren für Patente erwähnt. Zum Zeitpunkt der Erstellung der Amtlichen Vergütungsrichtlinien entsprachen 18 Jahre, statt aktuell 20 Jahre, der maximal möglichen Laufzeit eines Patents.

Richtlinie Nr. 42 (Vergütungsdauer)
Die Zeit, die für die Berechnung der Vergütung bei laufender Zahlung maßgebend ist, endet bei der unbeschränkten Inanspruchnahme in der Regel mit dem Wegfall des Schutzrechts. Dasselbe gilt bei der beschränkten Inanspruchnahme, wenn ein Schutzrecht erwirkt ist. Wegen der Dauer der Vergütung bei beschränkter Inanspruchnahme wird im übrigen auf Nummer 25 verwiesen. In Ausnahmefällen kann der Gesichtspunkt der Angemessenheit der Vergütung auch eine Zahlung über die Laufdauer des Schutzrechts hinaus gerechtfertigt erscheinen lassen. Dies gilt beispielsweise dann, wenn eine Erfindung erst in den letzten Jahren der Laufdauer eines Schutzrechts praktisch ausgewertet worden ist und die durch das Patent während seiner Laufzeit dem Patentinhaber vermittelte Vorzugsstellung auf dem Markt aufgrund besonderer Umstände noch weiter andauert. Solche besonderen Umstände können z. B. darin liegen, daß die Erfindung ein geschütztes Verfahren betrifft, für

dessen Ausübung hohe betriebsinterne Erfahrungen notwendig sind, die nicht ohne weiteres bei Ablauf des Schutzrechts Wettbewerbern zur Verfügung stehen.

Die Richtlinie Nr. 42 stellt fest, dass die Vergütungspflicht mit dem Wegfall des Schutzrechts endet. Nach Ablauf, Widerruf oder Nichtigerklärung des Schutzrechts führen Benutzungshandlungen des Arbeitgebers zu keinem Vergütungsanspruch des Arbeitnehmers. Alternativ kann ein Vergütungsanspruch durch eine Gesamtabfindung oder einen Verzicht des Arbeitnehmers enden.

Richtlinie Nr. 43 (Vernichtung des Schutzrechts)
Ist das Schutzrecht vernichtbar, so bleibt dennoch der Arbeitgeber bis zur Nichtigkeitserklärung zur Vergütungszahlung verpflichtet, weil bis dahin der Arbeitgeber eine tatsächliche Nutzungsmöglichkeit und günstigere Geschäftsstellung hat, die er ohne die Inanspruchnahme nicht hätte. Die offenbar oder wahrscheinlich gewordene Nichtigkeit ist für den Vergütungsanspruch der tatsächlichen Vernichtung dann gleichzustellen, wenn nach den Umständen das Schutzrecht seine bisherige wirtschaftliche Wirkung soweit verloren hat, dass dem Arbeitgeber die Vergütungszahlung nicht mehr zugemutet werden kann. Dies ist besonders dann der Fall, wenn Wettbewerber, ohne eine Verletzungsklage befürchten zu müssen, nach dem Schutzrecht arbeiten.

Der Vergütungsanspruch endet, sobald das Patent, in dem die Erfindung des Arbeitnehmers beschrieben ist, wegfällt. Die Richtlinie Nr. 43 stellt klar, dass die bloße Gefahr der Vernichtung eines Schutzrechts, einen Vergütungsanspruch nicht infrage stellen kann. Ist ein Patent jedoch offenbar nichtig, entfällt der Vergütungsanspruch. In diesem Fall wird es für den Arbeitgeber unzumutbar, den Vergütungsanspruch weiter zu bedienen. Ein Indiz für eine offenbare Nichtigkeit des Patents ist es, falls die Wettbewerber des Arbeitgebers das Patent nicht beachten.

Glossar

Abstaffelung Eine Abstaffelung ist bei Massenprodukten gerechtfertigt. Hierbei wird der Umsatz bzw. der Nutzen je nach Höhe des Umsatzes bzw. des Nutzens nicht mehr zu 100 % zur Berechnung der Vergütung herangezogen, sondern nur zu einem je nach Höhe des Umsatzes bzw. des Nutzens abhängigen kleineren Anteils.

Anmeldepflicht Der Arbeitgeber ist verpflichtet, eine in Anspruch genommene Erfindung zum Patent oder Gebrauchsmuster anzumelden. Eine Anmeldung ist unverzüglich vorzunehmen. Eine Anmeldung zum Patent ist dabei vorrangig zu prüfen. Die frühe Anmeldung dient der Prioritätssicherung

Anspruch auf Vergütung Durch die Inanspruchnahme einer Erfindung eines Arbeitnehmers entsteht im Gegenzug ein Vergütungsanspruch gegen den Arbeitgeber. Der Vergütungsanspruch stellt keine Gratifikation für eine besondere Arbeitsleistung dar, sondern ist eine Bonusleistung wegen des Ermöglichens eines besonderen wirtschaftlichen Vorteils bzw. eines ökonomischen Monopols für den Arbeitgeber. Der Vergütungsanspruch stellt einen gesetzlich verankerten und gerichtlich durchsetzbaren Anspruch dar, der nicht vom Gutdünken des Arbeitgebers abhängt. Der Vergütungsanspruch ist ein eigener Anspruch, der unabhängig vom Arbeitsentgelt ist. Ein Anspruch auf Vergütung ergibt sich insbesondere durch eine wirtschaftliche Verwertung der Diensterfindung. Spätestens drei Monate nach Beginn der Verwertung ist ein Vergütungsanspruch entstanden. Findet eine Verwertung nicht statt, entsteht der Vergütungsanspruch zumindest durch die Patenterteilung.

Betriebsgeheime Erfindung Eine Diensterfindung kann der Arbeitgeber zum Patent oder zum Gebrauchsmuster anmelden oder als betriebsgeheime Erfindung nutzen.

Bruchteilsgemeinschaft Wird eine Erfindung von einer Erfindergemeinschaft geschaffen, ergibt sich eine Bruchteilsgemeinschaft. Bei einer Bruchteilsgemeinschaft gilt, dass die Erfindung gemeinschaftlich verwaltet wird. Insbesondere können Lizenzen an Dritte nur gemeinsam vergeben werden. Andererseits genießt jedes Mitglied der Bruchteilsgemeinschaft ein eigenes Verwertungsrecht. Das eigene Verwertungsrecht hängt nicht von dem Anteil des betreffenden Erfinders an der Erfindung ab. Finanzielle Ausgleichszahlungen von dem die Erfindung ausbeutenden

Erfinder an den die Erfindung nicht ausbeutenden Miterfinder, sind vertraglich zu vereinbaren. Fehlt eine entsprechende Regelung, kommen Ausgleichszahlungen nicht in Betracht. Jeder Miterfinder oder dessen Rechtsnachfolger ist allein klageberechtigt. Ansprüche aus einer Verletzung des Schutzrechts können daher von jedem Teilhaber der Erfindung alleine geltend gemacht werden. Außerdem kann jeder Teilhaber seinen Anteil an der Erfindung veräußern. Eine Zustimmung der restlichen Teilhaber ist nicht erforderlich

Diensterfindung Eine Diensterfindung wird von einem Arbeitnehmer während der Dauer des Arbeitsverhältnisses erstellt. Es ist unbeachtlich, ob die Erfindung innerhalb der Arbeitszeiten oder außerhalb der Arbeitszeiten, also im Urlaub, nach Feierabend oder am Wochenende, geschaffen wurde. Eine Diensterfindung ergibt sich aus der betrieblichen Tätigkeit oder beruht auf dem Know-How des Betriebs.

Erfinder Der Erfinder ist der Schöpfer einer Erfindung, dem durch den Akt der Schöpfung sämtliche Rechte an der Erfindung zustehen. Eine Erfindung kann durch einen einzelnen Erfinder oder eine Erfindergemeinschaft geschaffen werden.

Erfinderpersönlichkeitsrechte An einer Erfindung bestehen vermögenswerte Rechte und Erfinderpersönlichkeitsrechte. Durch eine Übertragung, beispielsweise im Zuge einer Inanspruchnahme, gehen die Vermögensrechte auf den Erwerber über. Die Erfinderpersönlichkeitsrechte sind nicht übertragbar und verbleiben daher beim Erfinder. Ein Erfinderpersönlichkeitsrecht ist die Nennung als Erfinder beim Patent.

Erfindungsmeldung Die Erfindungsmeldung stellt keine Willenserklärung des Arbeitnehmers dar, sondern eine Wissensvermittlung. Durch die Erfindungsmeldung soll der Arbeitgeber die Möglichkeit erhalten, zu entscheiden, ob er die Erfindung in Anspruch nehmen möchte. In der Erfindungsmeldung ist die technische Aufgabe, die Lösung der Aufgabe und die Umstände der Schaffung der Erfindung zu erläutern. Die Erfindung ist in ihren wesentlichen Merkmalen und den besonderen Ausführungsformen zu beschreiben. Es ist vorteilhaft, Zeichnungen der Erfindungsmeldung beizufügen, um die Erfindung zu veranschaulichen.

Festsetzung der Vergütung Eine Vergütung des erfinderischen Arbeitnehmers soll durch Vereinbarung bestimmt werden. Kommt eine Vereinbarung nicht in angemessener Frist zustande, setzt der Arbeitgeber die Vergütung einseitig fest. Widerspricht der Arbeitnehmer nicht der Vergütungsfestsetzung, ist diese für beide Beteiligten verbindlich.

Freie Erfindung Eine freie Erfindung eines Arbeitnehmers stellt das Gegenteil einer Diensterfindung dar. Eine freie Erfindung ergibt sich daher nicht aus der betrieblichen Tätigkeit und beruht nicht auf den Erfahrungen und den Arbeiten des Betriebs.

Freigewordene Erfindung Eine freigewordene Erfindung ist eine Diensterfindung, die der Arbeitgeber dem erfinderischen Arbeitnehmer zur freien Verfügung freigegeben hat.

Gebrauchsmuster Mit einem Gebrauchsmuster kann eine technische Erfindung vor Nachahmung geschützt werden. Eine Voraussetzung eines rechtsbeständigen

Gebrauchsmusters ist Neuheit und erfinderischer Schritt der beschriebenen Erfindung. Das Gebrauchsmuster wird ohne amtliche Prüfung auf Neuheit oder erfinderischen Schritt in das Register des Patentamts eingetragen. Das eingetragene Gebrauchsmuster ist ein ungeprüftes Schutzrecht.

Inanspruchnahme einer Erfindung Ein Arbeitgeber kann die Erfindung seines Arbeitnehmers in Anspruch nehmen. Hierdurch werden sämtliche Rechte an der Erfindung an den Arbeitgeber übertragen. Dem Arbeitnehmer verbleiben nur die Erfinderpersönlichkeitsrechte.

Inanspruchnahme-Fiktion Eine Diensterfindung muss aktiv frei gegeben werden, ansonsten gilt sie als in Anspruch genommen. Die Freigabe muss in Textform innerhalb einer Frist von vier Monaten dem Arbeitnehmer erklärt werden. Andernfalls geht die Erfindung in das Eigentum des Arbeitgebers über. Das Erfinderpersönlichkeitsrecht verbleibt beim erfinderischen Arbeitnehmer, wodurch seine Erfindernennung in einem Patentdokument gesichert ist.

Meldepflicht Der erfinderische Arbeitnehmer ist unverzüglich nach Schaffung einer Diensterfindung zur umfassenden und separaten Meldung der Diensterfindung verpflichtet.

Miterfinderschaft Eine Miterfinderschaft wird durch einen schöpferischen Beitrag begründet, der wesentlich zur Erfindung beiträgt. Es ist jedoch nicht erforderlich, dass der einzelne schöpferische Beitrag eines Miterfinders eine eigenständig patentfähige, erfinderische Tätigkeit darstellt. Beiträge, die die Erfindung nicht beeinflussen oder die auf Anweisung eines anderen Erfinders erfolgten, stellen keine schöpferischen Beiträge dar, die zu einer Miterfinderschaft führen.

Mitteilungspflicht Ein Arbeitnehmer, der eine freie Erfindung schafft, muss diese freie Erfindung seinem Arbeitgeber mitteilen. Weist die freie Erfindung offensichtlich keinerlei Berührungspunkte mit dem Betrieb des Arbeitgebers auf, entfällt eine Mitteilungspflicht. Eine Mitteilung soll es dem Arbeitgeber ermöglichen, selbst festzustellen, dass die betreffende Erfindung keinen Bezug zu seinem Betrieb aufweist.

Neuheitsschonfrist Eine generelle Neuheitsschonfrist gilt für ein Gebrauchsmuster. Sämtliche Veröffentlichungen innerhalb von sechs Monaten vor dem Anmeldetag des Gebrauchsmusters, die vom Erfinder oder dessen Rechtsnachfolger herrühren, werden bei der Bewertung der Neuheit und des erfinderischen Schritts nicht berücksichtigt.

Patent Mit einem Patent kann eine technische Erfindung vor Nachahmung geschützt werden. Eine Voraussetzung eines Patents ist Neuheit und erfinderische Tätigkeit der beschriebenen Erfindung. Das Patent wird nach dem amtlichen Erteilungsverfahren in das Register des Patentamts eingetragen. Das Patent ist ein geprüftes Schutzrecht.

Patentstreitkammer Patentstreitkammern sind bei ausgewählten Land- und Oberlandesgerichten eingerichtet, die sich ausschließlich mit Angelegenheiten des gewerblichen Rechtsschutzes, insbesondere mit solchen des Arbeitnehmererfinderrechts, beschäftigen. Hierdurch ist es den befassten Gerichten möglich, für das besondere Rechtsgebiet des gewerblichen Rechtsschutzes eine gesteigerte Expertise aufzubauen.

Pauschalabfindung Durch eine Pauschalabgeltung werden aktuelle und zukünftige Vergütungsansprüche abgegolten. Eine Pauschalabfindung ist insbesondere bei einer geringen Verwertbarkeit der Erfindung sinnvoll. Eine Pauschalvergütung hat für den Arbeitgeber den Nachteil, dass die Vergütungsansprüche vorschüssig zu entrichten sind. Außerdem ist eine Rückforderung bereits gezahlter Vergütungszahlungen ausgeschlossen. Vorteilhafterweise wird durch eine Pauschalvergütung der Verwaltungsaufwand gering gehalten.

Risikoabschlag Der Arbeitgeber ist nicht verpflichtet, die volle Vergütung an den Arbeitnehmer zu bezahlen, solange noch keine Erteilung des Patents vorliegt. Stattdessen erfolgt ein Risikoabschlag, der die Möglichkeit einer Zurückweisung der Patentanmeldung berücksichtigt. Bei einem laufenden Patenterteilungsverfahren wird typischerweise ein Risikoabschlag von 50 % angesetzt. Dieser Betrag kann nach unten oder oben variieren und hängt von den tatsächlichen Umständen des Erteilungsverfahrens ab. Zum Zeitpunkt der Fälligkeit der Vergütung sind die aktuellen Umstände des Patenterteilungsverfahrens zu bewerten. Ein Risikoabschlag von 100 % ist ausgeschlossen, außer die Patenterteilung erscheint aussichtslos. Aufgrund der Unmöglichkeit gezahlte Vergütungen zurückzufordern, werden bei hohen Vergütungsbeträgen die Wahrscheinlichkeit der Schutzrechtserteilung genau und eher kritisch bewertet. Ist eher von einer Patenterteilung auszugehen, da beispielsweise ein positiv zu bewertender Bescheid des Patentamts vorliegt, kann ein Risikoabschlag zwischen 10 % und 35 % angenommen werden. Ist von einer nahezu aussichtslosen Patenterteilung auszugehen, wird der Risikoabschlag auf 80 % oder höher gesetzt. Eine Patenterteilung kann insbesondere fraglich sein, falls in einem Bescheid des Patentamts sämtliche Ansprüche als neuheitsschädlich getroffen bestimmt werden. Nach erfolgter Patenterteilung ist der einbehaltene Risikoabschlag in voller Höhe auszubezahlen, es sei denn der Schutzumfang des Patents ist erheblich kleiner im Vergleich zu dem der Patentanmeldung.

Schiedsstelle Treten zwischen dem Arbeitnehmer und dem Arbeitgeber Unstimmigkeiten auf, die nicht ausgeräumt werden können, kann die Schiedsstelle angerufen werden. Die Schiedsstelle wird versuchen, eine gütliche Einigung herbeizuführen. Die Schiedsstelle weist eine hohe Sachkompetenz auf, da sie sich ausschließlich mit Angelegenheiten des Arbeitnehmererfinderrechts befasst. Besteht ein Arbeitsverhältnis noch, ist das Anrufen der Schiedsstelle vor dem Beschreiten des Klageverfahrens obligatorisch. Ist das Arbeitsverhältnis beendet, kann die Schiedsstelle angerufen werden, wobei jede Partei ohne Angabe von Gründen das Einlassen auf das Schiedsstellenverfahren ablehnen kann. Für die Angelegenheiten von freien Mitarbeitern, Geschäftsführern oder Vorstandsmitgliedern besteht keine Zuständigkeit der Schiedsstelle. Ein Schiedsstellenverfahren dauert durchschnittlich eineinhalb Jahre. Es werden keine Gebühren erhoben.

Schutzrecht Schutzrechte des gewerblichen Rechtsschutzes sind insbesondere Patente, Gebrauchsmuster, Marken und Designrechte.

Schutzrechtsaufgabe Der Arbeitgeber kann jederzeit eine in Anspruch genommene Erfindung, die zum Patent angemeldet wurde, aufgeben. Ist der Vergütungsanspruch des erfinderischen Arbeitnehmers nicht vollständig erfüllt, ist dem Arbeitnehmer das Schutzrecht zur Übernahme anzubieten. Nimmt der Arbeitnehmer das Schutzrecht nicht innerhalb von drei Monaten an, kann der Arbeitgeber das Schutzrecht fallen lassen.

Sperrpatent Ein Sperrpatent liegt vor, falls es eine monopolartige Erzeugung eines Produkts des Arbeitgebers ermöglicht und eine hohe wirtschaftliche Tragweite sicherstellt. Außerdem muss der Arbeitgeber mit dem Sperrpatent eine Sperrabsicht verfolgen und das Sperrpatent muss zur Sperrung der Erfindung geeignet sein. Die Erfindung selbst, die in dem Sperrpatent beschrieben wird, wird nicht verwertet.

Technischer Verbesserungsvorschlag Ein technischer Verbesserungsvorschlag ist nicht patentfähig, allerdings gewährt er dem Arbeitgeber eine ähnliche wirtschaftliche Vorzugsstellung wie ein Patent oder ein Gebrauchsmuster.

Technizität Voraussetzung für die Anmeldung einer Erfindung zum Gebrauchsmuster oder zum Patent ist, dass die Erfindung einen technischen Charakter aufweist, und damit dem Kriterium der Technizität genügt.

Textform Für die rechtliche Wirksamkeit der Mitteilungen bzw. Meldungen nach dem Arbeitnehmererfindungsgesetz genügt in aller Regel Textform, das bedeutet, dass eine nicht-mündliche Mitteilungsweise, also per Email, per Fax oder per Schreiben, ausreichend ist. Eine Ausnahme ist das Anrufen der Schiedsstelle. Hierzu ist die strengere Schriftform erforderlich.

Unabdingbarkeit Die Regeln des Arbeitnehmererfindungsgesetzes können vor der Schaffung einer Erfindung zuungunsten des Arbeitnehmers nicht abbedungen werden. Nach der Schöpfung einer Erfindung können abweichende Regelungen vereinbart werden. Das Gleiche gilt für technische Verbesserungsvorschläge.

Unbilligkeit Basieren Vereinbarungen über Erfindungen eines Arbeitnehmers auf Annahmen, die zum Zeitpunkt der Vereinbarung in erheblichem Maße unbillig waren, sind diese Vereinbarungen unwirksam. Eine Unbilligkeit kann nur bis zum Ablauf von sechs Monaten nach Ende eines Arbeitsverhältnisses geltend gemacht werden.

Vergütungszahlung Eine Erfüllung eines Vergütungsanspruchs kann insbesondere durch laufende Vergütungszahlungen erfolgen, wobei die Vergütungszahlungen typischerweise mit Ablauf des Geschäftsjahrs errechnet und innerhalb von drei bis sechs Monaten nach Ende des Geschäftsjahrs bezahlt werden. Eine Vorschusszahlung ist unüblich. Statt laufender Zahlungen ist eine Pauschalabgeltung der Vergütungsansprüche zulässig. Eine Pauschalabgeltung ist insbesondere eine Gesamtabfindung, bei der aktuelle und zukünftige Vergütungsansprüche abgegolten werden. Eine Gesamtabfindung ist insbesondere bei einer geringen Verwertbarkeit der Erfindung sinnvoll.

Verwertung eines Schutzrechts Eine Verwertung einer zum Patent angemeldeten Diensterfindung kann durch eine eigene Herstellung eines erfindungsgemäßen Produkts oder durch die Anwendung eines erfindungsgemäßen Verfahrens erfolgen. Alternativ kann das Schutzrecht durch eine Lizenzvergabe oder einen Verkauf verwertet werden. Eine betriebliche Kostenersparnis durch die Anwendung einer Diensterfindung stellt ebenfalls eine Verwertung dar.

Verwirkung Ein Vergütungsanspruch kann verwirken. Eine Verwirkung tritt ein, falls der Arbeitgeber bei verständiger Würdigung der Situation davon ausgehen konnte, dass der Arbeitnehmer keinen Vergütungsanspruch erheben wird. Außerdem muss sich der Arbeitgeber bereits darauf eingerichtet haben, dass kein Vergütungsanspruch zu bedienen ist. Der Arbeitgeber durfte keine Rückstellungen wegen des Vergütungsanspruchs gebildet haben. Es ist dabei unbeachtlich, ob der Arbeitnehmer von seinem Vergütungsanspruch wusste.

Vorbereitungshandlungen Vorbereitungshandlungen stellen keine Benutzung einer Erfindung dar und führen nicht zu einer Vergütungspflicht gegenüber dem Arbeitnehmer. Vorbereitungshandlungen sind insbesondere die technische Prüfung und Erprobung der Erfindung. Erst ab dem Stadium der Marktreife kann von einer Benutzung der Erfindung ausgegangen werden.

Printed in the United States
by Baker & Taylor Publisher Services